本成果受到中国人民大学“985工程”的支持

Immanuel Kant

康德道德哲学文集

（注释版）（下卷）

[德] 康德 著

李秋零 等 译注

中国人民大学出版社

·北京·

目 录

道德形而上学的奠基

实践理性批判

纯然理性界限内的宗教

道德形而上学

相关论述

道德形而上学

张荣　李秋零　译注

科学院版编者导言

保罗·纳托尔普

关于《道德形而上学》的产生史，人们认为材料绝大多数已在《实践理性批判》的导言中（《康德全集》，第Ⅴ卷，489页以下[①]）汇聚。由此得出，这部著作的计划虽然一直回溯到60年代，但其实施却一再推迟，因为一部奠基性的纯粹（理论的和实践的）理性批判这个更重要的任务必须先完成。但是，在完成了两部批判之后，新产生的《判断力批判》的计划，其相对快的实施，就完全占用了哲学家后来时间（直到1790年）的工作。终于，该轮到完成久已准备好和应许过的《道德形而上学》了。我们也听到，有人确信无疑地期待它在1791年的博览会出现（基塞维特尔致康德，1791年6月14日[②]）。但是，还在此后的两年里，康德甚至在信中称这部著作为在手头的或者现在的工作（1792年12月21日致艾哈德；1793年5月12日致费希特[③]）。即便这时，事情也进展缓慢；《纯然理性界限内的宗教》（出版于1793年）和更多的小作品的撰写挤进了这中间。就连内容上的困难也似乎阻碍了这部著作的完成。席勒在1794年10月28日写信告诉艾哈德："产权的推导现在是很多思想者研究的问题，关于康德本人我有所耳闻，我们应当在他的《道德形而上学》中有所期待。但同时我听说，他对自己在这方面的想法不再满意，因而眼下搁置了出版。"[④] 最终在1796年夏天，《法权论》完成付印。据说它是在1796年米迦勒节博览会出版，并且被不同的报纸说成是在这个日期出版的。但实际上，它似乎是1797年1月才发行的。因为虽然耶舍在11月4日的一封信中称这部著作"刚刚出版"[⑤]（基塞维特尔在9月23日还

① 参见李秋零译注：《实践理性批判》（注释本），科学院版编者导言，北京，中国人民大学出版社，2011。——译者注

② 《康德全集》，第Ⅺ卷，[253] 265页。

③ 《康德全集》，第Ⅺ卷，[384] 399页、[419] 434页［参见李秋零编译：《康德书信百封》，195页、202页，上海，上海人民出版社，2006。——译者注］。

④ 《约纳斯》，第Ⅳ卷，46页。

⑤ 《康德全集》，第Ⅻ卷，[105] 106页。

在热切盼望其出版[①])，但是在12月7日，雅各布还是一再热切地期待着这本书，它“被预告为已完成，但很可能印刷尚未结束”[②]。而且在1797年1月16日，艾哈德“尚未收到”[③]。但相应地，在1797年1月19日星期四的《哥尼斯贝格学术和政治报》第6期的副刊上，这本书被称为刚刚在弗里德里希·尼科洛维那里出版。[④]

根据已提到的雅各布的信，康德在1796年12月初已经在写《德性论》。它应当在1797年复活节博览会出版（罗伊斯致康德的信，1797年4月21日[⑤]），但只是在夏季的时间里才完成。因为作为书信残篇由雷克发表的1797年7月29日的记录[⑥]只能与这本书相关[⑦]，其中康德写道：**由于对文字上的“我的”和“你的”的可能要求，在其或早或迟出版后，我还要说明：手稿早在复活节博览之前就已经完整地交给了出版商先生，其印刷必定在这个时间前后完成，但出自我不知道的原因，一直拖到现在。**只是1797年8月28日星期一的《哥尼斯贝格学术和政治报》第69期的副刊，才公布这本书刚刚出版；9月8日，雅各布手中才有。[⑧]《法权论》是在莱比锡索尔布里希那里印刷的；在我手头的（3本）样书中在235页有说明；据瓦尔达说，在其他样书中就没有这个说明。与此相反，在《德性论》中，则根本没有其如何出版的一个相应附注；铅字不同于《法权论》。

两部作品一次是分别出版的：《法权论的形而上学初始根据》，伊曼努尔·康德著，哥尼斯贝格，弗里德里希·尼科洛维出版，1797（Ⅻ页，前言；然后是235页，其中双重的导论即《道德形而上学导论》和《法权论导论》的页码是Ⅰ～LⅡ，又被置入罗马数字，下面的页码则被置入阿拉伯数字；在最后未编码的一页有勘误表），和《德性论的形而上学初

① 《康德全集》，第Ⅻ卷，[96～97] 96～97页。

② 同上书，[134] 134页。

③ 同上书，[144] 144页。

④ 参见瓦尔达：《老普鲁士月刊》，第41卷，132～133页。那里也据此纠正了《康德全集》第Ⅻ卷[186] 187～188页涉及《法权论》稿酬的书信残篇的错误日期。

⑤ 《康德全集》，第Ⅻ卷，[159] 160页。

⑥ 同上书，[377] 187～188页。

⑦ 同样请参见瓦尔达的文章（133页注）。至于残篇是否可以被视为一个“康德有意写的、也许考虑到尼科洛维而删去的前言结尾”，我想存而不论。

⑧ 《康德全集》，第Ⅻ卷，[195] 197页。

始根据》，伊曼努尔·康德著，哥尼斯贝格，弗里德里希·尼科洛维出版，1797（Ⅹ页加190页，以及一个勘误表）；另一次是合起来，书名为《道德形而上学》，分两部，伊曼努尔·康德著，哥尼斯贝格，弗里德里希·尼科洛维出版，1797。这个大标题被同样地置于两部作品的每一部前面；然后是各自的标题：《道德形而上学》，伊曼努尔·康德著，第一部分：《法权论的形而上学初始根据》，哥尼斯贝格，弗里德里希·尼科洛维出版；以及相应地，第二部分：《德性论的形而上学初始根据》。在这个双重的标题之后，多余地也还跟着上面所说的各自版本的标题。看来，新的双重标题是事后加在与标题一起完成的两本书上的。

关于《法权论》，在这期间已经出现了书评，其中一篇发表在1797年的《格廷根信息》上，Ⅰ，第28期，2月18日，康德觉得它值得予以详细答复。这样一个答复是在1797年7月10日致许茨的信中允诺的①，而更为确定的，是作为他的著作的附录在10月13日致蒂夫特隆克的信中允诺的②。但是，由于在1798年，《法权论》的一个第二版已经成为必要，康德在1798年5月9日致尼科洛维的一封信中作出了如下安排：“**关于《法权论的形而上学初始根据》的第二版，我还要说明的是：这里必须使用两种标题，第一种标题只用附加上‘第二版’字样，但第二种标题则必须是《对法权论的形而上学初始根据的解释性附释》，伊·康德著；这样，已经有前一本书的读者，就只需要买后一本了。**”③ 这里所指的只能是：所说的附录应当作为单独的文字以自己的标题付印，而且这个小册子只是附在《法权论》的第二版上的，但除此之外，特别对于第一版的拥有者来说也可以单独购买。但是，执行起来却不符合这种安排。附录虽然单独以在信中所说的标题出版（哥尼斯贝格，弗里德里希·尼科洛维出版，1798年，31页；论及这部作品的不同印本以及异文），但它却不是以同一种形态，以特殊的标题和特殊的编码附在《法权论》的第二版上的，而是以统一的编码（159～187页），插入著作的中间，即第一卷和第二卷之间，并非放在最后。至于这不可能是康德所愿，且不说上面所引的那封信中明确的话，可以从事情自身看出：附录——在标题

---

① 《康德全集》，第Ⅻ卷，［180］181页以下。

② 同上书，［206］207页。

③ 《康德全集》，第Ⅺ卷，［241］244页［参见《康德书信百封》，238页。——译者注］。

中明确地被称为《法权论的形而上学初始根据》的附录——由此而已经错误地处在两卷即“私人法权”和“公共法权”之间；此外，附释的一个部分涉及公共法权，甚至其中引用了属于公共法权这一卷的第 49 节。因此，这种不合理的插入只能要么是出版商自己做的，要么是印刷商做的，也许只是因为一种误解。[①] 因此，我毫不犹豫地重新确立了附录在《法权论》的结尾的实际上惟一正确的、符合康德的明确安排的位置。同样不能让康德为此负责的是，第二版在标题中并未像在信中明确地规定的那样，简单地被称之为“第二版”，而是被称之为“以解释性附释和补充的附录增补的第二版”。由于“和补充”（und Zusätze）这几个字既没有出现在被置入《法权论》的附录的标题中，也没有出现在该附录的单行本标题中，所以它指的大概是 und Zusätzen[②]（亦即以补充增补）。就连这也肯定不符合康德的意图，因为第二版除了惟一一处大概同样由《格廷根书评》引起的改动（249 页）之外，不包含针对第一版的任何补充或者实际上的改动。但是，康德根本不可能参与第二版（Ⅻ页加 266 页，哥尼斯贝格，弗里德里希·尼科洛维出版，1798）的文体的、正字法的和其他外部改动。这一点，无论如何也适用于在 1803 年出版的《德性论》“第二修订版”（Ⅹ页加 235 页，目录在未编码的书页上）所指出的 4 处较大的改动。关于翻印本，有《法权论》的一个翻印本，法兰克福和莱比锡，1797（Ⅻ页加 235 页）；一个《德性论》的翻印本，大致地称之为第二版，克罗伊茨纳赫，路德维希·克里斯蒂安·凯尔出版，1800 年、1803 年再次印刷（248 页）；还有《解释性附释》的一个第二次印刷本，哥尼斯贝格，1800（32 页），我有一本出自沃尔姆斯的保罗博物馆的图书室的样书，由于没有注明出版社，大概可以称之为翻印本。

---

① 很可能是这样的安排，即附录本应当在第一部——亦即《道德形而上学》的第一部——之后，却错误地与《法权论》的第一卷联系起来了［这里汉译的“部”和“卷”在德文中是同一个词“Teil”，出版商的误解可能就是由此产生的。——译者注］。

② 词尾增加了字母“n”，这个单词就成为第三格，从而与“附录”并列；而没有字母“n”，这个单词就是第二格，与“附释”并列，从属于“附录”。——译者注

第一部
法权论的形而上学初始根据

6〔205〕

前言

继《**实践**理性批判》之后的，应当就是《**道德**形而上学》这一体系，它分为**法权论**的形而上学初始根据和**德性论**的形而上学初始根据（作为已提交的《**自然科学**的形而上学初始根据》的一个姊妹篇），为此，下面的导论介绍二者中的体系形式，并部分地使之直观化。

现在，法权论①作为道德论的第一部分，被要求有一个从理性中产生的体系，人们可以把这个体系称为**法权形而上学**。但是，既然法权概念是一个纯粹的、却被建立在实践（出现于经验之中的事例上的运用）上面的概念，因而一个**法权形而上学体系**在其划分上也必须考虑那些事例的经验性的多样性，以便使划分完备（这对于建立一个理性体系来说是必不可少的要求），但对**经验性的东西**进行划分的完备性是不可能的，而且在人们尝试获得这种完备性时（至少是为了接近它），这样的概念不能作为不可缺少的部分进入体系，而是只能作为实例进入说明，所以，对于道德形而上学第一部分唯一恰当的表述就是**法权论的形而上学初始根据**；因为鉴于运用的那些事例，能够指望的只是接近体系，而不是体系本身。因此，对于这些初始根据来说，就像对于（先前的）自然科学的形而上学初始根据一样，这里也给予偏爱；也就是说，把属于先天地拟订的体系的那些法权放在正文中，但把与特殊的经验事例相关的那些法
6〔206〕权放在部分地详尽的附释中，因为若不然，在这里是形而上学的东西就不能与是经验性的法权实践的东西很好地区别开来了。

① 康德所使用的法学术语总的来说不需要任何说明，因为在正文中所说的东西就足以使人理解了。它们几乎全部取自阿亨瓦尔（Gottfried Achenwall，1719—1772，德国启蒙时代历史学家和法学家，其《自然法权原理》是德国新教大学普遍采用的教科书。——译者注），对这些事物的任何更仔细的研究都首先要追溯到他。蒂夫特隆克的大部头诠释（《为解释和评判伊曼努尔·康德教授先生的〈法权论的形而上学初始根据〉而对私人法权和公共法权的哲学研究》，2卷本，哈勒，1797和1798）多数情况下只是对在康德本人那里已有的东西给出一种详细的说明。L. H. 雅各布在《哲学编年史》上提供了康德法权论的一个值得注意的批判，第3卷，13～58页，1797；也请参见雅各布于1797年9月8日致康德的信（《康德全集》，第Ⅻ卷，［196］197页）。——科学院版编者注

人们常常指责我的哲学陈述晦涩难解，甚至根本就是一种故意的、要造成见解深刻的外表的模棱两可，除了我心甘情愿接受**伽尔韦**先生，一个真正意义上的哲学家，给每个作家，尤其是给从事哲学思维的作家所规定为义务的东西之外，我不可能更好地先发制人或者纠正这种责难了，而且我在自己这方面把这种要求仅仅限制在这样的条件上，即只在必须予以纠正和扩大的那门科学的本性所许可的范围内去遵循这种要求。

这个睿智的人（在他冠名为《**杂文集**》[①] 的著作的第352页以下）合理地要求，任何一种哲学学说，如果学者不应当甚至落入其概念晦涩难懂的嫌疑之中的话，就必须能够**通俗化**（一种足以普遍传达的感性化）。我很乐意承认这一点，只不过对理性能力本身的一种批判的体系以及所有只能经由对批判的这种规定来证明的东西是例外，因为它是把我们知识中感性的东西与超感性的、但仍然是理性职权范围内的东西区分开来所需要的。这一点绝不能通俗化，正如一般而言任何形式的形而上学都绝不能通俗化一样；尽管它的结果对于健康理性（一个不知道这一点的形而上学家的健康理性）而言完全能够使之变得明白易懂。这里不要去想什么通俗性（大众语言），倒是必须坚决要求学究气的一丝不苟，哪怕这种一丝不苟被指责为吹毛求疵（因为这是**学术语言**），因为只有这样，才可能使鲁莽的理性达到在其独断的命题面前首先理解自己的地步。

但是，如果**学究们**自诩能够用一些完全适用于学校的人为术语（在讲台上或通俗作品中）对公众讲话，那么，这不能归咎于批判的哲学家，就像不能把咬文嚼字者（logodaedalus）的无法理解归咎于语法学家一样。在此，只能讥笑这个人，但不能讥笑科学。

断言在批判哲学出现以前还根本不曾有过任何哲学，这听起来狂妄自大、自以为是，而且对那些尚未放弃他们的旧体系的人来说，是不屑一顾的。——为了能够否定这种表面上的僭妄，关键是如下问题：**是否** 6〔207〕

① 1796年版。紧接着所引用的这段话（在《论讲授的通俗性》一文中），伽尔韦抱怨说："自一段时间以来，出自康德学派的不同作家都把一种轻蔑的附带意思与一个通俗哲学家的名称联结起来"。因此，康德所引用的评论即便不是与康德本人，也毕竟与他的学派有清晰的联系。——科学院版编者注

真的能够有一种以上的哲学。为了在此之上或多或少成功地建立一个体系，不仅已经有过不同方式的哲学思维和向最初的理性原则的回溯，而且必定有过许多这种方式的尝试，它们中的每一种也都对当前的尝试有贡献；但是，既然客观上来看毕竟只能存在**一种**人类理性，所以，也不可能存在多种哲学，也就是说，只有**一种**从原则出发的真正哲学体系才是可能的，哪怕人们对同一个命题也进行过如此多种多样的、经常是相互矛盾的哲学思考。于是乎，**道德主义者**有理由说：只有**一种**德性和德性论，也就是说，只有一个体系，它通过一个原则把一切德性义务结合起来。**化学家**有理由说：只有**一种**化学（依据**拉瓦锡**[①]的化学）；**药学家**有理由说：对于疾病划分体系来说只有一个原则（依据**布劳恩**[②]），却并没有因为**新的体系**排斥其他一切体系而贬低（道德主义者、化学家和药学家的）旧的体系的贡献；因为，如果没有这些旧的体系的发现甚或失败的尝试，我们也不会在一个体系中达到整个哲学的真正原则的那种统一性。——因此，如果某人宣布一个哲学体系是他自己的产品，那么，这就恰恰等于他好像在说：在这种哲学之前还根本不曾有别的哲学。因为如果他愿意承认，曾经有一种别的（并且是真正的）哲学，那么，关于同样的对象，就会有过两种真正的哲学，这是自相矛盾的。——所以，如果批判哲学宣布自身就是这样一种哲学，在它之前任何地方都还没有过任何哲学，那么，批判哲学所做的，无非就是所有那些按照自己的计划设计一种哲学的人已经做过、将要做和必须做的事情。

然而，说一个使这种哲学在根本上与众不同的部分并不是这种哲学自己的产物，而或许是从另一种哲学（或者数学）借来的，这种指责的意义**不大**，但却并非完全不重要：这种指责是一个蒂宾根的评论家[③]自称

---

① 拉瓦锡（Lavoisier，1743—1794），在（普利斯特里，1774）发现了氧气之后，马上提出了对燃烧过程的正确解释，由此，并由于他的进一步发现，排除了斯塔尔的燃素说，把化学建立在一个新的基础之上。——科学院版编者注

② 布劳恩（Brown，1735—1788），参见《实用人类学》，《康德全集》，第Ⅶ卷，255页26 [参见《康德著作全集》，第7卷，250页，论及布劳恩体系。——译者注]。——科学院版编者注

③ 极有可能是康德在《实践理性批判》前言中已经不得不反对过的同一个评论家（参见《康德全集》，第Ⅴ卷，505～506页［参见李秋零译注：《实践理性批判》（注释本），科学院版编者导言，15～16页，北京，中国人民大学出版社，2011——译者注］，亦即蒂宾根教授J. Fr. 弗拉特。他在《蒂宾根学术通讯》上评论过出自和关于康德及其学派的很多著作，而且就像在他自

作出的发现，而且关涉《纯粹理性批判》的作者冒充为他自己的并非无关紧要的成果、但早在很多年前就已经被另一个人几乎以同样的表述作出过的那个一般哲学的定义。[①] 我且让每个人去评判，intelectualis quaedam constructio est［是某种理智的构造］这几个词是否已经能够产生**在一个先天直观中展示一个被给予的概念**的思想，由于它，哲学一下子就被完全确定地与数学分离开来。我确信，**豪森**[②] 本人会拒绝承认对他的术语的这种解释，因为一种先天直观的可能性，以及空间就是这样一种先天直观，而且并不排除彼此外在的杂多的一种仅仅被给予经验性直观 6〔208〕

己的作品中那样，以不断翻新的措辞特别地重复这样的指责，即康德的学说在其自己甚为重视的地方没有新颖之处。这样，他自称在萨穆埃尔·维伦菲尔斯那里（《蒂宾根学术通讯》，620 页，1789），然后在兰贝特那里（《蒂宾根学术通讯》，89 页，1790）找到了分析判断和综合判断的区分；他满意地报导了他的志同道合者斯图加特教授施瓦布的发现，即古人（普鲁塔克：《驳科罗底》，1119—1120，与斯蒂波的命题相联系，即只有同一判断）就已经知道了这种区分（《蒂宾根学术通讯》，410 页，1794）。如今，在 J. C. 耶林的一篇在埃尔兰根出版的数学博士论文的书评中（《蒂宾根学术通讯》，815 页，1795）说道："就这条或者那条曲线的**构造**而言，作者先生还有理由提醒说，并不必然由此就理解了一种力学的描述，因而这种描述不需要任何实践的正确性，因为现在，一切都必须用**康德**的语言来表述，这样，他就把一个量的构造称为**通过纯直观来展现**"。为了证明仅仅语言而绝非概念是新颖的，评论者要从豪森的《几何学原理》的前言中取一段话，那里关于几何学的构造说道："De actuali… est"（由康德在上面 208 页$_{33\sim35}$引用的话［即紧接着的康德自注中的话。——译者注］），然后继续说："据尼古莱先生在一部新作品中说，是很快就有一个新的养蜂人又斥责经院哲学术语的滥用的时候了，我们德国活泼的语言被它们败坏，哲学并没有被改善"。虽然在这里，如人们看到的那样，直接遭到指责的只是康德的术语被不必要地用做一个简单的、每个数学家都常用的区分的表述；但毫无疑问，康德不无根据地在这里预设着附带意图，即再一次让他的学说的一个重要的点表现为一件早已为人熟知的事情，康德就像被埃贝哈德及其党派，特别是经常被匿名的，但又著名的格廷根评论家所诟病的那样，只是不必要地为它引入了一种新"语言"而已。人们可能会感到奇怪，遇到神学家和哲学家弗拉特是一篇数学博士论文的评论家。但弗拉特实际上是一个多面手。他的《杂文集》就除了法哲学、教义神学、解经神学和历史神学以及宗教哲学的文章之外，也包含着一篇论减法概念的文章。大概那篇数学论文的广告对他来说只是又一次对康德及其胜利挺进的学派发泄怒气的一个受欢迎的诱因罢了。——科学院版编者注

① Porro de actuali constructione hic non quaeritur, cum ne possint quidem sensibiles figurae ad rigorem definitionum effingi; sed requiritur cognitio eorum, quibus absolvitur formatio, quae intelectualis quaedam constructio est［同样，这里不问实际的构造，因为感性形象不能被想象成严格的定义，而是追问对被去除了其形成的那些事物的认识，这种形成是某种理智的构造］。C. A. 豪森：《数学原理》，第一部分，86 页，1734。

② 豪森（Hausen，1693—1745），莱比锡数学教授。参见《实用人类学》，《康德全集》，第Ⅶ卷，213 页$_{26}$［参见《康德著作全集》，第 7 卷，207 页。——译者注］。——科学院版编者注

（知觉）的并存（如沃尔夫对空间的解释那样①），已经有理由会使他退避三舍了，因为他由此感到自己被卷入了浩瀚无边的哲学研究。**这种仿佛通过知性**作出的展示对敏锐的数学家来说，所指的无非就是按照一个概念（经验性地）**画一条线**。在画线时所重视的只是规则，但操作时不可避免的偏离却被抽掉了；就像人们在几何学中也能够从方程式的结构上觉察到这一点那样。

但是，就这种哲学的精神而言，**最没有**意义的大概就是这种哲学的一些模仿者利用一些词语的胡作非为了，这些词语在《纯粹理性批判》本身中不好用别的流行词语来替代，也不必在它之外用于公共的思想交流。上述胡作非为当然应予惩治，就像**尼古莱**先生②所做的那样，虽然他满足于在他们特有的领域内对这种哲学的完全缺乏、似乎处处只是暗藏的思想贫乏不下判断。——然而，讥笑**不通俗的学究们**，与讥笑**非批判的无知者**相比，当然要更有趣得多（因为事实上，死死地抓住其体系不放、不把任何批判放在心上的形而上学家可以归入后面这一类，尽管他只是有意**不认识**他无法容忍的东西，因为它不属于他的更陈旧的学派）。但是，如果按照**沙夫茨伯利**的论断③，这是一种学说（尤其是实践学说）

① 《第一哲学或本体论》，第 588 节：Si ad simulaneorum A，B，C，D etc. coexistentiam attendentes modum，quo A coexistit ipsi B，distinguimus a modo，quo ceteris C et D coexistit etc.，et similiter modum，quo B coexistit ipsi C，a modo，quo ceteris A et D coexistit etc.，quatenus tali ordine iuxta se invicem collocantur，ut distantia inter A et C sit diversa a distantia inter idem A et D etc.，notionem spatii habemus. Patet propositionis veritas per **experientia**，si ad obiecta quaevis nobis proxima attendamus… ［如果我们留意同时的 A、B、C、D 等等的并存，把 A 自身与 B 并存的方式同它与其他的 C 和 D 等等并存的方式区分开来，并且同样地把 B 自身与 C 并存的方式与其他的 A 和 D 等等并存的方式区分开来，以至于它们按照那种秩序彼此被安置，使得 A 和 C 的距离不同于同一个 A 和 D 等等的距离，我们就有了空间的知识。如果我们这样留意我们身边的客体，这个题材的真理就通过**经验**而展开……］。参见《关于上帝、世界和人的灵魂的理性思想》，第 45、46 节。——科学院版编者注

② 事关《一个胖子的故事》，1794。其中对于把哲学的，特别是康德的术语学究式地滥用为日常事物的称谓做了不太幽默的嘲讽。也请参见《德国和瑞士游记》，第Ⅺ卷，1796，183 页注。康德的评论可能是因蒂宾根评论家援引尼古莱而发（参见 207 页$_{33\sim34}$的编者注）。——科学院版编者注

③ 《人、风俗、意见和时代的特征》，第Ⅱ卷，《共通感：论机智和幽默的自由》（1709），第Ⅰ节（在第 3 段）："真理……要经受一切光照；而那些主要的光照之一……就是**嘲笑**自身。……至少，在所有于某个时间诉诸这一**标准**的人那里，全都是允许的……"——科学院版编者注

之真理性的一块不可忽视的试金石，如果这种学说经得起嘲笑，那么，有朝一日，必定要轮到批判哲学家**最后**来笑，而且也笑得**最好**；如果他看到那些长期以来大言不断的人们的纸糊体系先后倒塌，而这些体系的所有追随者们一哄而散的话：这是他们无法避免地要面对的命运。

在本书结尾处，有几章我处理得不够详细，不及人们与前面几章相比所可能期待的：部分是因为我觉得它们可以轻而易举地从前面几章推论出来，部分也是因为后面（有关公共法权的）几章恰恰现在有如此之多的讨论，尽管如此又如此重要，它们可以很好地说明把决定性的判断推迟一些时间的理由。

我希望不久就能够提交**德性论的形而上学初始根据**。

6〔211〕

道德形而上学导论

一、人的心灵的能力与道德法则的关系

欲求能力就是通过自己的表象而成为这些表象的对象之原因的能力。一个存在者按照自己的表象去行动的能力就叫做**生命**。

首先，与欲求或憎恶相结合的，任何时候都是**愉快**或者**不快**，人们把对它们的感受性称为**情感**；但并不总是反过来说。因为可能有一种愉快，它根本不与对对象的欲求，而是已经与人们关于一个对象所形成的纯然表象（表象的客体存在与否都无所谓）相联结。**其次**，对欲求对象的愉快或者不快也并非总是先行于欲求，而且不可以每次都被视为欲求的原因，而是也能够被视为欲求的结果。

但是，人们之所以把鉴于一个表象而有愉快或者不快的能力称做**情感**，乃是因为二者所包含的，是我们表象的关系中的**纯然主观的东西**，根本不是为了对象的可能知识（甚至不是我们的状态的知识）而与一个
6〔212〕客体的关系①；通常在这里，甚至各种感觉，除了由于主体的性状而附着于它们的性质（例如红色、甜味等等）之外，毕竟还作为知识成分被与一个客体联系起来，但（对红色或者甜味的）愉快或者不快则绝对不表示客体上的任何东西，而是仅仅表示与主体的关系。愉快和不快自身，确切地说正是由于上述理由的缘故，而不能进一步解释，相反，我们充其量只能指出它们在某些关系中有什么样的后果，以便使它们在应用中可以被认识。

人们可以把与欲求（对其表象如此刺激人的情感的那种对象的欲求）必然相结合的那种愉快称为**实践的愉快**：不论它是欲求的原因还是结果。

---

① 人们可以通过我们的一般表象的主观东西来解释感性；因为知性首先把表象与一个客体联系起来，就是说，惟有它才借助表象**思维**某种东西。现在，我们表象的主观东西可能要么是这样的，即它也能够被与一个客体为了对该客体的认识而联系起来（按照形式或者质料，在前一种场合叫做纯粹直观，在后一种场合叫做感觉）；在这一场合，感性，作为上述表象的感受性，也就是**感官**。要么表象的主观东西根本不可能成为知识成分，因为它**仅仅**包含表象与**主体**的关系，不包含任何为客体的**知识**可用的东西；在这种情况下，表象的这种感受性就叫做情感，它包含表象（无论这表象是感性的或者理智的）对主体的作用并且属于感性，虽然表象本身可以属于知性或者理性。

反之，人们可以把与对象的欲求并不必然相结合的，因而在根本上并不是对表象的客体之实存的愉快，而是仅仅附着于表象的那种愉快称为纯然沉思的愉快或者**无为的愉悦**。我们把后一种愉快的情感称为**鉴赏**。所以，在一种实践哲学中所谈的鉴赏，不是一个**本土的**概念，而充其量只是**插入的**。但是，涉及实践的愉快，那么，这种愉快作为原因就必须必然地先行于对欲求能力的规定，这种规定在狭义上成为**欲求**，而习惯性的欲求就叫做**偏好**，而且由于愉快与欲求能力的结合，只要这种联结被知性按照一个普遍的规则（充其量也只是对主体而言）判定为有效的，就叫做**兴趣**，所以，在这一场合实践的愉快就叫做一种偏好的兴趣，相反，如果愉快只能继欲求能力的先行规定而起，那么，它将必须被称为一种理智的愉快，对象上的兴趣就必须被称为一种理性兴趣；因为如果兴趣是感性的，不仅仅基于纯粹的理性原则，那么，感觉就会必然与愉 6〔213〕
快相结合，并能够这样来规定欲求能力。尽管在必须仅仅假定一种纯粹的理性兴趣的地方，我们不能把偏好的兴趣强加给它，但是，为了方便语言的应用，我们却可以承认对只能是一种理智愉快之客体的东西的偏好有一种源于理性兴趣的习惯性欲求，在这种情况下，偏好就不会是这后一种兴趣的原因，而是它的结果了，而且我们可以把它称为**不受感官约束的偏好**（propensio intellectualis［理智的偏好］）。

还应当把**情欲**（心血来潮的欲望）与欲求本身区别开来，情欲是规定欲求的诱因。情欲任何时候都是一种感性的、但尚未达到欲求能力的任何行动的心灵规定。

从概念上看，如果使欲求能力去行动的规定根据是在其自身里面，而不是在客体里面发现的，那么，这种欲求能力就叫做一种**根据喜好有所为或者有所不为**的能力。如果它与自己产生客体的行为能力的意识相结合，那它就叫做**任性**。但是，如果它不与这种意识相结合，那么，它的行为就叫做一种**愿望**。如果欲求能力的内在规定根据，因而喜好本身是在主体的理性中发现的，那么，这种欲求能力就叫做意志。所以，意志就是欲求能力，并不（像任性那样）是与行动相关来看的，而是毋宁说与使任性去行动的规定根据相关来看的，而且意志本身在自己面前真正说来没有任何规定根据，相反，就理性能够规定任性而言，意志就是实践理性本身。

就理性能够规定一般欲求能力而言，在意志之下可以包含**任性**，但也可以包含纯然的**愿望**。可以受**纯粹理性**规定的任性叫做自由的任性。而只能由**偏好**（感性冲动、stimulus［刺激］）来规定的任性则是动物的任性（arbitrium brutum）。相反，人的任性是这样的任性：它虽然受到冲动的**刺激**，但不受它**规定**，因此本身（没有已经获得的理性技能）不是纯粹的，但却能够被规定从纯粹意志出发去行动。任性的**自由**是它不受感性冲动**规定**的那种独立性。这是它的自由的消极概念。积极的概念
6〔214〕是：纯粹理性有能力自身就是实践的。但是，这只有通过使每一个行动的准则都服从它适合成为普遍法则这个条件才是可能的。因为作为纯粹理性，运用于任性而无视它的这个客体，它作为原则的能力（而且在此是实践原则的能力，因而是作为立法的能力）就可能由于缺少法则的质料，只是使任性的准则对普遍法则本身的适应性的形式成为任性的至上法则和规定根据，而且既然人出自主观原因的准则并非自动地与那些客观的原因相一致，所以，它只能绝对地把这个法则当做禁令或者戒律的命令式来颁布。

与自然法则不同，这些自由法则叫做**道德的**。就这些法则仅仅涉及纯然外在的行动及其合法则性而言，它们叫做**法学的**；但是，如果它们也要求，它们（法则）本身应当是行动的规定根据，那么，它们就是**伦理的**。这样一来人们就说：与前者的一致叫做行动的**合法性**，与后者的一致叫做行动的**道德性**。与前一些法则相关的自由只能是任性的外在应用的自由，而与后一些法则相关的自由则不仅是任性的外在应用的自由，而且也是其内在应用的自由，只要它是由理性法则规定的。于是，人们在理论哲学中说：在空间中只有外部感官的对象，而在时间中则有一切对象，既有外部感官的对象，也有内部感官的对象；因为两者的表象毕竟都是表象，而且就此而言都属于内部感官。同样地，无论是在任性的外在应用中，还是在其内在应用中来考察自由，其法则作为一般自由任性的纯粹实践理性法则，都毕竟必须同时是这任性的内在规定根据，虽然它们并非总是可以在这种关系中来考察。

二、一种道德形而上学的理念和必要性

对于涉及外部感官之对象的自然科学来说，人们必须有一些先天原

则，而且把这些原则的一个体系以一种形而上学的自然科学的名义置于 6〔215〕
被运用到特殊经验上的自然科学亦即物理学之前，是可能的，甚至是必要的，这一点，在另一个地方已经证明过了。只有后一种科学才可能（至少当它致力于让错误远离自己的命题时）认为一些根据经验的见证的原则是普遍的，虽然这种原则如果应当是在严格的意义上普遍有效的，就必须是从先天根据中推导出来的，正如牛顿[①]曾认为的，在物体的相互影响中作用与反作用相等的原则就建立在经验之上，而且尽管如此还把这个原理扩展到整个物质自然界。化学家走得更远，他们把关于物质通过其自己的力量进行结合与分离的最普遍法则完全建立在经验之上，并且仍然如此信赖其普遍性和必然性，以至于在以这些法则所做的实验中，他们根本不担心发现错误。

然而，道德法则却是另一种情况。仅仅就它们能够被**看出**是有先天根据的和必然的而言，它们才作为法则有效，甚至关于我们自己和我们的所为所不为的概念和判断，如果它们包含着仅仅可以从经验中学到的东西，那就根本就没有任何道德的涵义了，而且，如果人们会受到蛊惑，让来自经验源泉的某种东西成为道德原理，那么，人们就陷入最严重、最有害的错误的危险之中了。

如果道德论只是一种幸福理论，那么，为了这种幸福理论而去寻求先天原则，就会是件荒唐的事情了。因为哪怕这一点是如此显而易见，即理性还在经验之前就能够看出，人们通过哪些手段能够达到真正的生活喜悦的持久享受，但毕竟人们对此先天地教导的一切，都要么是同义反复，要么是毫无根据的假设。只有经验才能教导，什么会给我们带来喜悦。对食、色、静、动的自然欲望和（在发挥我们的自然禀赋时）对荣誉、对扩大我们知识等诸如此类事物的欲望，独自就能够、而且能够让每一个人以自己特殊的方式认识到，他应当把那些喜悦设定在哪里，同样这些欲望也能够教会他用来**寻找**那些喜悦的手段。在这里，一切表
面上的先天玄想，说到底无非是通过归纳上升到普遍性的经验，这种普 6〔216〕
遍性（secundum principia generalia，non universalia [根据共有的而非普遍的原则]）对此还是非常欠缺的，以至于人们不得不允许每一个人有无

① 实际上牛顿为他的第三定律仅仅诉诸“各种各样的经验”（见《自然哲学的数学原理》导论：公理或运动的定律，第三定律，与公理的系论在一起）。——科学院版编者注

限多的例外，以便使其生活方式的那种选择与他的特殊偏好和他对享乐的感受性相适应，并且最终只是通过他的或者别人的损失变得聪明罢了。

然而，各种道德论却是另一种情况。它们对每个人都提出要求，却不顾他的偏好，只因为并且只要他是自由的而且具有实践理性。它们的法则中的教诲不是取自对他自己和他心中的兽性的观察，不是取自对世事的知觉，即发生了什么以及如何对待它（虽然德语 Sitten 这个词和拉丁语 mores 这个词一样，都只是行事风格和生活方式的意思），而是理性要求人们应当如何应对，即使还没有发现这样做的任何榜样，理性也丝毫不考虑这样做会给我们产生的利益，这种利益当然只能由经验教导给我们。因为虽然理性准许以一切对我们来说可能的方式谋求我们的利益，此外立足于经验的见证，理性很可能也能够指望，遵守它的命令，尤其是当明智地遵守时，一般要比违背理性命令更有益处，但是，毕竟不是作为**命令**的理性规范的权威建立在这上面，而是理性把这些规范（作为劝告）仅仅当做一个对反面误导的制衡来使用，以便预先弥补实践评判中的一个有偏袒的天平的错误，并在这种情况下首先保证这种按照一个纯粹实践理性的先天根据的重要性而作出的评判起到决定性的作用。

因此，如果一个出自纯然概念的先天知识体系叫做**形而上学**，那么，一种不是以自然，而是以任性的自由为对象的实践哲学就将预设并且需要一种道德形而上学，也就是说，**拥有**这样一种道德形而上学甚至是**义务**。每个人心中也都拥有这种形而上学，虽然通常只是以模糊的方式拥有；因为他怎么可能没有先天原则就相信自己心中有一种普遍的立法呢？可是，正如在自然形而上学中必然也存在着把那些关于一个一般自然的
6〔217〕普遍的最高原理应用到经验对象上去的原则一样，也不能让一种道德形而上学缺少这样的原则，而且，我们将经常不得不以人的仅仅通过经验来认识的特殊**本性**为对象，以便在它上面**指明**从普遍的道德原则得出的结论，但这样做并没有使后者的纯洁性有所损失，同样并没有使其先天的起源受到怀疑。——这要说的恰恰是：一种道德形而上学不能建立在人类学之上，但却可以被应用于它。

与道德形而上学相对的部分，作为一般实践哲学的划分的另一个分支，将会是道德的人类学，但是，道德人类学将会只包含人的本性中**贯彻**道德形而上学法则的主观条件，既包含阻碍性的也包含促进性的条件，

即道德原理的产生、传播、增强（在教育中，在学校教导和民众教导中）以及其他这类基于经验的学说和规定，而且道德人类学可能是不可缺少的，但绝对不必被置于道德形而上学之前或者与之混淆；因为那样一来，人们就会冒产生虚假的或者起码是可通融的道德法则的危险：这些道德法则把未被达到的东西冒充为不可达到的，而它之所以未被达到，仅仅是因为法则还没有在其纯粹性上（法则的力量也在于这种纯粹性）被看出和被陈述，或者，根本不纯正的和不纯粹的动机被使用到本身合义务的、善的东西上去，而这些动机无论是对于评判的引导还是对于心灵在遵循义务方面的训练来说都没有留下任何可靠的道德原理，义务的规定本来绝对只能由纯粹理性先天地提供。

不过，关于现在刚提到的这种划分所从属的那种高级的划分，即哲学划分为理论哲学和实践哲学，以及实践哲学只能是道德的世俗智慧，我已经在别的地方（《判断力批判》）作出了说明。一切根据自然法则而可能的实践的东西（真正的艺术活动），按其规定完全依赖于自然理论；只有根据自由法则的实践的东西才可能具有不依赖任何理论的原则，因为超出自然规定以外就不存在任何理论。所以，哲学不能把实践的部分（与理论的部分相邻）理解为**技术实践的**学说，而只能理解为**道德实践的** 6〔218〕
学说，而且，如果遵循自由法则与自然相对立的任性的技巧在这里也应当被称为**艺术**，那么，它就会必须被理解为这样一种艺术，它使一个自由的体系像一个自然的体系一样成为可能；如果我们能够借助于这种艺术也完全执行理性给我们规定的东西，并使这种理念付诸实施，那么，它真的就是一门属神的艺术了。

三、道德形而上学的划分①

对于任何立法（它可以是内在的或者外在的行动，而且这些行动要

① 一个体系的划分的**演绎**，就是说：不仅要证明划分的**完备性**，而且要证明划分的稳定性，亦即在细划分的整个序列中不经过跳跃（divisio per saltum［经过跳跃的划分］）便从被划分的概念过渡到划分的环节，这对一个体系的建筑师而言，是最难实现的条件之一。甚至**最高的、被划分的概念**对于划分来说是**允许的还是不允许的**（aut fas aut nefas），也是令人疑虑的。这是一般**自由任性**的行为。就像本体论的教师们在最上面从**某物**和**虚无**开始，而没有注意到，这已经是一种划分的诸环节了一样，为此还缺乏被划分的概念，这个概念不能是别的，只能是关于一个一般**对象**的概念。

么先天地通过纯然的理性，要么通过另一个人的任性来作出规定）来说，都需要两个部分：**首先**是**法则**，它把应当发生的行动**在客观上**表现为必然的，就是说，它使行动成为义务；**其次**是动机，它把对这种行动的任性的规定根据**在主观上**与法则的表象联结起来；所以，第二个部分就是：法则使义务成为动机。通过第一部分，行动被表现为义务，这就是对任性的可能规定亦即实践规则的一种纯然理论认识；通过第二部分，如此行动的责任就在主体中与一般任性的一个规定根据结合起来。

因此，任何立法（它也可以就它使之成为义务的行动而言与另一种
6〔219〕立法一致，例如行动在所有场合都可以是外在的行动）就其动机而言毕竟可能是不同的。使一种行为成为义务，同时使这种义务成为动机的立法是**伦理学的**。而在法则中不连同包括后者，因而也准许另外一个与义务本身的理念不同的动机的立法，是**法学的**。就后一种立法而言，人们很容易看出，这种与义务的理念不同的动机，必定是从偏好和反感这种任性的**病理学**规定根据，而且在偏好和反感中间是从后一种方式的规定根据取得的，因为这应当是一种立法，而不是一种诱惑，前者是强制性的，后者是邀请性的。

人们把一个行动不考虑其动机而与法则的纯然一致或者不一致称为**合法性**（合法则性），但把其中出于法则的义务理念同时是行为的动机的那种一致或者不一致称为**道德性**（合道德性）。

遵循法学立法的义务只能是外在的义务，因为这种立法并不要求这种内在的义务理念自身就是行动者的任性的规定根据，而且既然这种内在义务毕竟需要一种适合于法则的动机，所以，只有外在的义务才能和法则相结合。相反，伦理的立法虽然也使内在的行动成为义务，但是绝不排除外在的行动，而是一般而言关涉一切是义务的东西。不过，正因为伦理的立法也把行动的内在动机（义务的理念）一起包含在其法则之中，这样的规定绝对不必进入外在的立法，所以，伦理的立法不可能是外在的立法（甚至不是一个属神意志的立法），尽管它把基于另一种立法，亦即外在的立法之上的义务作为**义务**接纳进它的立法，使之成为动机。

由此可以看出，一切义务只因为是义务才同属于伦理学；但是，义务的**立法**却并不因此而总是被包含在伦理学中，许多义务的立法就在伦理学之外。于是，伦理学要求，我必须兑现在一个契约中作出的承诺，

尽管契约的另一方不能马上强迫我这么做：只有伦理学才把出自法权论的法则（pacta sunt servanda［约定的东西应受维护］）和与法则相应的义务假定为被给予的。所以，被接受的许诺必须遵守，这立法不是在伦理 6〔220〕
学中，而是在法学中。据此，伦理学只教导说，即便去除法学立法使之与那种义务相结合的动机，即外在的强制，仅仅义务的理念也已经足以充当动机了。因为如果不是这样，立法本身不是法学的，因而来源于立法的义务不是真正的法权义务（和德性义务不同），那么，人们就会把忠诚的履行（依照他在一个契约中的诺言）与善意的行动和使这些行动成为义务归为一类，而这根本就不可以。遵守诺言不是德性义务，而是一种法权义务，对于这种法权义务，可以强制人们来履行。但是，在不可以**执行**强制的地方，如果也遵守诺言，那倒是一种有德性的行为了（德性的证明）。因此，法权论和德性论相互有别，不是因其不同的义务，而毋宁说是因立法的差异，是立法使一个动机或者另一个动机与法则联系起来。

伦理的立法（义务或许也可能是外在的义务）是那种不**可能**是外在的立法，法学的立法则是那种也可能是外在的立法。这样，遵守依照契约的诺言就是一种外在的义务；但是，仅仅因为它是义务而不考虑其他动机就遵守它的命令，只属于**内在的**立法。所以，不是作为特殊性质的义务（人们负有责任的一种特殊性质的行动）——因为无论在伦理学中还是在法权中都有一种外在的义务，——而是由于上述场合中的立法是一种内在的立法，而且不可能有外在的立法者，责任才被归给伦理学。出自同样的理由，善意的义务，尽管它们是外在的义务（外在行动的责任），毕竟被归给伦理学，因为其立法只能是内在的。——伦理学当然也有其特殊的义务（例如对自己本身的义务），但毕竟也与法权共有一些义务，只不过不共有**承担责任**的方式罢了。因为仅仅由于是义务就采取行动，而且不论义务来自何处，都使其本身的原理成为任性的充足动机，这是伦理立法的独特之处。因此，虽然有许多**直接伦理的**义务，但内在 6〔221〕
的立法却也使其他义务统统成为间接伦理的义务。

四、道德形而上学的预备概念

(Philosophia practica universalis［一般实践哲学］)

自由概念是一个纯粹的理性概念，正因为如此，它对理论哲学而言是超验的，也就是说，它是这样一个概念，不可能在某种可能的经验中给它提供任何恰当的例证，因此，它并不构成一种对我们而言可能的理论知识的任何对象，绝对不能被视为思辨理性的一个建构原则，而只能被视为范导原则，确切地说只是纯然否定的原则。但在理性的实践应用中，它的实在性却通过实践的原理得到了证明，实践原理作为法则，独立于规定任性的一切经验性条件（一般而言的感性东西），证明了纯粹理性的一种因果性，证明了我们心中的一种纯粹意志，道德概念和法则的起源就在于这种纯粹意志。

在这一（实践方面的）积极的自由概念之上，建立起无条件的实践法则，这些法则就叫做**道德的**；就我们而言，由于我们的任性受到感性的刺激，而且这样一来不是自行去适合纯粹的意志，而是常常与之矛盾，这些法则就是**命令式**（命令或者禁令），确切地说是定言的（无条件的）命令式，由此它们就与那些任何时候都只是有条件地下命令的技术的法则（技艺的规定）区别开来，按照它们，某些行动是**允许的**或是**不允许的**，即在道德上是可能的或不可能的，而这些行动中的一些，或者其对立面，则在道德上是必要的，亦即有责任的，由此对那些行为来说就产生了一种义务的概念，遵守还是违背这种义务虽然也与特殊性质的愉快或者不快（一种道德**情感**的愉快或者不快）相结合，但对这种愉快或者不快，我们在理性的实践法则中却根本不予考虑［因为它不可能涉及实践法则的**根据**，而只能涉及在通过那些实践法则规定任性时心灵中的主观**作用**，并且（无须对它的那种有效性或者影响客观地，即在理性的判断中添加或消除某种东西）可能因主体的不同而不同］。

6〔222〕 下述概念对道德形而上学来说在其两个部分中是共有的。

责任是服从理性的定言命令式的一个自由行动的必然性。

命令式是一条实践规则，通过它，就自身而言偶然的行动被**变成**必然的。它与一条实践法则的区别在于，实践法则虽然表现一个行动的必然性，但却不考虑这个行动就自身而言是已经**内在地**必然寓于行动主体（例如一个神圣的存在者）之中，还是（例如对人来说）偶然的，因为在有前者的地方，就不出现命令式。所以，命令式是一条规则，其表象使主观偶然的行动**成为**必然的，因此把主体表现为一个必然被**强迫**（使之不得不）与这条规则相一致的主体。——绝对的（无条件的）命令式是这样的命令式，它绝不是间接地、通过一个凭借行动能够达到的**目的**的表象，而是通过这个行动本身（其形式）的纯然表象，因而是直接地把该行动设想为客观必然的，并使之成为必然的；例如，只有规定责任（道德责任）的实践学说才能提出这类命令式。一切别的命令式都是**技术的**，全都是有条件的。但是，定言命令式的可能性的根据就在于：它们与任性的任何其他规定（通过这种规定就可能给任性加上一种意图）都没有关系，而只与任性的**自由**有关。

允许的是一个并不违背责任的行动（licitum［被允许的东西］）；而这种不受相反命令式限制的自由就叫做权限（facultas moralis［道德能力］）。由此，什么是**不允许的**（illicitum），就不言而喻了。

义务是某人有责任采取的行动。因此，义务是责任的质料，而且，义务（在行为上看）可能是同样的义务，尽管我们可能以不同的方式有责任。

定言命令式由于表示就某些行动而言的一种责任，所以是一条道德实践的**法则**。但是，由于责任不只包含实践的必然性（这类东西表示一个一般的法则），而且还包含**强制**，因此，上述命令式要么是要求的法则，要么是禁止的法则，根据做还是不做被表现为义务而定。一个既不被要求也不被禁止的行动，就只是**允许的**，因为就这种行动而言，根本就不存在任何限制自由（权限）的法则，而且也没有任何义务。这样一种行动叫做道德上无关紧要的（indiffferens，adiaphoron，res merae facultatis［无关紧要的东西、中性物、完全有可能的事情］）。人们会问：是否有这样的行动呢？如果有这样的行动，那么，某人可以随便按照自己的喜好做或不做某种事，对此在要求的法则（lex preaeceptiva，lex mandati［指令性的法则、嘱托的法则］）和禁止的法则（lex prohibitiva，lex vetiti［制止的法则、禁止的法则］）之外就还要求有一个许可的法则（lex permissiva［允许的法则］）？如果是这样，那么，权限就会不总是涉及一个无关紧要的行动（adiaphoron［中性物］）；因为对于这样一种行动 6〔223〕

来说，如果人们按照道德法则来看它，将会不需要任何特殊的法则。

一个行动叫做**行为**，如果它服从责任法则的话，因而也是如果行动中的主体被按照其任性的自由来看的话。行动者由于这样一个行为被视为结果的**事主**。而且这结果连同行动本身都可以**归责**于他，如果人们事先了解使他承担一种责任的法则的话。

人格是其行为能够归责的主体。因此，**道德上的**人格性不是别的，就是一个理性存在者在道德法则之下的自由（但是，心理学的人格性只是意识到其自身在其存在的不同状态中的同一性的那种能力）。由此得出，一个人格仅仅服从自己（要么单独地、要么至少与其他人格同时）给自己立的法则。

物品是一个不能归责的事物。自由任性的每一个客体，本身缺乏自由，所以叫做物品（res corporalis [有形之物]）。

一般而言**正当的**或者**不正当的**（rectum aut minus rectum）是一个行为，如果它是合乎义务的或者不合乎义务的（factum licitum aut illicitum
6〔224〕 [允许的行为或者不允许的行为]）；义务本身可以在内容或者来源上随便是什么性质的。一个与义务相悖的行为就是**违背**（reatus）。

一种**并非蓄意的**违背，仍然可以被归责，但只叫做过失（culpa）。一种**蓄意的**（亦即与它是违背这种意识相结合的）违背就是**犯罪**（dolus）。① 按照外在法则来看正当的事情，就叫做**公正的**（iustum），若不然，就叫做**不公正的**（iniustum）。

种种义务的冲突（collisio officiorum s. obligationum [种种义务或者责任的冲突]）就会是它们之间的关系，通过这种关系，其中一个（全部或者部分地）取消另一个。——但是，既然义务和责任一般而言都是表述某些行动的客观的和实践的**必然性**的概念，而且两条彼此对立的规则不能同时是必然的，而是如果根据其中一条规则去行动是义务，那么根据相反的规则去行动就不仅不是义务，而且甚至是有悖义务，所以，**义**

① reatus毋宁说叫做被告地位。康德在对这个词的偏离使用上追随阿亨瓦尔（《自然法权》，第17节），在对culpa和dolus的理解上也一样。参见《纯然理性界限内的宗教》，《康德全集》，第Ⅵ卷，38页［参见《康德著作全集》，第6卷，37～38页。——译者注］。——科学院版编者注

务和责任的**冲突**就是根本无法想象的（obligationes non colliduntur［责任不能互相冲突］）。但是，这很可能是责任的两个**根据**（rationes obligandi［责任的根据］），它们的这一个或者那一个不足以使人承担义务（rationes obligandi non obligantes［责任的根据不能使人承担责任］），它们在一个主体中或者在主体给自己制定的规则中结合起来，此时有一个不是义务。——如果这样两个根据彼此冲突，那么，实践哲学所说的就不是：较强的责任占了上风（fortior obligatio vincit［较强的责任取胜］），而是较强的**使人承担义务的根据**保持着这位置（fortior obligandi ratio vincit［较强的使人承担责任的根据取胜］）。

对于赋予责任的法则而言，一种外在的立法是可能的，一般而言这些法则就叫做外在的法则（leges externae）。在这些法则中间，有一些法则，对它们的责任即便没有外在的立法也能被理性先天地认识，它们虽然是外在的法则，但却是**自然的**法则；与此相反，离开了现实的外在立法就根本不赋予责任的法则（因此，它们离开后者就会不是法则），则叫做**实证的**法则。所以，可以设想一种全然包含实证的法则的外在立法；但这样一来，就必须有一种自然的法则先行，它为立法者的权威（亦即通过他的纯粹任性约束其他人的权限）提供根据。

使某些行动成为义务的原理是一种实践法则。行动者出自主观的根 6〔225〕
据使之成为自己的原则的规则，叫做他的**准则**；因此，即便法则相同，但行为者的准则却可能大相径庭。

一般而言，仅仅表示什么是责任的定言命令式就是：按照一个同时能够被视为一条普遍法则的准则行动！——因此，你必须首先按照其主观的原理来看待你的行动，但是，这条原理是否也是客观有效的，你只能根据下面一点来认识：由于你的理性使它经受这样的检验，即通过它同时把你自己看做普遍立法的，所以它就取得了这种普遍立法的资格。

这一法则与可能由此得出的重大且众多的结论相比较，它的简单性，此外显然不带有一个动机就提出要求的威望，当然一开始就必定使人惊奇。但是，如果人们在对我们理性通过一个准则取得一条实践法则的**普遍性**的资格的纯然理念来规定任性的一种能力的惊赞中被教导说：正是这些实践法则（道德法则）最先表明任性的一种属性，思辨理性无论是出自先天的根据还是通过某种经验都猜测不到这种属性，而且即使它猜测到这种属性，也不能在理论上通过任何东西来阐明其可能性，但那些实践法则却还是无可争议地阐明了这种属性，亦即自由；那么，发现这些法则像数学公设那样虽然**不可证实**但却**无可置疑**，同时看到在自己面前开放了实践知识的整个领域，其中理性以同样的自由理念，甚至以其在理论事物中超感性东西的理念的任何一个，都必然发现一切都在该理念面前封闭起来了，这也将不怎么令人奇怪。一个行为和义务法则的一致就是**合法则性**（legalitas［合法性］）。——行为准则和法则的一致就是行为的**道德性**（moralitas）。但是，**准则是主观的**行动原则，主体自己使这原则成为自己的规则（也就是说，它想如何行动）。反之，义务的原理是理性绝对地，因此客观地要求于主体的东西（它**应当**如何行动）。

6〔226〕 所以，道德论的最高原理就是：按照一个同时可以被视为普遍法则的准则行动。——任何不具备上述资格的准则，都是与道德相悖的。

法则来自意志，准则来自任性。任性在人里面是一种自由的任性；仅仅与法则相关的意志，既不能被称为自由的也不能被称为不自由的，因为它与行动无关，而是直接与为行动准则立法（因此是实践理性本身）有关，因此也是绝对必然的，甚至是不**能够**被强制的。所以，只有**任性**才能被称做**自由的**。

但是，任性的自由不能通过遵循或者违背法则来行动的选择能力（libertas indifferentiae［无区别的自由］）来界定——如一些人可能就有过这种尝试——，虽然任性作为**现象**在经验中提供着这方面的一些常见的例子。因为我们只知道自由（正如我们通过道德法则才能够认识的那样）是我们的一种**消极的**属性，即不受任何感性的规定根据的**强制**而去行动。但是，作为**本体**，也就是说，按照纯然作为理智的人的能力来看，正如它就感性的任性而言是**强制的**那样，因而按照其积极的性状来看，我们**在理论上**却根本不能展示它。我们只能清楚地看出这一点：尽管人作为**感官存在者**，按照经验来看，表现出一种不仅**遵循**法则，而且也**违背**法则作出选择的能力，但毕竟不能由此来**界定**他作为**理知存在者**的自由，因为显象不能使任何超感性的客体（毕竟自由的任性就是这类东西）得以理解。而且，自由永远不能被设定在这一点上，即有理性的主体也能够作出一种与他的（立法的）理性相冲突的选择；尽管经验足够经常地证实这种事曾经发生（但我们却无法理解发生这种事的可能性）。——因为承认一个（经验的）命题是一回事，而使之成为（自由任性的概念的）**解释原则**并且成为普遍的区分标志（与 arbitrio bruto s. servo［动物的或者奴性的任性］相区分）则是另一回事：因为前者并没有断定这 6〔227〕
标志**必然**属于概念，但这却是后者所必需的。——与理性的内在立法相关的自由本来只是一种能力；背离这种立法的可能性就是一种无能。但是，前者如何才能通过后者得到解释呢？这是一个定义，它在实践的概念之上还附加了它的如经验所教导的**实施**，是一个在错误的光照下展示这个概念的**混血的解释**（definitio hybrida［混合的定义］）。

法则（一个道德实践的法则）是一个包含定言命令式（命令）的命题。通过一个法则下命令者（imperans）就是**立法者**（legislator）。他是根据法则的责任的创作者（autor），但并不总是法则的创作者。在后一种情况下，法则就会是实证的（偶然的）和任意的。先天地和无条件地通过我们自己的理性约束我们的法则，也可以被表述为产生自最高立法者的意志，亦即产生自一个只有法权而没有义务的立法者的意志（因而是属神的意志）。但是，这仅仅指的是一个道德存在者的理念，其意志对所有人而言都是法则，不过无须把它设想为法则的创作者。

归责（imputatio）在道德的意义上就是使某人被视为一个后来叫做**行为**（factum）并受法则支配的行动之事主（causa libera［自由因］）的**判断**；这判断如果同时带有出自这一行为的法权后果，那么，它就是一种具有法权效力的归责（imputatio iudiciaria s. valida），否则就会只是一种**评判性的**归责（imputatio diiudicatoria）。——有权作出具有法权效力的归责的（自然的或道德的）人格叫做法官，或者也叫法庭（index s. forum）。

某人按照义务所做的**多于**遵照法则能够迫使他所做的，就是**有功德的**（meritum）；他所做的刚好**符合**法则，就是**本分**（debitum）；最后，他所做的**少于**法则所要求的，就是道德上的**缺失**（demeritum）。一种缺失的**法权**后果便是**惩罚**（poena），一个有功德的行为的法权后果便是**奖赏**（praemium）（前提是：这种在法则中已经预告的奖赏是动因）；行事与本分相符便完全没有法权后果。——善有善报（remuneratio s. repensio 6〔228〕 benefica）与行为根本没有**法权关系**。

一个本分行动的好的或者坏的后果——同样，放弃一个有功德的行动的结果——不能被归责于主体（modus imputationis tollens［取消归责的尺度］）。

一个有功德的行动的好的后果——同样，一个不合法的行动的坏的后果——可以被归责于主体（modus imputationis ponens［设立归责的尺度］）。

在主观上，行动的可归责性（imputabilitas）的程度可以根据此时必须被克服的障碍的大小来估量。——自然障碍（感性的障碍）越大，道德上的障碍（义务的障碍）越小，**善的行为**就越是被算做功德；例如，当我付出很大牺牲把一个我完全不认识的人从危难中救出的时候。

反之：自然障碍越小，出自义务的理由的障碍越大，违背（作为过失）就越被归责。——因此，心灵状态，即主体是感情用事还是深思熟虑地行事的，在归责中将造成具有后果的区别。

法权论导论 6〔229〕

第一节　什么是法权论

可能有一种外在立法的那些法则的总和叫做**法权论**（Ius）。如果这样一种立法是现实的，那么，它就是**实证法权**的学说，而这种学说的法学家或者法权学者（Iurisconsultus）就叫做**有法权经验的**（Iurisperitus），尽管他是外在地，亦即在其运用于经验时发生的事例中了解外在的法则的，这种学说仍可以成为**法权机智**（Iurisprudentia），但如果没有二者的结合，就依旧是纯然的**法权科学**（Iurisscientia）。后一个称谓应归于自然的法权论（Ius naturae）的**系统**知识，尽管法学家必须在后一种学说中为了一切实证的立法而提供不可改变的原则。

第二节　什么是法权

对于**法权学者**来说，如果他不想以同义反复来行事，或者不想没有给出普遍的解答却让人去看法律在某个国家某个时候想要的是什么，那么，这个问题会同样使他尴尬，就像**"什么是真理?"**这个合理的要求使逻辑学家尴尬一样。什么是合法的（quid sit iuris），亦即法律在某时某地说些什么或者说过什么，他还是能够清楚说明的，但是，它们想要的东西是否也是正当的，以及人们能够据以认出正当和不正当（iustum et iniustum）的那个普遍的标准，对他来说大概还是隐蔽的，如果他没有长时间离开那些经验性的原则，仅仅在理性中寻求那些判断的源泉（虽然 6〔230〕
对他来说那些法则为此可以出色地充当主导思想），以便为一种可能的实证立法奠定基础的话。一种纯然经验性的法权论是（就像斐德鲁斯的寓言中那个木制的头颅一样）一颗可能很美、只可惜没有脑子的头颅。

法权的概念，就它和一个与自己相对应的责任相关而言（亦即法权的道德概念），**首先**，只涉及一个人格对另一个人格的外在的、确切地说实践的关系，如果他们的行动作为行为能够（直接地或者间接地）互相影响的话。但是**其次**，法权概念并不意味着任性与他人愿望（因此也与纯然的需要）的关系，例如在行善或者冷酷的行动中，而仅仅意味着与他人的**任性**的关系。**第三**，在任性的这种交互关系中，也根本不考虑任性的**质料**，亦即每个人以他所想要的客体而当做意图的目的，例如不问某人就他为了自己的生意从我这里购买的货物而言是否也能得到好处，而是只问双方任性的关系中的**形式**，只要这种任性被看做自由，以及通过行动，双方中的一方是否可以与另一方的自由按照一个普遍的法则保持一致。

所以，法权是一个人的任性能够在其下按照一个普遍的自由法则与另一方的任性保持一致的那些条件的总和。

第三节　法权的普遍原则

“任何一个行动，如果它，或者按照其准则每一个人的任性的自由，都能够与任何人根据一个普遍法则的自由共存，就是**正当的**”。

因此，如果我的行动，或者一般地说我的状况能够与任何人根据一个普遍法则的自由共存，那么，阻碍我行动的人对我所做就不正当；因
6〔231〕为这种障碍（这种阻抗）不能与根据普遍法则的自由共存。

由此也得出：不能要求这个一切准则的原则本身又是我的准则，也就是说，我使它**成为我的**行动的**准则**；因为每个人都可以是自由的，即便我对他的自由全然不关心，或者即便我内心里很想破坏他的自由，只要我通过自己的外在行为并没有损害他的自由。使依法行动成为我的准则，这是伦理学向我提出的一个要求。

所以，普遍的法权法则：“如此外在地行动，使你的任性的自由应用能够与任何人根据一个普遍法则的自由共存”，虽然是一条赋予我一种责任的法则，但却根本就没有指望、更没有要求我完全为了这种责任而应当把我的自由限制在那些条件**本身**上，而是理性仅仅说，我的自由在其理念上被限制在这上面，而且事实上它也可能受到他人的限制；而且理性把这说成是一个根本无法进一步证明的公设。只要意图不是教人德性，而是仅仅阐明什么是正当的，那么，人们甚至不可以也不应当把那个法权法则表现为行动的动机。

第四节 法权与强制的权限相结合

与一种作用的障碍相对立的阻抗，就是对这种作用的促进，而且与之相一致。于是，一切不正当的东西，都是根据普遍法则的自由的一种障碍，但是，强制就是自由所遭遇的一种障碍或者阻抗。因此，如果自由的某种应用本身就是根据普遍法则的自由的一个障碍（亦即不正当的），那么，与这种障碍相对立的强制，作为对一个**自由障碍的阻碍**，就与根据普遍法则的自由相一致，亦即是正当的，所以，按照矛盾律，与法权相联结的同时有一种强制损害法权者的权限。

第五节 严格的法权也可以被表现为一种与每个人根据普遍法则的自由相一致的普遍交互强制的可能性 6〔232〕

这个原理要说的正是：法权不可以被设想为由两个部分，亦即根据一个法则的责任和一个通过其任性约束另一个人的人来强制此人这样做的权限复合而成的，相反，人们可以把法权的概念直接设定在普遍的交互强制与每个人的自由相联结的可能性中。也就是说，就像一般的法权仅仅以行动中外在的东西为客体一样，严格的法权，即不掺杂任何伦理性因素的法权，就是除了外在的规定根据之外不要求任性的其他任何规定根据的法权；因为这样一来，它就是纯粹的、不掺杂任何德性的规定。所以，一种**严格的**（狭义的）法权，人们只能称之为完全外在的法权。现在，这种法权虽然基于每个人根据法则的责任意识，但据此来规定任性，如果它应当是纯粹的，它就不可以也不能够依据这种作为动机的意识，而是因此就立足于一种外在的、与每个人根据普遍法则的自由都能够共存的强制之可能性的原则之上。——所以，如果说，一个债权人有一种法权要求债务人偿还其债务，这并不意味着：他能够使债务人记住，是理性本身责成他这样做，而是一种强迫每个人这样做的强制，完全能够与每个人，因而也能够与他自己根据一个普遍的外在法则的自由共存；因此，法权和强制的权限是同一个意思。

在普遍自由这一原则下一种与每个人的自由必然相一致的交互强制

的法则，仿佛就是那个概念的**构造**，也就是说，在一个纯粹的先天直观中，按照物体在**作用与反作用相等**这个法则下的自由运动之可能性的类
6〔233〕比来展示这个概念。就像我们在纯粹数学中不能直接从概念中推出，而只能通过概念的构造来发现其客体的属性一样，不但法权的**概念**，而毋宁说被置于普遍的法则之下和法权的概念相一致的普遍交互的、使得那个概念的展示得以可能的强制，亦复如是。可是，由于这个力学的概念还以纯粹数学（例如几何学）中的一个纯然形式的概念为基础，所以，理性所关心的是：为了法的概念的构造，为知性尽可能多地提供先天直观。——直（rectum）作为**直线**，一方面与**曲线**相对立，另一方面与**斜线**相对立。前者是一条具有如下性质的线的**内在性状**，即在两个已知的点之间只能有一条**唯一的**直线，但后者就是两条相交的或相切的**线的状况**，具有如此性质的也只能有一条**唯一的**（垂直）线，这条线倾向于一边并不多于另一边，而且它把两边的空间均分，按照这种类比，甚至法权论也要（以数学的精确性）知道每一个人被规定**属于他自己的东西**，这在德性论中是不可以指望的，德性论不能拒绝给例外以某种空间（latitudinem）。——但是，不用涉入伦理学领域，就存在着两种要求作出法权裁决，但却不可能找出裁决人的情况，它们仿佛是属于伊壁鸠鲁的 intermundia［星际空间］。——我们首先必须把这些情况从真正的、我们马上就要讨论的法权论中清理出去，以免它们的摇摆不定的原则对真正法权论的坚实原理产生影响。

附录　论有歧义的法权（Ius aequivocum）

任何**狭义**的法（Ius strictum）都结合有强制的权限。不过，人们还
6〔234〕想到一种广义的法权（ius latum），在那里，强制的权限不可能由任何法则来规定。——这些真正的或者所谓的法权有两种：**公道**和**紧急法权**；其中前者假定一种没有强制的法权，后者假定一种没有法权的强制，而人们也不难察觉，这种歧义真正说来乃是基于，存在着一个受怀疑的法权的各种情况，推举不出任何法官对它们作出裁断。

一、公道

公道（客观地看）绝不是只向他人的伦理义务（他人的善意和仁爱）

提出要求的一个根据，相反，从这一根据出发要求某种东西的人，乃是基于他的**法权**，只不过他缺乏对于法官来说所必需的条件，根据这些条件，法官就能够规定，此人的要求有多少或者以何种方式能被满足。一个商业公司关注利益的平等，某人尽管如此在其中却比别的成员**做事**更多，但由于事故而比别的成员**损失**更多，**按照公道**，他可以向公司要求比仅仅与其他成员平分秋色更多的东西。然而根据真正的（严格的）法权，由于即便人们在他的事例中设想一位法官，这个法官也没有任何确定的提示（data［材料］）来澄清按照合同他应当得到多少，所以他的要求就会被驳回。一个家丁，被付给他直到年终才发的工资，而给的却是在这段时间内贬值了的货币，他用这笔钱已经办不到当初签合同时可以办到的事情了，数值虽然相同，但货币价值却不同，所以，他就不能根据自己的法权来保证自己不因此而受损失，而是只能呼唤公道来作根据（一个不可能被听到的沉默的神灵），因为对此合同中没有任何规定，但一个法官不可能根据未规定的条件来作出判决。

由此也得出：（在他人关于自己的法权的争论中的）一个**公道法庭**自身就包含着一个矛盾。只有在涉及法官自己的法权的地方，在他能够凭自己的人格处置的事情上，他才可以并且应当倾听公道的呼声，例如， 6〔235〕
当王室自己承担他人在其效力时所蒙受的、并且恳求王室予以补偿的损失时，尽管按照严格的法权，王室可以借口他们是自担风险地承受这些损失的，而拒绝这种要求。

这样，**公道的格言**（dictum）虽然是"最严格的法权是最大的不法"（summum ius summa iniuria），但是这种灾祸却不可能沿着法权途径来消除，虽然这涉及法权要求，因为这种要求只适用于**良知法庭**（forum poli［上天的法庭］），相反，任何法权问题都必须诉诸**公民法权**（forum soli［地上的法庭］）。

二、紧急法权（Ius necessitatis）

这种想当然的法权①应当是一个权限，即在我自己有丧命危险的情况下剥夺另一个丝毫没有加害我的人的生命。很显然，这里必定包含着法

① 参见《论俗语：这在理论上可能是正确的，但不适用于实践》（第Ⅱ节的结论）［参见《康德著作全集》，第8卷，303～304页。——译者注］。——科学院版编者注

权论的一种自相矛盾——因为这里说的不是一个不正当地袭击我的生命的人，对这样的人，我可以通过剥夺他的生命而先发制人（ius inculpatae tutelae［正当防卫的法权］），节制（moderamen）的劝告甚至不属于法权，而只属于伦理学，相反，这里说的是允许对一个不曾对我实施任何暴力的人实施暴力。

很明显，这种主张不应当客观地、按照一个法则会规定的东西来理解，而只能主观地、按照法庭上会作出的判决去理解。也就是说，不可能存在这样的**刑法**，它判处这样一个人死刑：在船沉时此人和另外一个人一起在同样的危险中漂浮，他为了自己活命而把那个人从其曾经赖以活命的木板上推开。因为，法律所威胁的惩罚毕竟不可能比这个人丧命的惩罚更大。于是，这样一种刑法根本不可能具有预期的作用；因为以一个尚**不确定的**灾祸（由法官判决而来的死亡）来威胁，不可能胜过对**确定的**灾难（亦即淹死）的恐惧。所以，暴力的自我保存的行为绝不应

6〔236〕当被评判为**无可指摘的**（inculpabile），而只能被评判为**无法惩罚的**（imopunibile），而且这种**主观的**免于惩罚由于一种奇特的混淆，被法权学者们看做一种**客观的**免于惩罚（合法性）。

紧急法权的格言是："事急无法"（necessitas non habet legem）。尽管如此，却不可能存在任何紧急状况使得不正当的事情成为合法的。

可以看出，在两种法权评判（根据公道法权和根据紧急法权）中，**歧义**（aequivocatio）来源于法权实施的主观根据和客观根据（面对理性和面对法庭）的混淆。因为这样一来，某人有充分的理由认为对自己而言正当的东西，在一个法庭面前就得不到证实，而他本人必然评判为不正当的事，倒能够获得同一个法庭的谅解，因为法权的概念在这两个场合并不是在同一个意义上使用的。

法权论的划分

一、法权义务的一般划分

人们完全可以按照乌尔皮安①的方法进行划分，只要我们给他的公式加上一层虽然他自己可能没有思考清楚、但这些公式却允许从中引申出来或者添加进去的意思。这些公式如下：

1. **做一个正派的人**（honeste vive［正派地活着］）。**法权上的正派**（honestas iuridica）在于：在和他人的关系中维护自己作为一个人的价值的那种价值，这种义务是由如下命题来表述的："不要让你自己成为他人的纯然手段，要对他们来说同时是目的。"在下文中，这项义务将被解释为出自我们自己人格中的人性**法权**的责任（Lex iusti［正当的法则］）。

2. **不要对任何人做不正当的事**（neminem laede［不要伤害任何人］），此外，你也应当摆脱与他人的一切干系，必须避免一切社交（Lex iuridica［司法的法则］）。

3. **进入**（如果你无法避免社交）与他人的社交，在其中要能够维护每个人他自己的东西（suum cuique tribue）。——这最后一个公式，如果翻译成"给每个人他自己的东西"，就会是胡说八道了；因为人们不能给予任何人他已经拥有的东西。因此，如果它要有意义，那就必须是："**进入**一种状态，在其中能够针对每一个他人来保证每个人他自己的东西"（Lex iustitiae［正义的法则］）。 6〔237〕

因此，以上三个经典公式同时是法权义务体系的划分原则，即划分为内在的、外在的义务，以及包含着通过归摄而从前者的原则推导出后者的义务。

---

① 《公民法典》，D. 1_{1}，10_{1}，Ⅰ. $1_{1,3}$［乌尔皮安又译乌尔比安，被称为罗马五大法学家之一，其著作构成了罗马皇帝查士丁尼的《法学汇编》的三分之一，其在法学史上的地位在于第一次区分了公共法权和私人法权。——译者注］。——科学院版编者注

二、法权的一般划分

1. 作为系统的**学说**，法权划分为**自然法权**和**实证法权**，前者建立在全然的先天原则之上，后者则来自于一个立法者的意志。

2. 作为使他人承担义务的（道德的）**能力**，亦即作为对他人的一个法律根据（titulum）的法权，其最高划分就是划分为**生而具有的**法权和**获得的**法权，其中前者是那种不依赖于一切法权行为而应天生归于每个人的法权；后者则是需要这样一种法权行为的法权。

生而具有的“我的”和“你的”也可以被称为**内在的**“我的”和“你的”（meum vel tuum internum），因为外在的“我的”和“你的”在任何时候都必须是获得的。

生而具有的法权只有一种

自由（对另一个人的强制任性的独立性），就它能够与另一个人根据一个普遍法则的自由并存而言，就是这种惟一的、源始的、每个人凭借自己的人性应当具有的法权。——生而具有的**平等**，亦即除了人们也能够相互赋予责任的事情之外、不在更多的事情上被他人赋予责任的独立性；因而人做**自己主人**（sui iuris［自主］）的品质，此外一个由于在一切
6〔238〕
法权行为之前没有对任何人做过不正当的事情而是正直的人（iusti）的品质；最后还有对他人做就自身而言无损于他们的事情的权限，哪怕他们不想关注这样的事情；这类事情只是向他人传达自己的思想，给他人讲述或者许诺什么，无论是真实的和诚实的，还是不真实的和不诚实的（veriloquium aut falsiloquium［真话还是假话］），因为他们是否愿意相信他，仅仅取决于他们自己；① ——所有这些权限都已经包含在生而具有的

---

① 有意地，虽然只是以轻率的方式说出不实之词，虽然习惯上常常被称做**谎言**（mendacium），因为至少就忠实地复述这种不实之词的人作为一个轻信者成为他人的笑柄而言，它也可能是有害的。但在法权的意义上，人们还是要只把在另一个人那里直接损害其法权的那种不实之词称为谎言，例如虚假地伪称一个和某人签订的合同，为的是使那个人失去自己应得的东西（falsiloquium dolosum［阴险的假话］），而对一些非常接近的概念做这种区分并非是没有根据的，因为在仅仅解释自己的思想时，永远是听任别人如其所愿地接受这种解释的，尽管“此人是这样一

自由的原则之中了，而且实际上（作为在一个更高的法权概念之下的划分的环节）与自由也没有区别。

人们之所以把这样一种划分引入自然法权体系（就它与生而具有的法权有关而言），其意图在于：一旦对获得的法权发生了争执，出现了问题，谁有责任作出证明（onus probandi［证明的责任］），要么证明一个受到怀疑的事实，要么当这个事实被澄清时，证明一个受到怀疑的法权，否定自己具有这种责任的人，就可以在方法上像依据不同的法权条文那样援引他生而具有的自由法权（这种法权现在就根据其不同的关系而被专门化了）。

既然就生而具有的，因而内在的“我的”和“你的”而言，没有诸多法权，而只有一种法权，所以，这种最高的划分就可以作为由两个在内容上极不相同的部分组成的东西被抛入导论中，而法权论的划分则只能与外在的“我的”和“你的”相关。

个人，他的话人们不能相信”这种有根据的毁谤如此接近称他是说谎者这种谴责，以至于分界线只不过正是把属于法学的东西与属于伦理学的东西区别开来罢了。

6〔239〕 一般道德形而上学的划分

一

一切义务，要么是**法权义务**（officia iuris），亦即对这样一些义务来说，一种外在的立法是可能的；要么是**德性义务**（officia virtutis s. ethica［德性的或者伦理的义务］），对这样一些义务来说，一种外在的立法是不可能的。——但是，后一些义务之所以不能隶属于外在的立法，只是因为它们关涉一个**目的**，这个目的（或者拥有这个目的）同时也是义务；而预先设定一个目的，这不可能通过任何外在的立法来办到（因为这是心灵的一个内在行为）；虽然可能要求一些导致它的外在行动，但毕竟主体并不使它们成为自己的目的。

但是，道德论（道德）为什么通常（尤其被**西塞罗**①）冠以**义务**论，而不也冠以法权论的名称呢？因为前者毕竟是与后者相关的。——根据在于：我们惟有通过**道德命令式**才知道我们自己的自由（一切道德法则，进而甚至一切权利和义务都是由这种自由出发的），道德命令式是一个要求义务的命题，随后从这个命题中可以展开使他人承担义务的能力，亦即法权的概念。

二

既然在义务论中，人按照其完全超感性的自由能力的属性，因而也仅仅按照其**人性**，可以并且应当被表现为独立于物理学规定的人格性（homo noumenon［作为本体的人］），与同一个被表现为受那些规定所累的主体的人（homo phaenomenon［作为现象的人］）不同，所以，法权和目的又在这种二重属性上与义务相关，将给出如下的划分。

① 其著作《论义务》。——科学院版编者注

按照法则与义务的客观关系的划分 6〔240〕

完全的义务

对自己的义务		对他人的义务
1. 我们自己人格中的人性的法权	（法权）义务	2. 人的法权
3. 我们人格中的人性的目的	（德性）义务	4. 人的目的

不完全的义务

三 6〔241〕

既然就诸主体而言要思考法权与义务的一种关系（不论允许还是不允许），诸主体准许有不同的关系，所以，也可以在这种意图中作出一种划分。

按照赋予义务者和承担义务者的主观关系的划分

1.	2.
人与既没有法权也没有义务的存在者的法权关系。	人与既有法权也有义务的存在者的法权关系。
阙如	实有
因为这是些无理性的存在者，它们既不赋予我们责任，我们也不能被它们赋予责任。	因为这是一种人与人的关系。
3.	**4.**
人与只有义务却没有法权的存在者的法权关系。	人与一个只有法权却没有义务的存在者（上帝）的法权关系。
阙如	阙如
因为这会是些没有人格性的人（农奴、奴隶）。	也就是说在纯然的哲学中阙如，因为这不是可能经验的对象。

因此，只有在第二种场合，才存在着法权与义务之间的一种**实在**关系。之所以在第四种场合也没有发现这种关系，理由在于那会是一个**超验的**义务，也就是说是这样一种义务，不可能与它相应地**给出**任何外在的赋予义务的主体，因此，从理论上看，这里的关系仅仅是**观念上的**，也就是说，是与一个思想物的关系，这个思想物是我们自己给自己**制造**出来的，但却不是通过其完全空洞的概念，而是通过与我们自身及内在

道德准则相关，因而在实践的内在意图上富有成果的概念制造出来的，
6〔242〕在这方面，我们全部**内在的**（可以履行的）义务仅仅在于这种纯然设想出来的关系。

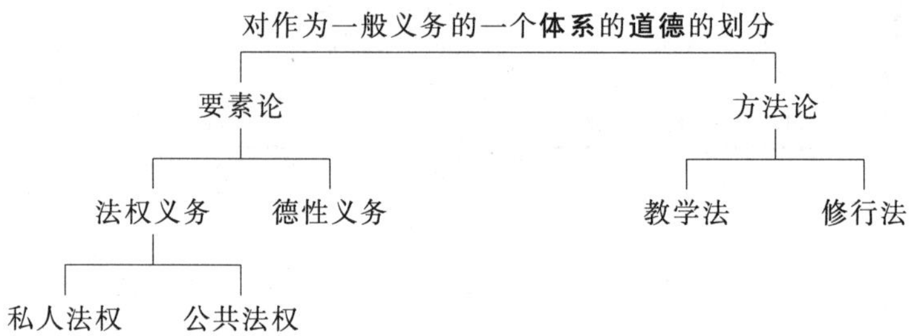

等等，一切不仅包含一个科学的道德论的质料，而且包含其建筑术形式的东西；如果形而上学的初始根据完备地找出普遍的原则的话。

※　　※　　※

自然法权的最高划分不能（像偶尔发生的那样）是划分为**自然的**法权和**社会的**法权，而是必须划分为自然的法权和**公民的**法权：其中前者被称为**私人法权**，后者被称为**公共法权**。这是由于与**自然状态**相对立的不是社会状态，而是公民状态，因为在社会状态中虽然完全可能存在社会，但是惟独没有**公民**社会（通过公共法律保障“我的”和“你的”的社会），所以自然状态中的法权叫做私人法权。

6〔245〕

第一卷
私人法权

第一篇
将某种外在的东西作为自己的来拥有的方式

第 1 节

法权上的“我的”（meum iuris）是这样的东西，我与它如此结合在一起，以至于一个他人未经我的许可而使用它就会伤害我。使用的可能

性的一般主观条件就是**占有**。

但是，某种外在的东西只有当我可以假定下述情况有可能时才会成为“我的”，即**我并不占有一个物品**，尽管如此一个他人对它的使用仍然会伤害我。——所以，把某种外在的东西作为自己的来拥有是自相矛盾的，如果占有概念不能有不同涵义，亦即**感性的**占有和**理知的**占有的不同涵义，而且前者可以被理解为对同一个对象的**有形的**占有，后者可以被理解为对它的**纯然法权的**占有的话。

但是，“一个对象**在我之外**”这个表述可能要么只是意味着：它是一个仅仅与我（主体）**有别的**对象；要么也意味着：它是处于空间或时间中**另一个地方**（positus）的对象。只有从第一种意义上看，占有才能被设想为理性占有。但在第二种意义上，占有就会必须叫做一种经验性的占有。——一种**理知的**占有（如果这样一种占有是可能的）是一种**无须持有**（detentio［占用］）的占有。 6〔246〕

第2节 实践理性的法权公设

把我的任性的任何一个外在对象作为我的来拥有，这是可能的；也就是说，按照一个准则，如果它是法则的话，任性的一个对象**就自身而言**（客观上）必然会成为**无主的**（res nullius［无主之物］），那么，这个准则就是有悖法权的。

因为我的任性的一个对象，就是我**在物理上**有权使用的某种东西。如果对它的使用毕竟**在法权上**不属于我的权限，也就是说，不能和每个人根据一个普遍法则的自由并存（是不正当的），那么，自由就会剥夺自己在其任性的一个对象方面对任性的任何使用，因为它把**可使用的**对象置于**使用**的一切可能性之外了，也就是说，在实践的角度上毁灭了这些对象并使之成为 res nullius［无主之物］；虽然从形式上看，任性在使用物品时与每个人根据普遍法则的外在自由是一致的。——现在，既然纯粹实践理性仅仅把任性使用的形式法则奠定为基础，因而不考虑任性的质料，即不考虑客体**当它只是任性的一个对象时**的其余性状，所以，就这样一个对象而言，纯粹实践理性就不可能包含使用该对象的任何绝对禁令，因为这种禁令将会是外在的自由与自身的一个矛盾。——然而，我的**任性**的一个对象就是我有物理能力随意去使用、我有权（potentia）使用的东西；与此还必须区别开来的是，我以强制权拥有同一个对象（in potestatem meam redactum［被迫落入我的控制的东西］），后者不仅预设了一种**能力**，而且预设了任性的一个**行为**。但是，为了把某种东西仅仅**设想**为我的任性的对象，我意识到我有权拥有它，这就够了。——所以，实践理性的一个先天前提就是：把我的任性的每一个对象都当做客观上可能的“我的”或“你的”来看待和对待。

6〔247〕 人们可以把这个公设称为实践理性的许可法则（lex permissiva），它给予我们一个权限，这个权限是我们无法从一般法权的纯然概念中得出来的：这就是把一个责任强加给所有其他人的权限，这些人本来并没有这个责任，即放弃使用我们的任性的某些对象，因为是我们最先把这些对象纳入了我们的占有。理性希望：这个法则作为原理生效，更确切地说，作为**实践**理性生效，实践理性就是凭借这个先天公设来扩展自己的。

第 3 节

一个人想声称一个物品是自己的，就必须处在对一个对象的占有中；因为如果他并不处在这种占有中，那么，他就不可能因为另一个人未经他的许可就使用这个对象而受到损害；因为如果是在他之外的、与他根本没有在法权上结合起来的某种东西侵袭了这个对象，那么，它不可能侵袭到他本人（主体），而且不可能对他行不义。

第 4 节　外在的“我的”和“你的”之概念的阐明

我的任性的外在对象只能有三种：1. 在我之外的一个（有形体的）**物品**；2. 另一个人作出一个确定的行为的**任性**（praestatio［担保］）；3. 另一个人与我相关时的**状态**；这依据的是我和外在对象之间根据自由法则的**实体性**、**因果性**和**共联性**三个范畴。

（1）我不能把**空间**中的一个对象（一个有形体的物品）称为“我的”，除非是：**虽然我不处在对它的有形占有中**，但我仍然可以断言处在对它的另外一种现实的（因而不是有形的）占有中。——于是，我把一个苹果称为“我的”，并不是因为我在手里拿着它（有形的占有），而是只要我能够说：即便我从手中丢掉它，无论丢到哪里去，我仍然占有它；同样，关于我在其上安营扎寨的土地，我不能因我在其上安营扎寨就说它是“我的”；而是只有当我可以断言，即便我离开了这个地方，它也永远还在我的占有中时，我才能这样说。因为在第一种场合（经验性占有的场合）想从我手中夺下苹果，或者想将我从自己的营地拖走的人，虽 6〔248〕
然就**内在的**“我的”（自由）而言当然伤害了我，但就外在的“我的”而言却没有伤害我，如果我不是也能够断言自己无须持有就占有一个对象的话；所以，我也不能把这些对象（苹果和营地）称为“我的”。

(2) 我不能把通过另一个人的任性所**成就**的某种东西称为“我的”，如果我只能说，这种成就是与他的承诺**一起**（pactum re initum［以物立的约］）处在我的占有中的，而是只有当我可以断言我处在对他人的任性的占有（为这成就而规定他人）之中时才能这样称谓，尽管取得成就的时间应当才刚刚到；因此，后者的承诺属于财产（obligatio activa［主动的债务］），并且我可以把它们算作“我的”，但不仅是当我已经占有**被许诺的东西**（如在第一种场合那样）时，而且即便我还没有占有它们时也是这样。所以，我必须能够设想自己不依赖于受时间条件限制的占有，因而不依赖于经验性的占有，毕竟已经占有这个对象。

(3) 我之所以可以把一个**妻子**、一个**孩子**、一个**仆役**以及一般而言一个别的人格称为“我的”，不是因为我现在把他们当做隶属于我的家室的人来命令，或者强制、控制和占有他们，而是在即便他们挣脱了强制，因而我并没有（经验性地）占有他们，我却仍然可以说，我仅仅通过我的意志占有他们，无论他们在何时何地实存，因而是在**纯然法权上**占有他们时，才能这样称谓；所以，当且仅当我能够断言后一种情况时，他们才属于我的财产。

第5节　外在的“我的”和“你的”之概念界定

名称解释，即仅仅足以把客体与其他所有客体**区别**开来、从对概念的一个完备而确定的**说明**产生出来的解释，将会是：外在的“我的”就

是在我之外的东西，妨碍我随意地使用它，就会是伤害（对我的可以与
6〔249〕 每个人根据一个普遍法则的自由并存的自由的损害）。——但是，对这个概念的**实际解释**，亦即也足以**演绎**这个概念（对象的可能性的认识）的解释，现在就是：外在的“我的”就是这样的东西：干扰我使用它就会是伤害，**尽管我并没有占有它**（不是它的持有人）。——如果外在的对象应当叫做“**我的**”，那么，我就必须处在对该对象的某种占有中；因为否则的话，违背我的意志侵袭这个对象的人，就不会同时侵袭我，因而也不会伤害我。所以，根据第 4 节就必须预设一种**理知的占有**（possesio noumenon［作为本体的占有］）是可能的，如果应当存在一种外在的“我的”或“你的”的话；这样一来，经验性的占有（持有）就只是**显象**中的占有（possesio phaenomenon［作为现象的占有］），虽然我所占有的**对象**在此并非像先验分析论中所做的那样被看做显象，而是被看做物品自身；因为在那里，理性所关心的是对事物的本性的理论认识，以及这种认识能达到什么程度，而在这里，理性关心的则是根据**自由**法则对任性的实践规定，而不管对象是可以通过感官来认识，还是只能通过纯粹知性来认识的，而且，**法权**就是自由法则之下的任性这样一个纯粹实践**理性概念**。

正因为如此，按理人们也不应当说：对这个或那个对象拥有一个法权，而毋宁说，是**纯然在法权上**占有它；因为法权已经是对一个对象的一种理智占有，而占有一个占有，就会是一个没有意义的表述。

第 6 节　对一个外在对象的纯然法权上的占有（possesio noumenon［作为本体的占有］）之概念演绎

一种外在的“我的”和“你的”是如何可能的？这个问题现在就转化为这样一个问题：一种**纯然法权上的**（理知的）占有是如何可能的？而这个问题再次转化为第三个问题：一个先天**综合的**法权命题是如何可能的？

一切法权命题都是先天命题，因为它们都是理性法则（dictamina rationis）。就**经验性占有**而言的先天法权命题是**分析的**；因为它所说的并不
6〔250〕 多于根据矛盾律从经验性占有中得出来的东西，也就是说，如果我是一

个物品的持有者（因此与它有形地结合起来），那么，违背我的许可侵袭它（例如把我手中的苹果夺走）的人，就会侵袭、减损了内在的“我的”（我的自由），因而在其准则中与法权的公理正好相矛盾。所以，关于一个经验性的合法权的占有的命题，并没有超出一个人格就其自身而言的法权。

反之，关于占有一个**在我之外的**物品的可能性的命题，在剥离空间和时间中的经验性占有的一切条件（因此是预设一种 possesio noumenon [作为本体的占有] 的可能性）之后，就超出了那些限制性的条件，而且由于它把一种甚至无须持有的占有也规定为对于外在的“我的”和“你的”这一概念来说必然的，所以它是**综合的**，而现在，能够充当理性的课题的，就是指明：这样一个使自身扩展到经验性占有之外的先天命题是如何可能的。

以这样的方式，例如，占有一块孤立的土地就是私人任性的一个行为，但毕竟不是**专横的**。占有者所依据的是对土地的与生俱来的**共同占有**和先天地与之相应的、在同一块土地上的一种被允许的**私人占有**的普遍意志（因为闲置的物品通常就自身而言并且根据一个法则会被变成无主之物），而且占有者通过第一次占有而原初地获得一块确定的土地，因为他有权（iure）抗拒任何会妨碍他私自使用这块土地的他人，尽管在自然状态下他不是出自法权（de iure）而抗拒的，因为在这种状态下还不存在一种公共的法则。

尽管一块土地会被看做或者解释为**无人占有的**，亦即对每个人的使用都开放的，但人们毕竟不能说：土地天生地和**源始地**、在一切法权行为之前就是无人占有的，因为就连这也会是一种与物品，亦即与拒绝任何人占有它的土地的一种关系；相反，这是由于土地的这种无人占有对任何人来说都会是一项不得使用的禁令；为此，对土地的一种共同占有就是必需的了，而这种共同占有若离开契约就不可能发生。但是，一块只有通过这种契约才可能无人占有的土地，实际上必然处在所有（结合在一起的）交互禁止或中止使用它的人们的占有中。

土地及其上面的物品的这种**源始的**共联性（communio fundi originar- 6〔251〕
ia）是一个具有客观的（法权上实践的）实在性的理念，完全不同于那种虚构出来的**初始的**共联性（communio primaeva）；因为后者必须是一种建立起来的共联性，而且必须产生自契约，通过契约所有人都放弃了私人占有，而且每个人都通过把自己的占有和每一个别人的占有联合起来而使私人占有转变为共同占有，对此历史必定会给我们一种证明。可是，把这样一种程序视为**源始的**占有，以及说每个人的特殊占有能够并且应当以此为基础，则是一种自相矛盾。

与占有（possessio）不同的还有住所（sedes），而且和有朝一日获得这块土地的意图中对土地的占有不同的，还有**移民**、定居（incolatus），后者是对一个位置的持续的私人占有，它取决于主体在这个地方的在场。这里说的不是作为可能继占有之后的或者也可能完全停止的第二次法权行为的移民，因为移民就会不是源始的占有，而是从他人的同意派生出来的占有。

对土地的纯然有形的占有（持有）已经是在一个物品中的法权，尽管肯定还不足以把土地看做“我的”。与他人有关，这种占有作为（就我们所知的）第一次占有，与外在自由的法则相一致，而且同时包含在源始的共同占有之中，后者先天地包含着一种私人占有的可能性的根据；因此，妨碍一块土地的第一个持有者使用这土地，就是一种伤害。所以，第一次占有本身就有法权根据（titulus possessionis［占有的合法要求］），这个根据就是源始的共同占有，而“占有者是有福的！”因为没有人有责任去查明他的占有，这个命题就是自然法权的一条原理，它把第一次的占有确立为获得的一个法权根据，每个第一次占有者都能够以此为据。

因为在一个**理论的**先天原理中，（根据《纯粹理性批判》）必须给被
6〔252〕给予的概念配上一个先天直观，因而必须给对象之占有的概念**添加**某种东西；然而在这种实践的原理中，程序正好相反，给经验性占有奠定基础的一切直观条件必须**被排除**掉（对它们视而不见），以便把占有概念扩展到经验性占有之外并且能够说：任性的每一个外在对象，我无须处在对它的占有中就能控制它（并且也仅仅就我能控制它而言），都可以被算做法权上的“我的”。

这样一种占有的可能性，从而一个非经验性的占有的概念演绎建立在实践理性的法权公设之上：“要这样对待他人，使得外在的（可使用的）东西也能够成为任何一个人的‘他的’，这是一项法权义务。”同时，这演绎与后一个概念的阐明相关，这个概念使外在的“他的”仅仅建立

在一种**非物理的**占有之上。然而，后一种占有的可能性绝不能被单独地证明或者看出（正因为它是一个不可能被给予任何直观与之相应的理性概念），而是来自被设想的公设的一个直接后果。因为，如果遵循那个法权原理来行动是必然的，那么，（一种纯然法权上的占有的）理知的条件也就必须是可能的。——任何人都不要感到诧异的是：外在的“我的”和“你的”的**理论**原则沉迷在理知的东西之中，而且并不表现任何扩展了的知识，因为这些原则所凭依的自由概念无法对这种占有可能性进行理论演绎，只能从作为同一个理性的行为的理性实践法则（定言命令式）中推论出来。

第7节　外在的“我的”和“你的”的可能性原则在经验对象上的运用

一种纯然法权上的占有的概念不是经验性的（依赖空间和时间条件的）概念，但它仍然具有实践的实在性，也就是说，它必须可以运用到 6〔253〕
经验对象上去，对这些对象的认识依赖于那些条件。——鉴于作为可能的外在的“我的”和“你的”这些条件而对法权概念的处理如下：仅仅处在理性之中的法权概念，不能**直接**被运用于经验客体、运用到一种经验性的**占有**的概念，而是必须首先被运用于一种一般**占有**的纯粹知性概念，以至于所思考的不是作为占有的一个经验性表象的持有（detentio），而是不考虑一切空间和时间条件的**拥有**的概念，而且只是对象**在我控制之中**（in potestate mea positum esse）这一点；这样一来，**外在的东西**这一表述所指的，就不是在与我所在的地方不同的**另一个地方**的存在，或者不是我的意志决定和假定像建议的假定那样在另外一个时间中的存在，而仅仅是一个和我有别的对象。现在，实践理性通过其法权法则所要的是：我在对象的运用中不是根据感性条件，而是由于这涉及根据自由法则对任性的一种规定，所以撇开这些条件来思考“我的”和“你的”及其占有，因为惟有一个**知性概念**才能被归摄在法权概念之下。所以我将说：我占有一块土地，虽然它是一个与我实际所在完全不同的场所。因为这里所说的只是与对象的一种理智关系，只要我能控制它（占有的一个独立于空间规定的知性概念），而对象是**“我的”**，乃是因为我那自己规定自己去随意使用的意志并不与外在自由的法则相抵触。**撇开**对我的任性的这个对象在显象中的占有（持有），实践理性要知道，占有是按照知性概念，不是按照经验性概念，而是按照能够先天地包含着占有的条件的这样一些概念来思考的，关于占有的这样一个概念（possessio noumenon［作为本体的占有］）作为一种普遍有效的立法，其有效性的根据恰恰就在这里；因为这样一种立法就包含在“这个外在的对象是我的”这一表述之中，这是由于在这种情况下，所有其他人就被强加上一种他们本来并不具有的责任，即放弃对这个对象的使用。

所以，把外在于我的某种东西当做我的来拥有，其方式是主体的意
6〔254〕志和那个对象纯然在法权上的结合，不依赖与对象在空间和时间中的关系，遵循的是一种理知的占有的概念。——地球上的一个场所并不因为我以自己的肉体占领了它（因为这里只涉及我的外在的**自由**，因而只涉及对我自己的占有，不涉及在我之外的任何东西，所以只是一种内在的法权）而成为一种外在的“我的”；而是当我尽管离开了那个地方而去了别处，我还占有它时，它才成为一种外在的“我的”，只有在这种情况下才涉及我的外在法权，而且一个要使通过我的人格对这个场所的持续占据成为把它当做“我的”来拥有的条件的人，必须要么宣称，把某种外在的东西当做自己的来拥有是根本不可能的（这和第二节的公设是相抵触的）；要么他要求，为了能够这样做，我同时在两个地方；但这就等于说：我应当在一个地方又不在一个地方，这样他就自相矛盾了。

这也可以被运用于我接受了一个承诺时的情况；因为这时我对所承诺的东西的拥有和占有并不因为承诺者在一个时间说“这个物品应当是你的”，但在此后的一个时间他关于同一件物品却说“我现在要说这个物品不应当是你的”而被取消。因为这样一些理智关系的情况是这样的，似乎承诺者无须他的两次意志声明之间的一个时间就来说“它应当是你的”和“它不应当是你的”，这是自相矛盾的。

这同一种说法也适用于一个属于主体之财产的人格（他的妻子、孩子、仆役）在法权上的占有的概念，因为这种家庭共同体及其所有成员状态的彼此占有并不因为**处所上**彼此分离的权限而被取消，因为联结他们的是一种法权关系，而这里外在的“我的”和“你的”正如在上述几种情况中一样，完全基于一种无须持有的纯粹理性占有的可能性这一前

提条件。

对于外在的“我的”和“你的”概念中的法权实践理性的批判来说，这种理性真正说来由于关于这样一种占有之可能性的命题的一种二论背反而被迫，也就是说，只是由于一种无法避免的辩证法，其中正论和反论双方对两个彼此冲突的条件的有效性提出同样的要求，理性也在其实践的（有关法权的）应用中而被迫，在作为显象的占有和仅仅可以通过知性来思维的占有之间作出区分。 6〔255〕

命题：把某种外在的东西当做“我的”来拥有是**可能的**，虽然我并不处在对它的占有中。

反命题：把某种外在的东西当做“我的”来拥有是**不可能的**，如果我并不处在对它的占有中的话。

解决：两个命题都是真的：第一个命题，如果我把这个词理解为经验性的占有（possessio phaenoumenon［作为现象的占有］），另外一个命题，如果我把它理解为纯粹理知的占有（possessio noumenon［作为本体的占有］）的话，它们就都是真的。——但是，一种理知的占有，从而也是外在的“我的”和“你的”的可能性是看不出来的，而是必须从实践理性的公设中得出，此时还特别值得注意的是：这种实践理性不需要直观，甚至不需要一个先天直观，仅仅通过自由法则所授权的对经验性条件的**排除**来扩展自身，这样就能够提出先天综合的法权命题，这些命题的证明（正如马上就应当指明的那样）可以随后在实践方面以分析的方式进行。

第8节　把某种外在的东西当做自己的来拥有，这惟有在一种法权状态中、在一种公共立法的强制权之下，亦即在公民状态中，才是可能的

如果我（用语词或者通过事实）宣布：我希望某种外在的东西应当是“我的”，那么，我就是在宣布每个他人都有责任放弃我的任性的对象：这是一种没有任何人会无须我的法权行为就拥有的责任。但是，在这种非分要求中同时就承认：就外在的“他的”而言每个他人彼此间都

有责任作出同等程度的放弃；因为责任在这里出自外在法权关系的一个普遍规则。所以，我并没有责任不动用他人外在的“他的”，如果不是每
6〔256〕个他人也都向我保证，就我的东西而言他将会遵守同样的原则来行事的话；这种保证根本就不需要一个特别的法权行为，而是已经因普遍性而包含在一个外在的法权上的承责的概念之中、因而也出自一个普遍的规则而包含在责任的交互性之中。——现在，就一个外在的，因而偶然的占有而言的单方面的意志不能用做对每一个人的强制法则，因为这样的强制法则会损害根据普遍法则的自由。所以，只有一个赋予每个其他人以责任的、因此是集体普遍的（共同的）和掌握权力的意志，才是能够向每个人提供那种安全的意志。——但是，在一个普遍的、外在的（亦即公共的）、伴有权力的立法之下的状态就是公民状态。所以，惟有在公民状态下，才能有一种外在的“我的”和“你的”。

结论命题：如果把一个外在的对象当做自己的来拥有在法权上必须是可能的，那么，就必须也允许主体**强迫**关于这样一个客体发生“我的”和“你的”之争执的每个其他人与他一起进入一种公民宪政。

第9节　在自然状态中毕竟可能有一种现实的、但仅仅暂时的外在的“我的”和“你的”

一种公民宪政中的**自然法权**（亦即对这种宪政来说能够从先天原则中推导出来的东西）不能由于这种状态的章程性法则而蒙受损害，于是，这个法权原则依然有效：“遵循一个准则行事的人，如果按照该准则，把我的任性的一个对象当做我的来拥有是不可能的，那么，他就是在伤害我”；因为只有公民宪政才是这样一种法权状态，通过它，每个人的“他的”都得到了保障，但真正说来并没有得到澄清和规定。——所以，一切担保都已经在预设某人的“他的”（某人的“他的”得到了保障）。因此，在公民宪政之前（或者**不考虑**它），必须假定一种外在的“我的”和“你的”是可能的，同时假定一种法权，即强迫每一个我们可能以某种方
6〔257〕式与之打交道的人与我们一起进入一个可以确保那种东西的状态。——在对只能被建立在共同意志的一个法则之上，因此与这种共同**意志**的可能性相一致的这样一个状态的期望和准备之中的占有，就是一个临时的

法权上的占有，与此相反，在这样一种**现实的**状态中遇到的占有，会是一种**永久**的占有。——在进入主体所乐意进入的这种状态之前，主体有权反对那些不想下决心进入这种状态并且想干扰他的临时占有的人，因为除了他本人之外，所有其他人的意志都想强加给他一种放弃某种占有的责任，这种意志仅仅是**单方面的**，因而为反对而具有的法律力量（与惟有在普遍意志中才发现的法律力量相比）与他为了维护所具有的法律力量一样少，但他毕竟在赞同和建立一个公民状态方面具有优势。——一言以蔽之，**在自然状态中**把某种外在的东西当做自己的来拥有的方式，是一种有形的占有，这种占有自身具有法权上的**假定**，即通过在一种公共的立法中与所有人的意志相一致而使这种占有成为一个法权上的占有，而且在期待中**相对而言**被视为一种法权上的占有。

按照**占有者有福**（beati possidentes）的公式出自经验性占有状态的这种法权特权并不在于：由于他具有一个**法权上的人**的假定，他不必去证明自己合乎法权地占有某种东西（因为这只在有争议的法权中适用），而是在于，由于按照实践理性的公设，任何人都应当具有能力把他的任性的一个外在对象当做自己的来拥有，因而任何持有都是一个其合法权性基于那个由先行意志的一个行为而来的公设的状态，而且这种状态在没有另一个人对同一个对象更早的占有与此相悖的情况下只是暂时的，所以按照外在自由的法则，任何不想和我一起进入一个公共合法的自由之状态的人，都有权利阻止这样一个对象的使用的一切僭妄，为的是按照理性的公设而使一个要不然会在实践上被毁灭的物品服从于他的使用。

第二篇 6〔258〕

获得某种外在的东西的方式

第10节　外在的获得的普遍原则

如果我使得（efficio）某种东西成为“我的”，我就获得了它。——源始的“我的”是即便没有一个法权行为也是“我的”的那种外在的东西。但是，一种获得源始地就是那种并非从一个他人的“他的”中派生出来的获得。

没有任何外在的东西源始地就是“我的”；但它却完全可以源始地，亦即无须从任何一个别人的“他的”中派生出来，而被获得。——“我的”和“你的”的共联性（communio）的状态绝不能被设想为源始的，而是必须（通过一个外在的法权行为）被获得；虽然对一个外在对象的占有只能是源始地共同的。即使人们（或然地）设想一种**源始的**共联性（communio mei et tui originaria［“我的”与“你的”源始的共联性］），它也毕竟必须与**初始的**共联性（communio primaeva）区别开来，后者被假定为是在人们中间有法权关系的最初**时间**建立起来的，并且不像前者那样能够建立在原则上面，而是只能建立在历史上面，此时，后者毕竟总是必须被设想为获得的和派生的（communio derivativa［派生的共联性］）。

外在的获得的原则是：某种东西，我（按照外在**自由**的法则）把它置于我的**控制**之中，并且有能力（按照实践理性的公设）把它当做我的任性的对象来使用；归根结底，我（按照一个可能联合起来的**意志**的理念）**要**使它成为“我的”，这种东西就是“我的”。

因此，**源始的**获得的因素（attendenda［值得注意的东西］）是：1. 对一个对象的**占领**，该对象不属于任何人，否则这种占领就会与别人根据普遍法则的自由相冲突。这种**占领**就是在空间和时间中对任性的对象的占有；因而是我把自己置于其中的占有（possessio phaenomenon［作为现象的占有］）。2. **标明**（declaratio［宣布］）对这个对象的占有和
6〔259〕我的任性阻止任何别人占有该对象的行为。3. **归己**（appropriatio［适己］），作为一个外在普遍地立法的意志的行为（在理念中），通过这个行为，每个人都有责任与我的任性保持一致。——获得的最后一个因素，作为外在对象是“**我的**”这个结论所依据的，其有效性，亦即占有作为一种**纯然**法权上的占有（possessio noumenon［作为本体的占有］）是有效的，乃是基于：由于所有这些行为都是**法权上的**，因而都出自实践理性，故而在什么是正当的这一问题上可以排除占有的经验性条件，所以，外在的对象是“我的”这一结论就被从可感的占有正确地引向理知的占有。

对任性的一个外在对象之源始的获得就是强占（occupatio），而且只

能发生于有形体的事物（实体）之上。于是，在发生这样一种获得的地方，作为经验性占有的条件，它就需要对于每个想强占一个物品的他人在时间上的在先（qui prior tempore potior iure［时间上在先者在法权上更有力］）。获得作为源始的，也只是**单方面的**任性的后果；因为如果为此需要的是一个双方面的任性，那么，这种获得就是从两个（或多个）人的契约中，因而从他人的“他的”中派生出来的。——任性的这样一种行为，作为那种占有，如何能够为每个人的“他的”提供根据，这并不是容易看出的。——不过，**第一次的**获得并不因此马上就是**源始的**获得。因为通过把所有人的意志联合成为一个普遍的立法而对一个公共的法权状态的获得，会是这样一种获得：任何获得都不能先于它发生，而它却毕竟是从每个人的特殊意志中派生出来的，并且是**全面的**，因为一种源始的获得只能从单方面的意志中产生出来。

外在的“我的”和“你的”这种获得的划分

1. 根据**质料**（客体），我要么获得的是一个有形体的**物品**（实体性），要么是一个他人的**成就**（因果性），要么是这另一个**人格**本身，也就是说，这另一个人格的状态，只要我得到一个支配这种状态的法权（与这个人格的交往关系）。

2. 根据**形式**（获得方式），这要么是一个**物品法权**（ius reale），要么是一个**人身法权**（ius personale），要么是把另一个人格当做一个物品来占有（虽然不是使用）的一个物人法权（ius realiter personale［采用物的方式的人身法权］）。 6〔260〕

3. 根据获得的**法权根据**（titulus）；这真正说来并不是法权划分的一个特殊环节，但毕竟是实施这种划分的方式的一个因素：要么是通过一个**单方面的**任性的行为，要么是通过一个**双方面的**任性的行为，要么是通过一个**全面的**任性的行为（facto，pacto，lege［行为、契约、法律］），由此某种外在的东西被获得。

第一章　物品法权

第 11 节　什么是物品法权？

对**在一个物品中**的法权（ius reale，ius in re）的习惯解释："它是**反对该物的任何占有者**的法权"，是一个正确的名词定义。——但是，是什么在这里使得我能够由于一个外在的对象而与该对象的每个持有者打交道，并（per vindicationem［通过索回］）强迫他让我又占有这个对象的呢？我的任性的这种外在法权关系也许是与一个有形体的事物的一种**直接的**关系吗？设想自己的法权不是直接与人格相关，而是与物品相关的人，当然就必定会（虽然只是以模糊的方式）这样想象：也就是说，由于与一方面的法权相应的是另一方面的义务，所以外在的物品尽管已经不在第一个占有者手中了，但毕竟始终对他**负有义务**，就是说，它拒绝任何别的僭妄的占有者，因为它已经对前一个占有者负有责任。而且就这样，我的法权就像是一个陪伴着物品、保护它不受任何外来侵袭的**守护神**一样，总是把外来的占有者指引向我。所以，设想一个人格对物品的责任，以及反过来设想，都是荒唐的，尽管在必要时可以允许通过这样一个形象使法权关系直观化，并这样作出表述。

因此，实际的定义就会必须这样来说：**在一个物品中的法权**就是对
6〔261〕我和所有别人都处于其（源始的或者建立起来的）共同占有之中的一个物品的私人使用的法权。因为后者是惟一的条件，惟有在这个条件下，我才能够阻止任何其他占有者私自使用该物品（ius contra quemlibet huius rei possessorem［反对该物品的任何占有者的法权］），因为不预设这样一种共同占有，就根本无法设想，毕竟并不处于对该物品的占有之中的我，如何会受到其他处于对该物品的占有之中并且使用它的人的伤害。——通过单方面的任性，我不能使任何别人承担责任放弃对一个物品的使用，他本来对此没有任何义务，因此，我惟有通过所有人在一个共同占有中联合起来的任性才能这样做。若不然，我就会必须这样来设想在一个物品中的法权，就好像该物品对我有一种责任似的，并且首先从中推导出反对该物品的任何占有者的法权；而这是一个荒唐的表象方式。

此外，物品法权（ius reale）这个词不仅被理解为在一个物品中的法权（ius in re），而且被理解为涉及物的“我的”和“你的”的一切法则的总和。——但显而易见，世上一个完全独处的人真正说来根本不能把一个外在的东西当做“他的”来拥有或获得，因为在作为人格的他和作为物的所有其他外在物品之间根本没有责任的关系。所以，在本真的和字面的意义上来理解，在一个物品中也就不存在任何（直接的）法权，而只有反对一个与所有其他人（在公民状态下）处于共同占有中的人格而应当归于某个人的东西，才能被这样称谓。

第 12 节　对一个物品的第一次获得只能是对土地的获得

土地（被理解为一切可以居住的陆地），就它上面一切可活动的东西而言，可以被视为**实体**，但后者的实存则只能被视为**依存**，而且就像在理论意义上偶性不能在实体之外实存一样，在实践意义上，土地上可活动的东西也不可能是某人的“他的”，如果此人不是事先被假定为处于对它（作为此人的“他的”）的法权上的占有之中的话。

因为如果假定土地不属于任何人，那么，我将能够为了占领土地本 6〔262〕
身而把它上面的任何可活动的物品从其位置上推开，直至它们完全消失，而不会因此损害任何其他此时正好不是其持有者的人的自由；但是，一切可能被破坏的东西，一棵树、一座房子等等，都是（至少从质料上看）可活动的，而如果人们把不破坏其形式就不能被移动的物品称为**不动产**，那么，在那个物品中的“我的”和“你的”就不是被理解为对实体的，而是被理解为对依存于它的东西的，后者并不是物品本身。

第 13 节　任何一块土地都能够被源始地获得，而这种获得的可能性的根据是一般土地的源始的共联性

就第一部分而言。这个命题基于实践理性的公设（第 2 节）；第二部分则基于如下证明。

所有人都源始地（就是说，在任性的一切法权行为之前）处于对土地的合乎法权的占有之中，也就是说，他们有权处于自然或者偶然（无

须他们的意志）把他们置于的地方。这种与作为一种随意的，因而是获得的、**持续的**占有的那种驻地（sedes）不同的占有（possessio），是因作为球面的地球表面的一切场所的统一性而有的一种**共同的**占有；因为如果地球表面是一个无边无际的平面，人们就可能在上面如此走散，以至于他们根本就无法进入任何彼此之间的共联性，因而这种共联性就不会是他们在世上存在的一个必然后果。——世上一切人的、先行于其一切法权行为的（由大自然本身建立的）的占有是一种**源始的共同占有**（communio possessionis originaria），其概念不是经验性的，不依赖于时间条件，如同虚构出来的、但永远无法证明的一种**初始的共同占有**（communio primaeva）的概念那样，而是一个先天地包含原则的实践理性概念，惟有按照这原则，人才能根据法权利用世上的场所。

6〔263〕 第 14 节 这种获得的法权行为就是强占（occupatio）

占领（apprehensio），作为对空间中一个有形体物品的持有（possessionis physicae［有形的占有］）的开端，惟有在时间方面**在先**这一条件下，亦即惟有作为本是任性的一个行动的**第一次**占有（prior apprehensio），才与每个人的外在自由的法则协调一致（因此是先天的）。但是，“物品（因而也是世上一个确定的被划分开来的场所）应当是‘我的’”这种意志，亦即归己（appropriatio），在一种源始的获得中只能是**单方面的**（voluntas unilateralis s. propria［单方面的或者个别的意志］）。通过单方面的意志对任性的一个外在的对象的获得就是**强占**（occupatio）。所以，对一个外在对象，因此也是对一块有尺寸的土地的源始的获得，只能通过强占来进行。

以这种方式来获得，其可能性是以任何方式都无法看出、也不能通过根据来阐明的，相反，它是出自实践理性公设的直接后果。但是，这同一个意志却毕竟只能就它包含在一个先天地联合起来的（亦即通过把一切可能进入一个相互之间的实践关系中的人的任性联合起来的）、绝对颁布命令的意志中而言，才授权一种外在的获得；因为单方面的意志（就连双方面的、但毕竟是**特殊的**意志，也属于此列）不能把一种就自身而言偶然的义务强加给每一个人，相反这需要一个**全面的**意志，不是偶然的、而是先天地、因而必然地联合起来的、仅仅因此而立法的意志；因为只有按照这种意志的原则，每一个人的自由任性和每个人的自由的一致，因而一种一般而言的法权，从而甚至一种外在的“我的”和“你的”，才是可能的。

第15节　只有在公民宪政中，某物才能被永久获得，反之，在自然状态下，某物虽然也能被获得，但只能被暂时获得 6〔264〕

虽然公民宪政的现实性在主观上是偶然的，但这种宪政在客观上，亦即作为义务，却仍然是必然的。所以，就这种宪政及其建立而言，存在着一种现实的自然法权法则，一切外在的获得都服从这一法则。

获得的**经验性资格**曾是建立在土地的源始共联性之上的有形占领（apprehensio physica），由于只能把一种显象中的占有配给根据法权的理性概念的占有，所以，就必须有一种理智的占领（借助排除空间和时间中的一切经验条件）的资格与前一个资格相应，这种理智的占领建立了如下命题：“凡是我按照外在自由的法则置于我的控制之中并要它应当是‘我的’的东西，就成为‘我的’。”

但是，获得的**理性资格**只能存在于所有人的一个先天联合起来的（必然要联合起来的）意志的理念中，这一理念在这里是作为绕不过去的条件（conditio sine qua non［必不可少的条件］）而默默地预设的；因为通过单方面的意志并不能强加给他人一种他们自身通常不会具有的责任。——但是，一个为了立法而普遍现实地联合起来的意志的状态，就是公民状态。因此，只有与一个公民状态的理念相符合，亦即就公民状态及其造就而言，但在这种状态实现以前（因为若不然，获得就会是派生的了），因而仅仅是**暂时地**，某种外在的东西才能被**源始地**获得。——永久的获得只发生在公民状态中。

然而，那种暂时的获得仍然是一种真实的获得；因为按照法权实践理性的公设，无论人们在何种状态中并存（因而哪怕是在自然状态中），获得的可能性都是私人法权的一个原则，按照这个原则，每个人都有权利行使强制，惟有通过强制，人才能走出那种自然状态并进入公民状态，而惟有公民状态才使一切获得成为永久的。

6〔265〕 问题是：占据一块土地的权限伸展到多远？与将它置于自己的控制之中的能力一样远，也就是说，和他想将之据为己有时能够捍卫的范围一样远；就好像土地在说：如果你们不能保护我，你们也就不能对我发号施令。因此，关于海洋是**开放的**还是**封闭的**，其争论也必须据此来裁决；例如，在大炮的射程之内，任何人都不可以在已经属于某个国家的陆地岸边从事捕鱼，从海底采琥珀等诸如此类的事情。——此外：土地的耕种（开垦、耕耘、排水等诸如此类的事情）对于获得土地来说是必然的吗？不！因为既然这些形式（特殊化的形式）只是偶性，它们也就不构成一种直接占有的客体，只是就实体事先就被承认为主体的“他的”而言才能属于主体的占有。如果关键在于第一次获得的问题，那么，耕种就仅仅是占据的一个外在符号，人们可以拿很多其他不费多少力气的符号来取代它。——此外：人们可以阻止某人的占据**行为**，以至于双方中任何一方都分享不到在先的法权，这样土地就永远不属于任何一方而闲置着吗？这种阻止**完全**不可能发生，因为为了能够这样做，他人自己就必须也处身于某一块比邻的土地上，所以他本人在那里就可能受到阻止，因此，一种绝对的阻止就会是一个矛盾；但**鉴于**某一块（处在中间的）土地，让它作为**中立的**、为把两块比邻的土地分离开来而闲置不用，那将会和强占的法权完全一致了；但这样一来，这块土地就真的为双方所共有了，而且不是**无主的**（res nullius [无主之物]），这恰恰是因为它被双方所**使用**，以便把他们彼此分离开来。——此外，在一块土地上，其中没有任何部分是某人的“他的”，人们可以把一个物品当做自己的来拥有吗？可以，例如在蒙古，每个人都可以把他所拥有的行李放下来，或者把他已经走失了的马当做自己的而纳入自己的占有，因为整个土地应当归于民族，故而其使用应当归于每个个人；但是，某人可以把一个
6〔266〕 他人的土地上的一个可活动的物品当做自己的来拥有，这虽然是可能的，但却惟有通过**契约**。——最后问题是：两个比邻而居的民族（或者家族）可能在采用某种方式使用一块土地上彼此冲突，例如狩猎民族与游牧民族或者农民，或者农民与种植园主等彼此冲突吗？当然；因为他们究竟想怎样在土地上**定居**，如果他们持守在自己的边界之内的话，其方式纯然是喜好的事情（res merae facultatis [纯然是能力的事情]）。

最后还可以问：如果既不是自然，也不是偶然，而纯然是我们自己的意志把我们置入与一个民族的相邻关系中，而这个民族并没有预示出与它结成一种公民关系的任何前景，那么，我们是否就无权有意去建立这种关系并把这些人（野蛮人）置于一种法权状态（例如对美洲的野蛮人、霍屯督人、新荷兰人），也许用暴力，或者用（这好不了多少）欺骗性的收购来建立殖民地，成为他们土地的占有者，并且不顾他们的第一次占有而利用我们的优势呢？尤其看来是自然本身（当它厌恶空虚时）如此要求的，若不然，就文明居民而言其他大陆那些现在人丁兴旺的广阔地带就依然是荒无人烟，甚至必然永远是荒无人烟，这样创世的目的就会落空吗？然而，人们很容易就看穿为了善的目的而批准一切手段这种不义（耶稣会教义）的面纱；所以，这种获得土地的方式是应当谴责的。

可外在地获得的对象无论在量方面还是在质方面的不确定性，使得这个课题（惟一源始的外在获得的课题）成为所有课题中最难解决的。但尽管如此，毕竟必然存在着外在东西的某种源始的获得；因为不可能所有的获得都是派生的。因此，人们也不能把这个任务当做不可解决的和本身不可能的而予以放弃。但是，即使它通过源始的契约得到解决，如果这个契约不延伸到整个人类的话，获得也毕竟永远只是暂时性的。

第 16 节　土地的源始获得之概念的阐明 6〔267〕

所有的人都源始地处在对整个地球上的土地的共同占有（communio fundi originaria［土地的源始共联性］）之中，具有天生应归于他们的意志（每一个人的意志）来使用这土地（lex iusti［公正法则］），由于一个人的任性与另一个人的任性天然不可避免地对立，如果不是这意志同时包含着任性的法则，按照这法则能够给每一个人规定在共同的土地上的一种**特殊的占有**（lex iuridica［司法法则］）的话，这意志就会取消对这土地的一切使用。但是，每个人在土地方面的“我的”和“你的”这种分配法则，按照外在自由的公理，只能产生自一个**源始地**和先天地联合起来的意志（意志为了这种联合并不以一个法权行为为前提条件），因而只能在公民状态中产生（lex iustitiae distributivae［分配的正义法则］），惟有这个意志才规定，什么是正确的，什么是法权的，什么是正当的。——但在这种状态中，亦即在建立这种状态之前而毕竟有意于这种状态时，也就是说**暂时地**、按照外在获得的法则行事，是意志的义务，从而也是意志的一种法权能力，即让每个人都承担责任，承认占据和归己的行为是有效的，哪怕它是单方面的；所以，土地的一种暂时的获得连同其一切法权后果都是可能的。

但是，这样一种获得，就法权上可能的占有本身的界限规定而言，需要而且也具有法律的一种许可（lex permissiva [许可的法则]），因为它先行于法权状态，而且只是作为这种状态的前奏，还不是永久的，但这种许可仅仅延续到别人（参加者）同意建立这种法权状态，而在别人反对进入这种状态（公民状态）时，而且只要反对还在继续，这种许可就带有一种合乎法权的获得的一切效果，因为这种结局是基于义务的。

6 〔268〕

第 17 节 源始获得之概念的演绎

我们已经在土地的一种源始的共联性中，因而在一种外在占有的空间条件下找到了获得的**资格**，但**获得的方式**却是在占领（apprehensio）的经验性条件中发现的，与之相结合的是把外在的对象当做自己的对象来拥有的意志。现在，还有必要对获得本身，亦即对从两个被给予的部分得出的外在的“我的”和“你的”，也就是对对象的理知占有（possessio noumenon [作为本体的占有]），按照其概念所包含的东西，从纯粹法权实践理性的原则出发作出阐明。

外在的“我的”和“你的”的**法权概念**，就其是实体而言，在涉及**“外在于我”**这个词的时候，不可能意味着一个与我所在不同的地方：因为它是一个理性概念；而是由于能被归摄在它下面的只是一种纯粹的知性概念，这个法权概念仅仅意味着某种**与我不同**的东西，而且不是意味着一个经验性的占有（仿佛是持续占领）的概念，而是仅仅意味着外在对象**在我控制之中**（占有与作为使用的可能性之主观条件的我的联结）的概念，这是一个纯粹知性概念。现在，去除或不考虑（抽离）作为人格与没有责任的**对象**之关系的占有这些感性条件，无非就是一个人格与多个人格之关系，即在物品的使用上通过前者的**意志**约束所有的后者，只要前者的意志符合外在自由的公理，符合这个被先天地设想为联合起来的意志之能力的**公设**和普遍**立法**；所以，这是一种对物品的**理知占有**，亦即一种通过纯然法权的占有，尽管对象（我所占有的物品）是一个感官对象。

对一块土地的第一次耕种、划界，或者一般而言对它的**塑形**，并不能充当该土地的获得的资格，就是说，偶性的占有不能充当实体的法权占有的一个根据，而是毋宁说反过来，“我的”和“你的”按照规则（ac-cessorium sequitur suum principale［附属的东西服从其基本的东西］）必 6〔269〕
须是从实体的所有物中得出，而且一个在并非此前已经属于自己的土地上辛勤劳作的人，对这块土地白白浪费自己的辛苦和劳动，这一点自身就如此明显，以至于人们很难把那种如此古老并且还在广泛流传的意见归于别的原因，只能归于暗中起支配作用的欺骗，亦即使物品人格化，而且就好像某人通过在物品上付出的劳动就能够使物品对自己负有责任、除了他之外不为任何别人所使用、并且自认为对它们**直接**拥有一种权利似的；因为人们很可能也不会如此轻易地忽略（上面已经提及的）自然而然的问题：“一个物品中的法权是如何可能的？”因为对一个物品的每一个占有者的法权，仅仅意味着特殊的任性使用一个客体的权限，只要该任性能够被设想为包含在综合普遍的意志之中，并且与该意志的法则相一致。

涉及一块已经属于我的土地上的物体，如果它们本来就不是别人的，那它们就属于**我**，我为了这个目的并不需要一个特别的法权行为（不是facto［凭借行为］，而是lege［根据法则］）；也就是说，因为它们可以被看做依存于实体的偶性（iure rei meae［根据我的物品的法权］），甚至一切与我的物品如此相结合的东西都属于此列，以至于一个别人不改变“我的”本身（例如镀金，把一种属于我的材料与其他物质相混合，毗邻的河床的沉积甚或改道以及由此发生的我的土地的扩展等等），就无法把该物品与“我的”分开。但是，可获得的土地是否能够扩展到陆地之外，亦即甚至超出一段海底（还在我的岸边捕鱼、采集琥珀等的法权），这必须按照同样的原理来评判。就我从自己的**驻地**具有机械能力保证我的土地不受他人侵犯而言（例如，就岸上的大炮的射程所及而言），土地属于我的**占有**，而且海洋到此为止是封闭的（mare clausum［领海］）。但是，由于在宽阔的海面上甚至不可能有一个驻地，所以，占有也不可能一直被扩大到那里，而开放的海洋是无人占有的（mare liberum［公海］）。但
6〔270〕是**搁浅**，无论是人们还是属于人们的物品，作为意外，不能被海滩的所有者归为获得的法权；因为它不是伤害（甚至根本不是行为），而且落在一块毕竟属于某个人的土地上的物品，也不能被当做 res nullius［无主之物］来处理。相反，一条河，就它的河岸的占有所及而言，恰如每一块土地一样，在上述限制之下，可以被占有两岸的人源始地获得。

※　　　※　　　※

外在对象在实体上是某人的“他的”，它就是这个人的**财产**（dominium），在这个物品中的一切法权（就像实体的偶性那样）都依存于它，因而所有者（dominus）可以随便支配这个物品（ius disponendi de re sua［支配自己的物品的法权］）。但由此自行得出：这样一个对象只能是一个有形体的物品（人们对它没有任何责任），因而一个人能够是他自己的主人（sui iuris），但不能是**他自己**的所有者（sui dominus，可以随意支配自己），更不用说是别人的所有者了，因为他对自己的人格中的人性负责；虽然这一点属于人性的法权，而不属于人身法权，在此并没有其特有的位置，仅仅是为了更好地理解刚刚所说的东西而顺便提及。——另外，对同一个物可能有两个完全的所有者，却没有一个共同的“我的”和“你的”，而只是作为那本是“**他的**”而仅仅属于**一个人**的东西的共同占有者，如果所谓的共同所有者（condomini）中归于一方的只是全部占有而没有使用，归于另一方的则是对物品的一切使用连同占有，因而前者（dominus directus［直接的所有者］）只是把后者（dominus utilis［使用的所有者］）限制在不断支付的条件上，并不限制他的使用的话。①

6〔271〕第二章　人身法权

第18节

对他人任性的占有，作为通过我的任性规定他人任性去采取某种行

① 阿亨瓦尔：《自然法权》，第162节。例子：领主和封臣，地主和世袭佃户。

为的能力（就一个他人的因果性而言的外在的“我的”和“你的”），是一种法权（我对同一个人格或者对他人可能拥有多种这样的法权）；但我据以能够处在这种占有之中的法则的总和（系统），则是人身法权，它只是一种独一无二的法权。

对一种人身法权的获得决不能是源始的和专横的（因为这样一种获得会不符合我的任性的自由与每个人的自由相一致的原则，因此是非法的）。同样，我也不能通过另一个人的**违法**行为（facto iniusto alterius）来获得；因为即使我本人遭遇到这种伤害，而且我可以正当地要求他人作出赔偿，由此毕竟只是一分不少地保存下“我的”，但却没有获得任何超出我事先拥有的东西。

因此，通过一个他人的行为，即我按照法权法则规定他作出的行为的获得，在任何时候都是从这个他人的“他的”派生的，而且这种派生作为法权行为，不可能通过这种作为**消极**行为的行为，亦即**离弃**的行为，或者一种对“他的”作出的**放弃**（per derelictionem aut renunciationem [通过离弃或者拒绝]）的行为来实现，因为这样一来，只是一个人或者其他人的“他的”被取消了，但没有获得任何东西，——相反，它只能通过**转移**（translatio）来实现，而转让惟有通过一个共同意志才是可能的，借助这种意志，对象总是落入这一个人或者另一个人的控制之中，随后，一个人放弃了自己对这种共联性的份额，这样客体就通过接受这个份额（因而通过任性的一个积极行动）而成为“他的”。——自己的**所有物**转移给一个他人就叫**转让**。一般而言一个人的“他的”通过两个人格联合起来的任性的行为而过渡给他人，这种行为就是**契约**。

第 19 节 6〔272〕

在任何契约中，都有任性的两个**作准备的**和两个**建构性的**法权行为；前两个行为（**谈判**的行为）是**提议**（oblatio）和**赞同**（approbatio），后两个行为（即**签订**的行为）是**承诺**（promissum）和**接受**（acceptatio）。——因为一项建议不能叫承诺，除非我事先作出判断，即所建议的东西（oblatum）是某种能够让受承诺者感到**惬意**的东西；这一点通过前两种申明显示出来，但仅仅通过这两种行动还没有获得任何东西。

但是，既不是通过承诺者的**特殊**意志，也不是通过受承诺者（作为接受者）的特殊意志，而是只有通过二者**联合起来的意志**，因此只是就二者的意志**同时**被申明而言，前者的“他的”才过渡给后者。但现在，这一点凭借必须是必然地在时间中前后相继、而绝非同时的经验性申明行为是不可能的。因为如果我承诺了，而另一个人想接受，那么，在这中间的时间里（无论它如何短暂），我可能会感到懊悔，因为我在接受之前还是自由的；就像另一方面接受者同样因此也可以认为并不受自己紧接着承诺作出的响应声明所约束一样。——签订契约时的外在仪式（sollennia），诸如击掌，或者折断两个人手握的一根秸秆（stipula）①，以及一切时而发生的对自己先前声明的重申，毋宁说证明了这些缔约者的窘境：他们想怎样并且以何种方式把这些总是仅仅前后相继的声明表现为在一个瞬间**同时**存在的东西，但他们毕竟没有成功，因为这始终只是在时间中前后相继的行为，在这里，当一个行为存在时，另一个行为要么**尚未**存在，要么**不再**存在。

但是，惟有对通过契约的获得这一概念的先验演绎才能消除所有这些困难。在一种外在的法权关系中，我对一个他人的任性的占有（并且如此交互地占有），作为这个他人采取一个行动的规定根据，虽然首先是经验性地通过双方中任何一方在时间中进行声明和响应声明，被设想成
6〔273〕占有的感性条件，在这里两个法权行为始终只是前后相继的，因为那种关系（作为一种法权关系）是纯粹理智的，通过作为一种立法的理性能力的意志，那种占有作为借助抽掉那些经验性条件的一种根据自由概念的理知占有（possessio noumenon［作为本体的占有］），被表象为“我的”或者“你的”；在那里，两个行为，即承诺和接受，不是被表现为前后相继的，而是（恰恰作为 pactum re initum［以物立的约］）被表现为从一个惟一的**共同**意志中产生的（这用“**同时**”这个词来表达），而对象（承诺）则通过去除经验性条件而按照纯粹实践理性的法则被表现为获得的。

① 古罗马的 Stipulatio［折断秸秆立约］。——阿亨瓦尔没有对财产转让的持久性进行细致入微的研究（在讲课时比做运动中的持久性，对通常并不那么流行的术语 pactum re initum（273页$_6$、275页$_{7,22,34}$）也一样）。——科学院版编者注

这就是对通过契约的获得这一概念的真正的、惟一可能的演绎，这一点，由法权研究者（例如莫色斯·门德尔松在他的《耶路撒冷》[①] 中）为了证明那种可能性而作出的费神的、却总是徒劳的努力得到了充分的证实。——问题曾是：我**为什么应当**遵守我的诺言？因为我**应当**这样做，每一个人都自行这样理解。但是，还对这个定言命令式作出一个证明，这是绝对不可能的；正如对于几何学家来说不可能用理性推论证明，我为了画一个三角形就必须画出三条线（一个分析命题），但其中两条线之和必定大于第三条线（这是一个综合命题，但两个命题都是先天的）一样。这是纯粹的（在涉及法权概念时不考虑空间和时间的所有感性条件的）理性的一个公设，而且抽掉那些条件、其占有并不因此被取消的可能性的学说，本身就是通过契约的获得这个概念的演绎；就像前一节中关于通过强占外在物品而获得的学说一样。

第 20 节

但是，我通过契约所获得的外在东西是什么呢？既然它仅仅是他人的任性在向我承诺的成果方面的因果性，所以，我由此直接获得的就不是一个外在的物品，而是他人的一个行为，通过这种行为那个外在的物品被置于我的控制之中，以便我使它成为“我的”。——所以，通过契约 6〔274〕
我获得另一个人的承诺（而非所承诺的东西），但毕竟有某种东西添加在我的外在的财富上了；我通过获得一种积极的责任而在他人的自由和才能方面变得更富有了（locupletior）。——但是，我的这种法权只是一种**人身法权**，亦即对一个**确定的**自然人格的法权，确切地说是影响其因果性（其任性），给我提供某种东西，而不是对那个**道德上的人格**的一种**物品法权**，道德上的人格无非是**所有人格先天地联合起来的任性**的理念，而且惟有这样，我才能获得一种**对这种任性的每个占有者的法权**，就像在**一个物品中**的所有法权都在于此一样。

---

① 1783 年。也曾在《论俗语：这在理论上可能是正确的，但不适用于实践》中引用（第Ⅲ节）。那里（29 页以下）研究了强制法权的起源和契约的有效性［参见《康德著作全集》，第 8 卷，314～317 页。——译者注］。——科学院版编者注

“我的”通过契约而转让，是根据持续性法则（lex continui［连续律］）进行的，也就是说，对象的占有在这个行动期间没有任何片刻中断，否则，我在这个状态中就会获得一个作为某种不曾有任何占有者的东西（res vacua［闲置之物］）的对象，因而是源始地获得它的；这和契约概念是矛盾的。——不过，这种连续性导致：不是双方（promittentis et acceptantis［承诺者和接受者］）中的一方的特殊意志，而是其联合起来的意志，把“我的”转让给他人；所以，转让不是以这种方式进行的：承诺者首先为他人的利益而放弃（derelinquit）自己的占有，或者放弃自己的法权（renunciat），另一方随后进入这种法权，或者反之亦然。所以，转让是这样一种行为，在其中对象有一瞬间共属于双方，就像在一个被抛出的石头的抛物线轨迹中，该石头在其最高点有一瞬间可以被视为同时处在上升和降落之中，这样才从上升过渡到降落。

第21节

在一个契约中，一个物品并不是通过**接受**（acceptatio）承诺、而只是通过**交付**（traditio）被承诺的东西而被获得。因为任何承诺都涉及**履**
6〔275〕 **行**，而且如果所承诺的东西是一个物品，那么，履行就只能通过一个行为来完成，通过这个行为，接受承诺者被承诺者置于对该物品的占有中，也就是说，是通过交付来完成的。所以，履行在交付和接受之前还没有发生。物品还没有从一个人过渡到另一个人，因此没有被另一个人获得，所以，出自一个契约的法权仅仅是一种人身法权，只有通过交付才变为一个**物品法权**。

交付直接继之而起的契约（pactum re initum［以物立的约］）排除缔结和履行之间的任何中间时间，而且不需要任何特殊的、尚需期待的行动，来使一个人的“他的”被转让给另一个人。但是，如果在那两者之间还允许有一个（确定的或者不确定的）时间段以供交付，那就要问：物品是否在这交付之前就已经通过契约成了接受者的“他的”，而且后者的法权是否就是一个物品中的法权？或者是否还有一个特殊的、只涉及交付的契约必须补充上来，因而由这种纯然的接受而来的法权仅仅是一种人身法权，要通过交付才成为一种物品中的法权？——事情的确如后者所说，这一点，从以下所说可以看出：

如果关于一个物品，例如关于一匹我要获得的马，我签订一项契约，而且同时把它牵到我的马厩里来，或者以其他方式把它纳入我的有形占有，那么，它就是我的（vi pacti re initi［根据以物立的约的效力］），而我的法权就是一个物品中的法权；但是，如果我把马留在卖主的手中，和他并没有特殊约定，在我占有（apprehensio）之前，因而在占有变迁之前，这个物品应当由谁有形占有（持有），那么，这匹马就还不是我的，而我所获得的法权则只是对一个确定的人格，即对卖主的法权，即由他**被置于占有之中**（poscendi traditionem［要求交付］），作为对这匹马的一切任意使用之可能性的主观条件，也就是说，我的法权仅仅是一种人身法权，即要求卖主**履行**让我占有物品的承诺（praestatio［保证］）。现在，如果契约（作为 pactum re initum［以物立的约］）**不同时**包含交付，因而在缔结契约和占有获得的东西之间有一段时间流逝，那么，在这段时间里，我就只有通过采取一个特殊的法权行为，即占有行为（ac- 6〔276〕
tum possessorium），才能达到占有，这个行为构成了一个特殊的契约，而这个契约就是：我说，我将让人把物品（马）取走，卖主对此表示同意。因为此人（卖主）将为了另一个人的使用而冒着自己的风险去保管这个物品，这并不是不言而喻的，而是为此需要一个特殊的契约，根据这个契约转让自己的物品的人在**一定的时间**内还一直是所有者（而且必须承担物品可能遇到的一切风险），但获得者却只有当他对这段时间犹豫不决时，才可能被卖主视为好像该物品已经提交给他了似的。所以，在这种占有行为之前，所有通过契约获得的东西都只是一种人身法权，而接受承诺者则惟有通过交付才能获得一个外在的物品。

第三章　采用物的方式的人身法权

第22节

这种法权就是占有**作为一个物品**的外在对象，并使用**作为一个人格**的该对象的法权。——根据这种法权的“我的”和“你的”，就是**家庭的**

"我的"和"你的"，而在这种状态中的关系就是自由存在者的共联性的关系，这些自由存在者通过交互影响（一个存在者的人格对另一个存在者的影响）按照外在自由的原则（**因果性**）构成由一个整体的诸成员（处在**共联性**之中的各人格）组成的社会，这个整体就叫做**家庭共同体**。——这种状态以及在这种状态中的获得方式，既不是通过专横的行为（facto），也不是通过纯然的契约，而是通过法则（lege）发生的，法则由于不是一个物品中的法权，也不仅是对一个人格的法权，而同时也是对一个人格的占有，所以必须是一种超出任何物品法权和人身法权之上的法权，亦即是我们自己人格中的人性的法权，这种法权以一种自然的允许法则为结果，通过它的许可，这样一种获得对我们来说就是可能的。

6〔277〕

第 23 节

根据这种法则的获得按照对象有三种：**男人**获得一个**妻子**，**夫妻**获得**孩子**和**家庭**获得**帮工**。——所有这些可获得的，都同时是不可转让的，这些对象的占有者的法权是**最具人格性的**法权。

家庭社会的法权之第一款：婚姻的法权

第 24 节

性关系（commercium sexuale）是相互的使用，即一个人使用另一个人的性器官和能力（usus membrorum et facultatum sexualium alterius），而且要么是一种**自然的**使用（由此能够生育出其同类），要么是**非自然的**使用，而且后一种使用要么是在同性的一个人身上，要么是在一个与人类不同的物种的动物上；这种对法则的违背、非自然的恶习（crimina carnis contra naturam［反自然的肉体罪恶］），也是难以名状的，作为对我们自己人格中的人性的伤害，根本不可能通过任何限制和摒除，使之从彻底的扭曲中得到拯救。

自然的性关系要么是遵循纯然的动物本性的性关系（vaga libido，venus volgivaga，fornicatio［无序的情欲、不稳定的情爱、私通］），要么是遵循**法则**的性关系。——后者就是婚姻（matrimonium），即两个不同性别的人格的结合，以便终生彼此占有其性属性。——生育和教育子女的目的可能永远都是自然的一个目的，自然为了这个目的而培养两性彼此的倾慕；但是，结婚的人的这种结合的合法性，并不要求他**必须**把这个目的强加给自己；因为若不然，一旦生育停止，婚姻就会同时自行解体。

也就是说，即便为了彼此使用其性属性而以快乐为前提，婚约也不是任意的契约，而是通过人性的法则而必然的契约，亦即如果**男人**和女 6〔278〕
人愿意按照其性属性而彼此享受，那么，他们就**必须**不可避免地结婚，而且这是按照纯粹理性的法权法则而必然的。

第 25 节

因为一个性别对另一个性别的性器官的自然使用，是一种**享受**，为了这种享受一方委身于另一方。在这一行为中，一个人自己使自己成为物品，这是与其自己人格中的人性法权相抵触的。只有在惟一的条件下，这种情况才是可能的，即当一个人格被另一个人格**同时当做物品**而获得时，这个人格又反过来获得了那个人格；因为这样一来，这个人格就重获自身并且重建了自己的人格性。但是，获得人身上的一个肢体同时就是获得整个人格，——因为人格是一个绝对的统一体；——因此，委身和为了另一个性别的享受而接受一个性别，不仅在婚姻的条件下是准许的，而且只有在这种条件下才是可能的。但是，这种人身法权毕竟同时是**采用物的方式**的，这是因为：一旦夫妻的一方走散了，或者投身到另一个人的占有中了，另一方在任何时候都有权不容争辩地把他当做物品一样重新纳入自己的控制。

第 26 节

出自同样的理由，夫妻双方的关系是一种**平等**占有的关系，既平等占有彼此交互占有的人格（因此只发生在**一夫一妻制**中，因为在多配偶制中，委身的人格所获得的只是其把自己完全托付给的那个人的一个部分，并且因此使自己成为纯然的物品），又平等占有物质财富。然而在这方面，夫妻双方都有权利放弃对一部分财富的使用，尽管这只有通过一个特殊的契约才行。

非婚同居不能具有合法持久的合约，尽管很少是为了一次性的享受而出让一个人格（pactum fornicationis［私通的契约］），这是从上述理由
6〔279〕得出的。因为就后一种契约而言，每个人都将承认，订立这种契约的人格一旦后悔，就不能在法权上要求他履行自己的承诺；而且这样一来，第一种契约，即非婚同居的契约，（作为 pactum turpe［可耻的契约］）也就被废除，因为这种契约会是出让的合约（locatio—conductio［出租—承包］），确切地说是出让一个器官供另一个人使用，因而鉴于一个人身上各器官不可分割的统一性，这个人格就会把自己本身当做物品而委身于另一个人的任性；所以，任何一方只要愿意，都可以终止自己和另一方已经订立的契约，而另一方则不能有根据地抗议自己的法权受到了伤害。——同样的道理也适用于门户不相当的婚姻，这种婚姻利用双方地位的不平等，以便一方更有力地控制另一方；因为事实上，按照纯然的自然法权，这种婚姻与非婚同居没有什么分别，并不是真正的婚姻。——因此如果问题是：当法律说，一个与妻子处于这种关系之中的男子应当是你的主人（他是命令的一方，她是服从的一方），这是否也与夫妻平等本身自相矛盾呢？那么，如果这种控制仅仅以在造就家庭共同体的共同利益方面男人的能力对女方的自然优势以及建立在这上面的命令法权的自然优势为根据的话，这就不能被视为与一对夫妻的自然平等相冲突，因此，这甚至也能从就目的而言的统一和平等的义务中推导出来。

第 27 节

婚姻契约只有通过**婚内同居**（copula carnalis［肉体的结合］）来**实现**。不同性别的两个人格的契约，如果秘密商定或者放弃肉体关系，或者明知一方或双方没有这种能力，这个契约就是**假冒的契约**，建立不起婚姻；这个契约也可以被双方中的任何一方随意解除。但是，如果无能只是后来出现的，那么，那种法权就不能因为这种无辜的偶然情况而受

到损害。

因此，**获得**一个妻子或者丈夫，并不是仅仅 facto［依据事实］（通过同居）而无须先行的契约，也不是 pacto［根据契约］（通过纯然的婚姻契约而无须随之而来的同居），而是仅仅 lege［根据法律］做到的，也就是说，作为出自责任的法权后果进入一种性的结合，仅仅是借助于两个人格的相互占有，这种占有只有通过同样的相互使用其性属性才得以实现。 6〔280〕

家庭社会的法权之第二款：父母的法权

第 28 节

正如从人对自己的义务，亦即对人自己人格里面的人性的义务中，产生出两性作为人格以物的方式通过婚姻彼此互相获得的法权（ius personale［人身法权］）一样，从这种关系里面的**生育**中得出了一种意在其**成果**的抚养和照料的义务，也就是说，子女作为人格由此同时拥有一种源始的和与生俱来的（不是继承来的）要求其父母抚养，直至他们能够自己养活自己为止的法权；更确切地说，是通过法律（lege）直接拥有的，也就是说，为此不需要一个特殊的法权行为。

因为既然被生产者是一个**人格**，而且不可能对通过一种物理的程序生育出一个赋有自由的存在者形成一个概念①：所以，在**实践方面**，这就

① 甚至对于**上帝**如何可能**创造**自由的存在者也不能形成一个概念；因为在这里，看起来自由存在者的一切未来行动都由那第一个行为预先规定，包含在自然必然性的链条中，因而不会是自由的。但是，他们（我们人）毕竟是自由的，这是道德实践意图中的定言命令式证明了的，例如通过理性的绝对命令，但是理性毕竟不能在理论意图中使人理解一种原因与结果的这种关系的可能性，因为两者都是超感性的。——人们在这里惟一能够要求理性的，仅仅是它去证明，在**自由的存在者的创造**这个概念中没有矛盾；而这一点完全可以如此做到，即指出：只有当借助因果性范畴，在与感官对象的关系中不可能避免的**时间条件**（亦即一个结果的根据先行于该结果）同时被越界置入超感性事物彼此间的关系中（如果理论意图中的那个因果概念应当得到客观实在性，这种情况确实必定发生）时，矛盾才会发生，但是，当在道德实践的意图中，因而在非感性的意图中，纯粹范畴（无须一个配给它的图型）被使用到创造概念上时，它——矛盾——就会消失。

哲学的法权教师不会声称，这种直达先验哲学最初要素的探究在一种道德形而上学中是不必要的、迷失于毫无目的的幽暗之中的苦思冥想，如果他考虑到这项有待解决的任务的困难，当然也考虑到在这里满足法权原则的必要性的话。

6〔281〕是一个完全正确的、也是必要的理念，即把生育看成这样一种行为，我们通过这种行为把一个人格未经其同意就置于世界中，而且是专横地把他带到世界上来；对于这种行动，父母现在也背负一个责任：尽其所能使他对自己的这种状态感到满意。——父母不能把自己的孩子仿佛当做自己**制造的产品**（因为这样一个产品不可能是赋有自由的存在者），与自己的私有财产一样予以毁坏，或者让他听天由命，因为在这个孩子身上，被置入一种状态的不仅是一个尘世存在者，而且还是一个世界公民，按照法权概念，他们不能对这个世界公民漠不关心。

第 29 节

从这种义务中，也必然产生父母**监护**和塑造孩子的法权，只要孩子还不能自己运用其肢体，同样不能运用其理智，即除了要养活和照料孩子外，还要教育孩子，既有**实用的**教育，以便他将来能够自己养活自己继续活下去，也有**道德的**教育，因为若不然，其疏于管教的罪责就会落在父母头上，——这就是塑造孩子；这一切一直要到离家（emancipatio）的时候，那时父母才能既放弃下命令的父权，也放弃在费用上对回报他们迄今的照料和操劳的一切要求，对此，而且在完成教育之后，父母能够指望孩子们（对父母）的责任只是纯然的德性义务，即感激。

6〔282〕从孩子的这种人格性也得出：既然孩子绝不能被视为父母的私有财产，但毕竟属于父母的“我的”和“你的”（因为孩子像物品一样处在父母的占有中，可以被父母从任何他人的占有中重新置入自己的占有，哪怕违背孩子的意志），所以，父母的法权不是纯然的物品法权，因此是不可转让的（ius personalissimum［最具人格性的法权］），但却不是一种纯然人身的法权，而是一种采用物的方式的人身法权。

因此，这里显而易见的是，在法权论中除物品法权和人身法权之外还必须再加上一种**采用物的方式**的人身法权的条款，所以迄今那种划分是不完备的，因为如果说到父母对作为家庭一部分的孩子的法权，那么，当孩子逃跑时，父母就不仅可以援引孩子的义务有权把他们领回来，而且还有权可以把他们当做物品（迷失的家畜）强行抓回来和关起来。

家庭社会的法权之第三款：家长的法权
第 30 节

与父母一起组成一个**家庭**的家生孩子，甚至无须任何宣告解除他们迄今的依赖性的契约，仅仅通过达到其自养的能力（这一方面是作为自然的成熟一般而言按照自然的普遍进程，另一方面按照其特殊的自然性状出现的）就成为**成年的**（maiorennes），就是说，成为他们自己的主人（sui iuris），并且不需要特殊的法权行为，因而只是通过法律（lege）就获得这种法权，——他们不为自己的教育欠父母任何东西，就像另一方面父母也以相同的方式摆脱了自己对他们的责任一样，借此双方都获得或者重获了自己的自然的自由，——但是，那个按照法律曾是必不可少的家庭社会，从现在起就解体了。

现在，双方事实上可以维持同一个家庭共同体，但却是以另一种承担义务的形式，亦即家长与帮工（家中的男仆或者女仆）的联结，从而 6〔283〕
维持同一个家庭社会，但现在是把它作为**家长制的**社会（societas herilis）通过一个契约来维持的，家长通过契约与已经成人的孩子，或者如果一个家庭没有孩子就与（家庭合作社的）另外的自由人组建一个家庭社会，这个社会将会是一个不平等的社会（**下命令者**或者主人和服从者亦即仆人的社会，imperantis et subiecti domestici）。

现在，帮工属于家长的“他的”，确切地说，就形式（**占有状况**）而言像按照一种物品法权一样；因为如果帮工逃跑了，家长就可以通过单方面的任性把他置于自己的强制力之下。不过就质料而言，亦即就他可以怎样**使用**他的这个家庭成员而言，他绝不能表现为这个成员的所有者（dominus servi），因为后者只是通过契约才被置于他的强制力之下，但是，通过一个契约，一方为了另一方的利益而放弃其全部自由，从而不再是一个人格，因此也没有遵守一个契约的义务，而是仅仅承认了强制力，这个契约就是自相矛盾的，亦即无效的（在此不说对因为犯罪而丧失其人格性的人的财产法权）。

所以，家长与帮工的这种契约不可能具有这样的性状，即对帮工的

使用会是一种**滥用**，但对此的判断不仅应归于家长，而且也应归于仆人（因此仆人绝不能是农奴）；因此，这种契约的签订不能终生有效，而是充其量只能在不确定的时间内有效，在这个时间内，一方可以对另一方宣布解除关系。但是，孩子（甚至一个由于犯罪而成为奴隶的人的孩子）在任何时候都是自由的。每个人都是生而自由的，因为他还没有犯法，而且直至他成年的教育费用也不能作为一个他必须偿还的债务算到他头上。因为奴隶如果有能力就也必须教育其孩子，不能与孩子结算这方面的费用；所以，奴隶的占有者在奴隶没有这种能力的时候便要替奴隶承担责任。

6〔284〕 ※ ※ ※

因此这里也与前两款一样，可以看出有一个采用物的方式的人身法权（对帮工的支配法权），因为人们可以把他们要回来，并且作为外在的“他的”从任何占有者那里索回他们，甚至在可以审查使他们能够这样做的理由和他们的法权之前。

一切可以从契约中获得的法权的独断划分

第 31 节

关于一种形而上学的法权论，可以要求它先天地就完备而又确定地列举出划分的各个环节（divisio logica［逻辑的划分］），并这样来建立一个真正的划分**体系**；相反，一切**经验性的划分**都纯然是**残缺不全的**（partitio［分配］），而且不能确定是否还有更多的环节是为解释被划分的概念的全部范围所需要的。——人们可以把按照一个先天原则进行的划分（与经验性的划分相对立）称做**独断的**。

任何契约就自身而言，亦即**客观上**来看，都是由两个法权行为组成的：承诺和接受承诺；通过后者的获得（如果它不是一种要求交付的 pactum re initum［以物立的约］的话）不是契约的一个**部分**，而是契约的一个法权上的必然**后果**。——但**主观上**来看，就是说，作为对那种在理性看来必然的后果（它**应当**就是**获得**）是否也将真的**发生**（是**有形的**后果）这一问题的回答，对此我通过接受承诺还不能**保证**。所以这种接受，作为外在地属于契约之模态的，即属于通过契约的获得之**确定性**的，是达到契约之意图亦即获得的手段之完备性的一个补充部分。——为了这个目的而出现了三个人格：**承诺者、接受者和担保者**；通过担保者及其与承诺者的特殊契约，接受者虽然就客体而言并不多获得任何东西，但却获得了得到“他的”之强制手段。

按照逻辑的（理性的）划分的这些原理，现在真正说来只有三种简 6〔285〕
单的和**纯粹的**契约方式，但是那些混合的和经验性的契约方式还给按照纯然的理性法则的“我的”和“你的”之原则添加了一些章程性的和约定的原则，它们有无数种，但它们处于形而上学的法权论的范围之外，在此应当描画的只是形而上学的法权论。

也就是说，一切契约：一、要么以**单方面的**获得（行善契约）为目的；二、要么以**交互性的**获得（承责契约）为目的；三、要么根本不以任何获得，而是仅仅以**“他的”**之**安全**为目的（这种契约一方面可能是行善的，但另一方面毕竟也可能同时是使人承责的）。

一、**行善契约**（pactum gratuitum［无偿契约］）。

1. **保管**被托管的财物（depositum［寄存物］）。
2. **出借**一个物品（commodatum［出借物］）。
3. **捐赠**（donatio［赠送］）。

二、**承责契约**。

1. **转让契约**（permutatio late sic dicta［广义的交换］）。
   a. **交换**（permutatio stricte sic dicta［狭义的交换］）。以货易货。
   b. **买与卖**（emtiomai venditio［买卖］），以钱易货。
   c. **借贷**（mutuum），转让一个物品，以重新获得同类①物品为条件（例如，借粮还粮，借钱还钱）。
2. **出让契约**（locatio conductio［出租、承包］）。
   a. **出让我的物品**给另一个人供其使用（locatio rei［出租物

① 毋宁说同种［这里的“类”译自拉丁文的 species，其词根为动词 specio，即“看”，因而 species 更多的是抽象概念意义上的“类”；而“种”译自拉丁文的 genus，其词根为动词 geno 或者 gigno，即“生”，因而 genus 更多的是同源同宗意义上的“种”。——译者注］。阿亨瓦尔在第 219 节中是对的。与此相反，同类归还是在第 210 节的贷款那里。整个“独断划分”取材自阿亨瓦尔，体系自身是康德的所有物。——科学院版编者注

品]），如果该物品可以拿同类的物品偿还，那么，这种出让作为承责契约也可能和生息相结合（pactum usurarium［有息契约]）。

b. **薪酬契约**（locatio operae［出租劳动]），就是说，准许另一个人以一定的价格（merces［薪酬]）使用我的力量。根据这种契约的工人就是雇工（mercennarius［雇来的仆人]）。

c. **委托契约**（mandatum［委托]），代替他人和以他人的**名义**经营，经营如果仅仅是代替他人、而不同时以他人（被代理人）的名义进行，它就是**无委托的经营**（gestio negotii［业务的执行]）。但如果它是以他人的名义进行

6〔286〕 的，就叫**委托**，在此，委托作为出让契约就是一个承责契约（mandatum onerosum［承责的委托]）。

三、**担保契约**（cautio［担保]）。

1. **抵押**和**担保**在一起（pignus［典当]）。
2. 为他人的承诺**担保**（fideiussio［诚信担保]）。
3. **人身担保**（praestatio obsidis［人质担保]）。

在将“他的”转让（translatio）给一个他人的所有方式的这个表中，有这种转让的客体或者工具的概念，这些概念看来完全是经验性的，甚至就可能性来看在一种**形而上学的**法权论中真正说来并没有位置，在这种法权论中必须按照先天原则进行划分，因此必须撇开交往的质料（它可能是约定的）而只考虑其形式，出现在**买**与**卖**的条款中、与其他所有可转让的物品亦即**商品**不同的**货币**概念就是这类概念，或者一本**书**的概念。——然而这却表明：在人与物品交往的所有手段中最重要和最适用的手段的概念，被称为**买**和**卖**（交易），同样地还有一本书的概念，作为最重要的思想交流的手段，却能够转化到纯粹的理智关系中去，这样就不会由于经验性的混杂而使纯粹契约表变得不纯粹了。

一、什么是货币？

货币是一种只有通过**转让**才可能**使用**的物品。这是对货币的一个很

好的**名词解释**（根据阿亨瓦尔①），因为它足以把任性的这种对象与其他一切对象区别开来。然而，它并没有向我们说明这样一种物品是何以可能的。但人们毕竟看出：**首先**，这种在流通中的转让并不是以捐赠，而是以（通过一个承责契约）**交互**获得为目的的；**其次**，由于货币是一个（在一个民族中）人人喜欢的纯然交易手段，就自身而言没有任何价值，是与一种作为商品的物品（亦即具有这样一种价值，并且与这个民族中 6〔287〕的这个或者那个人的特殊需要相关的东西）相对立而被思维的，所以，货币便**代表**一切商品。

一桶粮食作为满足人们需要的手段具有极大的直接价值。人们可以用它饲养牲畜，牲畜有助于我们的营养，有助于我们的运动，可以代替我们工作，因此在这种情况下也就是凭借粮食来增加和维持人口。人不仅能够一再生产出那些自然产品，而且还可以通过人工产品来满足我们的一切需要：有助于建造我们的房屋、制衣、满足特别的享受以及工业财富所构成的一切舒适。与此相反，货币的价值只是间接的。人们甚至不能享受它，或者把它当做这样一个东西直接用于某种目的；但是，它毕竟是所有物品中具有最大适用性的手段。

在这上面就可以暂时建立起货币的**实际定义**：货币是**人们彼此交换其努力的普遍手段**，这样，国民财富就其是借助货币获得的而言，真正说来不过是努力的总和而已，人们以努力相互酬报，而努力则由在民众中间流通的货币来代表。

因此，那种应当叫做货币的物品，为了生产它，或者把它也交到他人手中，本身也要花费如此之多的努力，以至于这种努力与（自然产品或者人工产品中的）商品被获得所必须借助的、前者与之交换的那种**努力**是相等的。因为，如果叫做货币的那种材料作为商品更容易搞到，那么，投放市场的货币就会比有待出售的商品还多，而且由于购买者必须

---

① 第 207 节：pecuniae usum praecipuum et ordinarium consistere in alienando [货币最主要的和正规的使用在于转让]。当然，这并不是要作为定义；毋宁说，这样一个定义是在第 205 节给出的：Et res ista，cuius definita quaedam quantitas physica sumitur pro mensura pretii obiectorum quorumvis aestimandorum，pecunia vocatur [一物，其某种具体的物理性质被用做任何要估价的对象的价值尺度，被称为货币]。但是，早在讲课时，康德就已经使前一个句子成为一个定义：Pecunia est res，cuius usus ordinarius consistit in alienando [货币就是其正规的使用在于转让的事物]。——科学院版编者注

比更快速地获得货币的购买者要花费更多的努力于他的商品上，于是，用在制造商品上的努力以及一般的制造业就会随着以公共财富为结果的经营努力一起同时下降和削减。——因此，纸币和汇票不能被看做货币，尽管它们在一段时间里可以代替货币，因为制作它们几乎根本不用花费劳动，它们的价值仅仅建立在今后继续迄今已成功地将它们兑换为**商品**
6〔288〕这种做法的见解之上，而一旦意外地发现并不存在大批足以方便稳妥地流通的商品，这种兑换就将突然消失，并使得停止支付成为不可避免的。——于是，在秘鲁和新墨西哥开采金矿和银矿的人，尤其在寻找矿脉时付出的努力往往是徒劳的，尝试往往是失败的，他们的获利努力可能要比在欧洲用于制造商品的努力更大，而且由于这种努力得不到酬报，从而自行减弱，如果不是欧洲人的努力正好受到这些原料的刺激，同时成正比地扩大，以便通过向他们提供奢侈商品来使他们开矿的兴致始终保持活跃的话，那些国家就会很快陷于贫困。这样，就总是有努力与努力相互竞争。

但是，起初曾是商品的东西，最后却变成了货币，这是怎么可能的呢？如果一种物质的一个强大的、有权势的消费者，起初只是把它用做自己的（宫廷）仆人的装饰而使其耀眼生辉（例如金、银、铜，或者是一种漂亮的贝壳，即货贝，或者像在刚果是一种席垫，被称为**里库塔**，或者像在塞内加尔是铁棒，在几内亚海岸甚至是黑奴），也就是说，如果一国之主要求他的臣民以这种材料（作为商品）纳税，并且以同样的东西按照他们中间以及与他们（在市场上或者在交易所中）进行交换的一般规定，而酬报在置办这些东西时被鼓动起努力的臣民的。——惟有这样，（在我看来）一种商品才能成为臣民彼此之间交换努力，因而也是交换国家财富的一个合法手段，即**货币**。

因此，货币的经验性概念所隶属的理智概念是关于这样一个物品的概念，该物品在占有的流通（permutatio publica［公共的流通］）中来理解，规定着其他一切事物（商品）的**价格**，其中甚至包括科学，只要科学不是被无偿地教授给他人，所以，货币在一个民族中的集量构成了该民族的财富（opulentia）。因为价格（pretium）就是对一个物品与作为相互交换**努力**（流通）的普遍代表性手段的东西之成比例的集量相关的**价值**（valor）所作的公共判断。——因此，在大量贸易交往的地方，无论是**金**还是铜都不被视为真正的货币，而是仅仅被视为商品，因为金子太少，而铜却太多，不能方便地进入流通，尽管如此却仍然被铸成如此小块，用以在极小的买卖中置换商品或者一批商品所必需。所以，**银**（或多或少掺入铜）在世界上的大量贸易交往中被当做货币真正的材料，而且当做计算所有价格的尺度；其余金属（因此更多地还有非金属材料）只能出现在一个贸易交往少的民族中。——前两种金属在不仅被确定重量、而且被铸上印记、亦即被打上一个它们应当价值几许的符号时，它们才是法定的货币，亦即**铸币**。 6〔289〕

"因此，货币（在**亚当·斯密**看来①）是这样的物体，它的转让是人们和各民族相互之间借以从事贸易交往的手段，同时亦是其努力的尺度。"——这种解释由于仅仅注意承责契约中的相互偿付的形式（而忽视了它们的这种质料），把货币的经验性概念引导到理智的概念，从而引导到"我的"和"你的"一般的交换（commutatio late sic dicta［广义的交换］）中的法权概念，为的是适当地把一种独断的先天划分，从而把法权的形而上学的上述表格表现为一个体系。

二、什么是一本书?

一本书是一部著作（无论是用笔写的还是用打字机打的，篇幅是长还是短，在此都无关紧要），它表现出某人用可见的语言符号向公众发表的演说。——以自己的名义向公众**讲话**的人叫**著作者**（autor）。通过一部著作以另一个人（作者）的名义公开说话的人，就是**出版者**。出版者如果是经作者的许可这样做的，那就是合法的出版者。不过，他如果未经许可就这么做，那就是非法的出版者，即**翻印者**。原著（样书）的所有复制品的总和就是版次。

---

① 在这里，也只是康德才给予作者的一般思想以定义的形式。斯密只是说（《国富论》，第Ⅰ卷，第Ⅳ章）："货币……成为一切文明国商业上的通用媒介。通过这媒介，一切货物都能进行买卖，都能相互交换"，而另一方面（第Ⅴ章）教导说，能够据以衡量和比较一切时代和一切地方的一切货物之价值的最终的和真实的（据另一处地方：普遍的）尺度就是劳动；在康德所表述的定义中"努力"这个词保持着对此的记忆。——科学院版编者注

书籍的翻印被依法禁止①

著作不是对一个**概念**的直接描述（例如，一幅铜版画作为**肖像**，或
6〔290〕 者一尊石膏塑像作为半身像表现一个特定的人），而是对公众的一个**演说**，就是说，著作者通过出版者公开**讲话**。——但后者，亦即**出版者**（通过他的技师，即 operarius［工人］、印刷者）讲话，却不是以他自己的名义（因为若不然，他就会假冒为作者），而是以著作者的名义，所以他只有通过著作者授予他的**全权**（mandatum［委托］）才有权力这么做。——现在，翻印者通过擅自出版，虽然也以著作者的名义讲话，但却没有为此获得著作者的授权（gerit se mandatarium absque mandato［必须授权的东西没有授权而发生］）；因此，他就对作者委托的（所以是惟一合法的）出版者犯下了盗窃后者从其法权的应用中能够并且希望得到的利益的罪行（furtum usus［使用赃物］②）；因此，**书籍的翻印被依法禁止**。

一种像书籍的翻印这样第一眼就如此强烈地引人注目的不义，却有合法的表面，其原因在于：书籍一方面是一种有形的人工产品（opus mechanicum［机械的产品］），这种产品是可以仿制的（被合法占有该书一个原件的人仿制），因而在这上面有一种**物品法权**；但**另一方面**，书籍也只是出版者对公众的一个演讲，出版者未经作者委托是不可以公开跟着说的（praestatio operae［劳动的付出］）。这里就有一种**人身法权**，而如今错误在于把两种法权混为一谈。

※　　※　　※

人身法权和物品法权的混淆在另一个属于出让契约的情况（二，2，a）中，即在**承租**契约（ius incolatus［居住权］）中，还是一个有争议的话题。——亦即问题是：所有者如果把他租给某人的房子（或者他的土地）在出租期满之前卖给另一个人，那么，他有责任在购买合同上附上继续出租的条件吗？或者人们可以说：购买使出租中断（毕竟是在一个由使用来规定的解除契约的时间里）了吗？——在第一种情况下，房子

① 以下参见论文《论书籍翻印的不合法性》，载《柏林月刊》，1785［参见《康德著作全集》，第8卷，83～92页。——译者注］。——科学院版编者注

② 非所有者使用一件仅仅属于所有者的物品的非分要求；例如：典当商穿典当给他的大衣。——科学院版编者注

实际上有一种建立在自身之上的**承责**（onus［责任］），有一个在该物品中的法权，它是承租者在这个物品（房子）上获得的；这也是很可能发 6〔291〕
生的（通过把租赁合同登记在房子上），但这样一来，就不会是纯然的租赁合同了，而且还必须补充一个另外的契约（对此没有多少出租者愿意这么做）。所以，"购买中断出租"① 这个命题有效，也就是说，在一个物品中的完全法权（所有权）压倒一切不能与它并存的人身法权；但在这里，承租者依然可以从人身法权的理由提出控诉，因出自撕毁契约的损失而要求得到补偿。

插入章　对任性的一个外在对象的观念性获得

第 32 节

我把不包含时间中的因果性，因而只以纯粹理性的理念为根据的获得称为**观念性的**。它仍然是**真正的**、并非想象出来的获得，之所以不叫做实在的，只是由于获得的行为不是经验性的，因为主体是从另外一个人那里获得的，这个人或者**尚未**存在（关于那个人，人们只假定他存在的可能性），或者因为这个人刚刚**停止存在**，或者如果他**不再**存在的话。所以，达到这种占有只不过是理性的一个实践理念而已。——这里有三种获得方式：1. 通过**时效**；2. 通过**继承**；3. 通过**不朽的功勋**（meritum immortale），就是说，要求死后有一个好名声。所有这三种方式虽然只有在公共的法权状态中才能有效果，但却不仅基于这种法权状态的建立和专断的法规，而是也先天地存在于自然状态中，确切地说必然在此之前就可以设想，以便此后据此在公民宪政中确立法律（sunt iuris naturae［它们合乎自然法权］）。

一、通过时效的获得

第 33 节

我仅仅通过**长期占有**而获得一个他人的财产（usucapio［根据时效的

① 不是根据阿亨瓦尔第 217 节。康德的阐述是罗马法对此有效的条款的精确复述。——科学院版编者注

6〔292〕获得]）；这不是因为我可以合法地**预设**他同意我这样做（per consensum praesumtum［经过同意而预先使用］），也不是因为既然他不反对，我就能假定他放弃了自己的物品（rem derelictam［被放弃的物品］），而是因为，即便有一个真正的、作为所有者对这个物品提出占有要求的人（提出要求者），我毕竟仍然可以仅凭自己长期的占有而**排除**他，无视他迄今的存在，而且根本就像是他在我占有期间仅仅作为一个思想物而存在一样行事，尽管我后来不仅会被告知他的现实性，而且会被告知他的要求的现实性。——人们并不完全正确地把这种获得的方式称为通过**时效**（per praescriptionem）的获得；因为排除只能被视为那种获得的后果，获得必须是先行的。——以这种方式获得的可能性现在就应当予以证明。

谁不把一个外在的物品作为自己的而实施一种持久的**占有行为**（actus possessorius），他就有理由被视为一个（作为占有者）根本就不实存的人；因为只要他没有使自己有权得到一个占有者的头衔，他就不能抱怨自己受到了侵害，而且即便他在事后，在已经有另一个人占有了此物时，宣布自己对此有权，他所说的毕竟也只是，他以前曾经是所有者，而不是他现在仍是所有者，而且这种占有无须一种连续的法权行为而仍然不被打断。——因此，这只能是一个法权的、确切地说是一个连续地保持自己的和有文件证明的占有行为，通过这种行为他在长期不使用时仍然确保这种“他的”。

因为如果假定：对这种占有行为的疏忽不会导致一个他人把一种正当持久的占有（possessio irrefragabilis［不可否认的占有］）建立在他的合法的、清白的占有（possessio bonae fidei［信誉良好的占有］）之上，把处于他的占有之中的物品视为自己获得的，那么，根本就不会有什么获得是最终的（有保障的），而是一切获得都仅仅是暂时的（临时性的），因为历史文件不能把其探究一直追溯到第一个占有者及其获得行为。所以，根据时效的获得（usucapio）所依据的假设不仅作为**猜测**是**合乎法权的**（允许的，iusta），而且作为根据强制性法律的预设（suppositio legalis［法律的预设］）也是法权上的（praesumtio iuris et de iure［法权的和出自法权的假设］），谁疏忽了用文件证明自己的占有行为，谁就丧失了其
6〔293〕当下占有者的资格，此时疏忽的时间长短（根本不能也不可以被确定下来）仅仅是为了这种放弃的确定性才被提及。但是，一个迄今不为人知

的占有者，如果其占有行为（也可能他是无辜的）被中断了，却总是能够重新获得（要求归还）物品（dominia rerum incerta facere [使得物品的占有不确定]），这与法权实践理性的上述公设相矛盾。

但现在，如果他是一个共同体的成员，亦即在公民状态中，国家就完全能够（代表他）为他保留他的占有，尽管这种占有作为私人占有被中断了，而且现在的占有者既不可以把自己的获得资格一直证明成为最初的获得，也不可以建立在通过时效的获得的资格上。但在自然状态中，后者是合乎法权的，即不是真正地借此获得一个物品，而是即便没有一个法权行为也保持对这个物品的占有，对要求的这样一种摆脱在这种情况下通常也被称为获得。——因此，更早的占有者的丧失时效属于自然法权（est iuris naturae）。

二、继承（Acquisitio haereditatis [遗产的获得]）

第 34 节

继承是经过双方意志的协调一致，一个将死的人的财产转让（translatio）给还活着的人。——**继承者**的获得（haeredis instituti [继承人的决定]）和**遗赠者**（testatoris）的放弃，亦即“我的”和“你的”的这种交替，是在一个瞬间（articulo mortis [死亡的关节点]）发生的，亦即在后者刚刚停止存在时发生的，因而真正说来不是在经验性意义上的转让（translatio），这种转让以两个前后相继的行为为前提条件，即一方先放弃自己的占有，然后另一方进入占有；相反，这是一种观念性的获得。——由于继承在自然状态中离开遗嘱（dispositio ultimae voluntatis [最后意志的安排]）是无法想象的，而且是一个**继承契约**（pactum successorium），还是**单方面的遗产指定**（testamentum [遗嘱]），取决于一个问题，即“我的”和“你的”的过渡是否并且如何恰好是在主体停止存在的那一瞬间而可能的，所以，通过继承的获得方式如何可能这一问 6〔294〕题，必须独立于其实施（这种实施仅仅发生在一个共同体中）的众多可能形式来探究。

“通过遗产指定而获得是可能的。”——因为遗赠者**卡尤斯**作出承诺，并在他的最后遗愿中对丝毫不了解这承诺的**提修斯**宣布，他的财产在死时应当转交给提修斯，因此，只要他还活着，他就仍然是其财产的惟一所有者。现在，虽然通过纯然单方面的意志没有任何东西能够转交给他人，而是在承诺之上还要求另一方的接受（acceptatio）和一个同时的意志（voluntas simultanea），这意志毕竟在此还不存在；因为只要卡尤斯还活着，提修斯就不能为了由此获得而明确接受：因为卡尤斯只是就他死亡这种情况作出了承诺（否则，财产有一瞬间就是共同的，而这不是遗赠者的意志）。——但是，提修斯毕竟不知不觉地获得了一项作为物品法权的对遗产的特有法权，亦即独一无二地接受它（ius in re iacente［在遗物上的法权］）。因此，这种遗产在所说的那个时间点上就叫做 haereditas iacens［留下的遗产］。现在，既然每个人必然地接受（因为他由此或许有所得，但绝不会有所失），因而也是不知不觉地接受了这样一项法权，而且提修斯在卡尤斯死后就处于这种情况，所以，他就可以通过接受承诺而获得遗产，而遗产在这时也绝不是完全没有主人的（res nullius［无主之物］），而仅仅是**闲置的**（res vacua［闲置之物］），因为惟有他才拥有选择的法权，是要把遗留下来的财产变成他自己的财产，还是不这样做。

所以，遗嘱即便根据纯然的自然法权也是有效的（sunt iuris naturae①）；但是，这种主张应当这样来理解：它们能够而且值得在公民状态中（一旦在某个时候出现了公民状态）被采用和核准。因为只有这种状态（在这种状态中的普遍意志）才在遗产还在接受和拒绝之间摇摆、真正说来不属于任何人的时候保证对它的占有。

6〔295〕

三、一个死后好名声的遗产（Bona fama defuncti［死者的好名声］）

第 35 节

认为死者在死后（因此当他不再存在时）还能够拥有某种东西，这种想法是荒谬的，如果他遗留的是一件物品的话。但是，**好名声**却是一种天生的外在的，尽管是观念性的“我的”或者“你的”，它依附于作为

① 与此相反，阿亨瓦尔在第 240 节说：testamenta non esse iuris naturalis［遗嘱不属于自然法权］。——科学院版编者注

一个人格的主体，关于这个人格的本性，它是随着死亡而完全停止存在，还是永远还作为这样的人格存留下来，我可以而且必须撇开不问，因为我在与其他人的法权关系中仅仅根据其人性来看待每一个人格，因此实际上是把他看做 homo noumenon［作为本体的人］，这样，任何在他死后对他加以恶毒诽谤的试图都永远是令人忧虑的；即便对他的一种有根据的指责完全成立（因而 de mortuis nihil nisi bene［只说死人好话］这一原理是不正确的），因为对一个无法为自己辩护的缺席者散布种种责难，如果这些责难没有极大的确定性，就起码是不够大度的。

人通过其无可指责的一生和结束这种生命的死亡，在他作为 homo phaenomenon［作为现象的人］不再实存时，获得一种（负面的）好名声，作为存留给他的“他的”，而且还活着的人（无论是亲属还是陌生人）有权利也在法权面前为他辩护（因为在死亡时，由于相似的遭遇，那些不实的指责把他们统统置于危险中），我要说他能够获得这样一种法权，这是把自己的命令和禁令也扩展到生命界限之外的先天立法理性的一个特殊的，尽管是无法否认的现象。——如果有人散布会使一个死者在生之时名誉扫地，或者哪怕只是贬低他的一种罪行，那么，任何一个能够证明这种谴责是蓄意捏造和撒谎的人，都可以公开宣布，诽谤死者的人是一个恶意中伤者，因而使他本人名誉扫地；他本来是不可以这样做的，如果不是他有理由预设，死者即使死了也会由此而受伤害，而且即使他不再存在了也要通过那种辩解来补偿他的话。① 他也不可以证明自 6〔296〕
己有权扮演死者的辩护人的角色；因为每个人都不可避免地自以为拥有这种权限，就好像它不仅属于德性义务（在伦理上看），而是甚至属于一般人性的法权似的，而且为了使死者的朋友和亲属们有权作出这样一种

① 但在这里，人们并不是在幻想中推论对一种未来生活的预感和与已故灵魂的不可见的关系，因为这里说的只不过是也在生活中出现在人们中间的纯粹道德的和法权的关系，通过在**逻辑上除去**，亦即**抽掉**一切物理的东西（属于其空间和时间中的实存的东西），人们是作为理知存在者处在这种关系之中的，但并不是说除去了他们的这种本性，而让他们成为精神，在这种状态中他们就感觉到通过中伤者而来的伤害。——百年之后编造我坏话的人，现在就已经在伤害我；因为纯粹的法权关系完全是理智的，在它里面，一切物理条件（时间）都被抽除了，而毁誉者（诽谤者）同样应当受惩罚，就像他在我有生之年做过这事似的；只不过不是通过刑事判决，而只是通过按照报应的法权由公共舆论让他受到他曾加之于他人的同样的名誉损失罢了。——甚至一个作家对死者的**剽窃**，即使并没有玷污死者的名誉，而是仅仅盗窃了他的名誉的一个部分，也仍然有理由被当做对死者的伤害（绑架）而受到制裁。

斥责，并不需要特别的、由于死者身上的这样一个污点可能给他们带来的亲身损失。——所以，这样一种观念性的获得以及人死后对还活着的人的一种法权是有根据的，这一点不容辩驳，尽管这种法权的可能性是无法演绎的。

第三篇
通过一种公共的司法权的判决而来的主观上有条件的获得

第 36 节

如果自然法权只是被理解为非法规的，因而仅仅是先天地可以为每
6〔297〕个人的理性认识的法权，那么，不仅诸人格之间在其彼此的相互交往中生效的正义（iustitia commutativa［交换正义］），而且进行分配的正义（iustitia distributiva［分配正义］），都将同样属于自然法权，正如根据其法则，可以先天地认识到，分配正义必须作出自己的判决（sententia）一样。

主管正义的道德人格就是**法庭**（forum），在它履行职责的状态中就是**审判**（iudicium）：这一切都仅仅是先天地按照法权的条件来设想的，而不考虑这样一种宪政实际上应当如何建立并组织起来（法规、因而经验性的原则属于此列）。

所以，这里的问题并非仅仅是：什么是**就自身而言正当的**，亦即，每个人对此应当如何独自作出判断？而是：什么是在法庭面前正当的，也就是说，什么是根据法权的？在此有**四种**情况：其中两个两个的判断其结果是不同的而且是对立的，但仍然可以彼此并存：因为它们是从两个不同的、从两方面看都是真实的视角出发作出的，有两个是根据私人法权，另两个是根据公共法权的理念；——它们是：1. **捐赠契约**（pactum donationis）。2. **借贷契约**（commodatum）。3. **重新获得**（vindicatio）。4. **宣誓**（iuramentum）。

法权教师们有一个**偷换概念**的习惯性毛病（vitium subreptionis），即

把一个法庭为了自己的目的（因此在主观的意图上）有权利，甚至为了对每一个“他的”作出应有的判决和裁定而有责任接受的法权原则，也在客观上视为就自身而言正当的东西；因为前者毕竟与后者有很大的区别。——因此，使人认清并注意这种类属的差异是十分重要的。

一、捐赠契约

第 37 节

我借以将“我的”、我的物品（或者我的法权）**无偿地**（gratis）转让出去的这个契约（donatio［捐赠］），包含着我这个捐赠者（donans）和一个他人即受赠者（donatarius）根据**私人法权**的一种关系，通过这种 6〔298〕
关系，“我的”通过后者的接受就过渡到他头上了（donum［捐赠品］）。——但是，不可假定我在这里指的是被迫遵守我的承诺，因此也白白地放弃我的自由，仿佛要抛弃我自己似的（nemo suum iactare praesumitur［无人被假定抛弃他自己］），这倒是有可能按照法权发生在公民状态；因为在这里，应当受赠者可以**强迫**我履行自己的承诺。所以，如果事情出现在法庭上，亦即按照一种公共的法权，那就必须要么假定捐赠者同意这种强制，而这是荒谬的；要么假定法庭在他的判决（宣判）中根本就不在意捐赠者是否想保留放弃承诺的自由，而是着眼于确定的东西，亦即承诺和接受承诺者的接受。所以，正如可以猜测的那样，尽管承诺者已经想到，如果在履约前他还在后悔自己已经作出了承诺，那么，人们就不能使他受这承诺的约束，但法庭却毕竟假定：他本来必须明确地对这一点作出保留，而既然他不曾这样做，就可以被强迫履行这一承诺，而且法庭之所以假定这一原则，乃是因为若不然，就会使它的判决无限困难，或者根本不可能。

二、借贷契约

第 38 节

在我借以允许某人无偿使用我的东西的这种契约（commodatum［借贷］）中，如果这是一件物品，那么，立约双方就会在这一点上达成一致，即这个人要把**同一个**物品重新置于我的控制中，在这里，接受借贷物的人（commodatarius［借贷方］）就不能同时假定，借贷物的所有者（commodans［贷方］）也承担由于他把该物品交给借贷者占有而可能产生的物品或者物品对他有用的性状之可能损失的一切风险（casus）。因为所有者除了同意借贷接受者使用他自己的物品（对该物品与使用不可分
6〔299〕割的损坏）之外，也免除了对由于他使之离开自己的保管而可能产生的一切损失的**担保**，这并不是不言而喻的；相反，对这一点必须订立一个特殊的契约。所以问题只能是：双方，即贷方和借贷方，谁有责任明确地给借贷契约加上承担物品可能遭遇的风险的条件，或者如果没有这样做，人们就会**假定**是谁**同意**为贷方的财产（通过归还该物品或者一个等价物）担保？不是贷方，因为人们不可能假定，他无偿地同意多于对该物品的纯然使用的东西（亦即此外也不能假定他为财产的安全承责），但可能是借贷方，因为他在这时所提供的，并不多于刚好在契约中所包含的。

例如，如果我在倾盆大雨中走进一个人家，并请求借我一件雨衣，但雨衣却也许由于从窗户不小心倒出的染料彻底弄脏了，或者由于我把它放在我所走进的另一户人家而被偷了，那么，对任何人来说，我的下述主张都必定是荒谬的：我只需把雨衣照样归还回去，或者只是通报一下发生了的盗窃事件；或许，鉴于这种损失向所有者表示一下惋惜，还是一种礼貌，因为他从自己的法权出发不能要求任何东西。——如果我在请求这种使用时鉴于物品在我手里万一出事的情况而事先请求也承担这种风险，因为我很穷，无力赔偿损失，那就是完全不同的事情了。没有人会认为后者是多余的和可笑的，除非贷方是一个公认有钱并且乐善好施的人，因为在这种情况下，不假定他会慷慨地免除我在这一事例中的债务，差不多就会是侮辱了。

※　　　※　　　※

现在，既然对于出自借贷契约的“我的”和“你的”，如果（就像这种契约的本性所带有的那样）对物品会遭遇的可能变故（casus 风险）没有约定任何东西，因而由于那种同意仅仅是假定的，这个契约是一个不
6〔300〕确定的契约（pactum incertum），那么对此的判断，亦即谁必须承受那种不幸的裁决，不可能从契约本身的条件出发作出，而是只能像它**仅仅面**

对一个法庭那样作出，这个法庭永远只关注那个契约中确定无疑的东西（在这里就是对作为财产的物品的占有），所以，在**自然状态**中的，亦即根据物品的内在性状的判断就将是：因一件被借出的物品出了事故而产生的损失由**借入方**承担（casum sentit commodatarius［借贷者承担损失］）；反之，在**公民状态**中，因而面对一个法庭，判决的结果将是这样：损失由**借出方**承担（casum sentit dominus［物主承担损失］），确切地说它因如下理由而与纯然健康理性的判决不同，即一个公共的法官不可能考虑关于这一方或者那一方可能想到的东西的假定，而是不曾要求通过一个特殊的附加契约来避开在借贷物品上的所有损失的一方，必须自己承担这些损失。——所以，在纠正法权判断的时候，像法庭必须作出的那种判断和每个人的私人理性独自就有资格作出的判断之间的区别，是一个绝对不可忽视的问题。

三、重新获得（追回）所失去的（vindicatio［索回］）

第39节

一件物品本就是我的，它在持续存在时就还是我的，尽管我并不处在对它的持续持有中，而且即便没有一个法权行为（derelictionis vel alienationis［放弃或者转让］），它也自行不停地是我的，而我应当有在这个物品中的一项法权（ius reale［物品的法权］），因而反对任何持有者，而不仅是反对一个特定的人格（ius personale［人身法权］），这一点，从以上所说便可明白。但是，如果我**只是没有放弃**这项法权，而物品却处在一个他人的占有中，那么，这项法权是否也必定被**每个他人**看做一个独自持续的所有权，这却是一个问题。

如果一个物品从我手中丢失（res amissa［丢失的物品］），并这样被一个他人**真诚地**（bona fide）当做一个想当然的捡拾之物，或者通过以所有人自居的占有者的正式转让，而回到我手中，尽管这个占有者不是真 6〔301〕
正的所有人，那么问题就是：既然我不能从一个**非所有人**（a non domino）那里获得一个物品，那么，我是否由于他而被取消了在这个物品中的一切法权，从而只保留反对非法占有者的一项人身法权。——很明显，后者就是这种情况，如果仅仅是按照其内在的授权根据（在自然状态中），而不是根据一个法庭的习惯来评判获得的话。

因为任何可转让的东西都必须能够被某个人获得。然而，获得的合法性却完全基于一个他人所占有的东西过渡到我头上或者被我接受所依据的形式，亦即基于物品的占有者和获得者之间的交换（commutatio）的法权行为的形式，而我不能追问：此人是怎样得到它的，因为这样问就会是冒犯（quilibet praesumitur bonus，donec etc.［任何人都被假定为善的，直到等等］）。假定后来发生了这样的情况：那个人并不是所有者，而是一个他人，那么我就不能说，所有者能够径直与我打交道（就像也不能与任何可能是该物品的持有者的他人打交道一样）。因为我并没有窃取他任何东西，而是例如按照法律（titulo emti venditi［买卖的法律条款］）买了一匹在公共市场上正待出售的马，因为从我这方面讲，获得的资格是无可争议的，但我（作为购买者）没有责任去追究他人（出售人）的占有资格，甚至连这样做的权利也没有，因为这种追究会没完没了地持续下去。所以，通过这种正当的有资格的购买，我不是马的纯然**被假定的**所有者，而是其真正的所有者。

但是，出现了不利于此的下列法权根据：一切来自一个并非物品所有者的人（a non domino）的获得，都是毫无意义的。我从一个他人的“他的”引渡到我头上的，不能多于他自己合法地拥有的，而且就获得的形式（modus acquirendi）而言，如果我买的一匹在市场上正待出售的马是被人偷来的，则尽管我是完全合法地行事，但毕竟缺乏获得的资格，因为马不是真正的出售者的“他的”。我尽可以始终是这匹马的**诚实的**所有者（possessor bonae fidei），但我毕竟只是一个**自命的**所有者（dominus putativus［被假定的所有者］），而真正的所有者具有**重新获得**（rem
6〔302〕 suam vindicandi［索回他的物品的］）的法权。

如果有人问，（在自然状态中）人们中间按照其彼此交换的正义原则（iustitia commutative［交换正义］），在获得外在物品方面什么是**就自身而言**正当的？那么，人们必定承认：谁想这么做，谁就完全有必要再探究一下，他想获得的物品是不是已经属于一个他人了；就是说，即便他已经仔细考察从另一个人的“他的”中引渡该物品的形式条件（在市场上按部就班地购买一匹马），他所能获得的充其量仍然只是就一个物品而言的一种**人身法权**（ius ad rem［占有物品的法权］），只要他还不清楚，另一个人（作为卖主）是不是该物品的真正所有人；以至于，如果出现一个人，他能用文件证明他对该物品的先行所有权，那么，对于想当然的新所有者来说，就一无所有了，除了作为诚实的占有者直到这一刻曾经合法地享受他迄今从中得出的好处。——现在，既然在一系列相互导出其法权的自命的所有者中间，不可能找出绝对最初的所有者（原始所有者），所以，以外在物品进行的任何交换都无法保障一种可靠的获得，即便它可以与这种正义（iustitia commutativa［交换正义］）的形式条件充分保持一致。

※　　　※　　　※

在这里，法权的立法理性又伴随着**分配正义**的原理出现，即把占有的合法性当做占有的准绳来接受，不是如其**就自身而言**在与每个人的私人意志的关系中（在自然状态中）被判决那样，而是仅仅如其**面对一个法庭**在一个通过普遍联合起来的意志而产生的状态中（在公民状态中）被判决那样：这样一来，在这种状态中，与获得的那些就自身而言只是说明了人身法权之理由的形式条件的一致，就被公设为足以代替质料性根据（这些质料性根据说明了从一个先行提出要求的所有者的“他的”导出的理由），而一种**就自身而言的**人身法权，**被带到一个法庭面前**，就被视为一种物品法权，例如在公共的、由督察法律维持秩序的市场上有 6〔303〕
待出售给每个人的马，如果严格遵循买卖的所有规则，成为我的财产（但毕竟真正的所有者依然有因自己更早的、并未丧失的占有而要求是卖方的法权），而我本来的人身法权就转变为物品法权，根据它，无论我在哪里发现“我的”，我都可以把它取回（索回），而不关心卖方如何得到它的方式。

所以，这仅仅是为了在一个法庭前的判决（in favorem iustitiae distributivae［出于对分配正义的赞许］）而发生的，即就一个物品而言的法权不是**如其就自身而言是怎样**（作为一种人身法权），而是如其怎样才能**被最简便、最可靠地判决**（作为物品法权），而被按照一个纯粹先天原则来接受和讨论的。——而此后的各种法规性法则（法令）都建立在这种原则之上，这些法则目的在于确立一种获得方式惟有在其下才应当有法权效力的那些条件，**以使法官**可以**最容易**和**最无疑虑地**判定每个人的“他的”，例如，在“购买使租赁中断”这一命题中，按照契约的本性，亦即就自身而言是一种物品法权的东西（租赁）被视为一种纯然的人身法权，而反过来，如上述情况中，就自身而言仅仅是人身法权的东西被视为一种物品法权；如果问题是：一个公民状态中的法庭，为了在其有关每个人应得的法权的判决中最可靠地行事，应当给它指定哪些原则。

四、通过宣誓而获得保障（Cautio iuratoria［宣誓的保障］）

第 40 节

人们不能给出任何别的、能够在法权上赋予人责任的理由，使人**相信**并承认存在着一些神灵，除非是这样的理由，即为了让他们发誓，并能够被对一个无所不知的、他们在自己的证词虚假的时候不得不郑重地召唤其报复的至上权力的恐惧所迫使，在作证词时真实无妄，在承诺时
6〔304〕信守诺言。在这里，人们所考虑的不是这两件事的道德性，而仅仅是它们的一种盲目迷信，这从下面这一点就可以看出，即人们并不指望他们在法权事务上面对法庭**仅仅**作出**郑重的**证词就具有可靠性，虽然诚实的义务在事情取决于只有在人中间才可能的最神圣的东西（取决于人的法权）的场合里对每个人来说是如此清楚，因而是纯然的童话构成了动因：例如在苏门答腊岛上一个异教民族**雷简人**中的童话，据**马斯登**[①]的见证，他们在自己死去亲人的尸骨旁发誓，尽管他们根本就不相信还会有死后的生命，或者**几内亚黑人**对着他们的偶像，也许是一根鸟羽起誓，他们认为这鸟羽会折断他们的脖子，等等。他们相信，一种看不见的力量，无论是否有理智，都已经在其本性上具有这种魔力，这魔力将通过这种呼唤付诸实施。——这样一种信仰名为宗教，真正说来应当叫做迷信，但却是司法不可缺少的，因为如果不指靠它，**法庭**就不能充分地查明被掩盖的事实并作出判决。所以，一条约束人这样做的法律显而易见只是为了审判的权力而订立的。

但现在的问题是：人们有什么根据认为，某人在法庭上应当有责任把一个他人的誓言当做其陈述之真实性的合法有效的、结束一切争执的证明根据来接受？也就是说，是什么在法权上使我有责任去相信，另一

① 马来各民族，特别是苏门答腊的语言的研究者（1754—1836）。——科学院版编者注

个人（起誓的人）一般说来拥有宗教，以至于让我的法权为他的誓言而冒险？同样反过来问：一般而言我可以被赋予责任去发誓吗？这两者就自身而言都不是正当的。

但与一个法庭相关，因而在公民状态中，如果人们假定，除了誓言就没有任何别的方法在某些情况下探明真相，那么，人们就不得不预设每个人都拥有宗教，以便为了一个**法庭上**的司法程序而把它当做一个应急手段（in casus necessitates［在必要的情况下］）来使用，法庭把这种精神强制（tortura spiritualis［精神上的折磨］）看做揭示秘密的一个更为便利的、更适合于人的迷信癖好的手段，并认为自己有权利使用这种手段。——但是，立法权赋予司法权这种权限，在根本上是行事不当：因为即便在公民状态中，强制起誓也是有悖不可失去的属人自由的。 6〔305〕

就职誓言通常是**承诺性的**，亦即人们有合乎义务地履行职责的真正决心，如果它们被转变成**断定性的**，即职员在一年（或者多年）结束时会有责任为在这期间忠于其职守而起誓，那么，这种誓言就会比那种承诺誓言更能打动人的良知，承诺誓言事后还总是留下内在的借口，人们即使决心坚定，也不曾预见到只是后来在履行职责时才会经历的困难，而且对义务的违背，如果其积累通过留意的人而彰显的话，则由于受谴责而引起的忧虑，也甚于它们一个接一个地受到谴责（此时前面的已经被忘记了）。——至于**信仰**（de credulitate）的起誓，这是根本不能向一个法庭提出的要求。因为首先，这本身包含着一个矛盾：这种意见和知识之间的中间物，人们可能敢用它**打赌**，但绝不可能敢对它**发誓**。其次，法官为了查明某种和他的意图有关、假定甚至是公共福利的东西，而无理要求当事人作出信仰誓言，就严重违背了起誓者的认真，这一方面是由于这种誓言诱导人轻率行事，由此法官就使他自己的意图破灭，另一方面是由于一个人必定会感到良心受谴责，因为他今天从某种立场出发来看会认为一件事是很可能的，但明天从另一种立场出发来看会认为这件事完全不可能，因而就伤害了他逼迫作出这样一种誓言的人。

一般而言从自然状态中的“我的”和“你的”向法权状态中的“我的”和“你的”的过渡

第41节

法权状态是人们相互之间的一种关系，这种关系包含着一些条件，
6〔306〕惟有在这些条件下，每个人才能分享他自己的法权，而这种状态的可能性的形式原则，按照一个普遍立法的意志的理念，就是公共的正义，它可以要么与根据法律占有对象（作为任性的质料）的可能性相关，要么与其现实性相关，要么与其必然性相关而被划分为**保护的正义**（iustitia tutatrix）、**交换的正义**（iustitia commutativa）和**分配的正义**（iustitia distributiva）。——法律在这里**首先**只是说明，什么样的行为内在地在形式上就是**正确的**（lex iusti [正当的法则]）；**其次**，什么作为质料还外在地是能够合法的，亦即其占有状况是有法权的（lex iuridica [判决的法则]）；**再次**，什么以及在一个法庭上关于什么的判决在已有法律下的一个特殊案例中是**正当的**（lex iustitiae [正义的法则]），在这里，人们也把那个法庭本身称为一个国家的**正义**，而且可以把是否存在这样一种正义当做所有法权事务中最重要的事务来探询。

非法权状态，亦即其中没有分配正义的状态，叫做自然状态（status naturalis）。与它相对立的，不是可以叫做一种**人为**状态（status artificialis）的**社会**状态（如阿亨瓦尔所认为①），而是处于一种分配正义之下的社会的**公民**状态（status civilis）；因为即便在自然状态中也可能存在合乎法权的社会（例如婚姻社会、父权制社会、一般而言的家庭社会，以及其他随便什么更多的社会），对它们来说，并不适用一种“你应当进入这种状态”的先天法则，就像对于法权状态完全可以说，所有彼此（哪怕不情愿地）能够发生法权关系的人都应当进入这种状态那样。

人们可以把第一种状态和第二种状态称为**私人法权**的状态，而把最后一种，即第三种状态称为公共法权的状态。这种公共法权所包含的人

---

① 在讲课时也有对阿亨瓦尔把自然法权划分为自然的法权（亦即私人法权）和社会的法权（《自然法权》第1卷和第2卷的开篇）的这种批判（参见上文242页$_{12\sim19}$）。不过，康德在讲课时还是表面上赞同阿亨瓦尔，因为他把婚姻法权和家庭法权当做社会法权的第一章来讲授，然后继之以国家法权和国际法权。——科学院版编者注

的义务并不多于或者不同于在前一种状态中所能想到的；私人法权的质料在两种状态中是同一种质料。所以，后一种状态的法律只涉及其共处的法权形式（宪政），就这形式而言，这些法律必不可免地被设想为公共的。

甚至**公民的联合**（unio civilis）也不能被称做一个**社会**；因为在**统治者**（imperans）和**臣民**（subditus）之间没有合作关系；他们不是伙伴， 6〔307〕
而是彼此**隶属的**，不是**并列的**，而彼此并列的人，必须因此而相互视为平等的，只要他们是处在共同的法律之下的。所以，那种联合与其说**是**一个社会，倒不如说它在**造成**一个社会。

第 42 节

现在，由自然状态中的私人法权产生出公共法权的公设：你在和所有他人无法避免的彼此共存的关系中，应当从自然状态走出而进入一种法权状态，亦即一种具有分配正义的状态。——其理由可以分析地从在外在关系上与暴力（violentia）相对立的**法权**概念出发来阐明。

任何人都没有责任放弃对他人的占有的干预，除非他人也同样给予他保证，将对他恪守同样的节制。所以，他不可以一直等待，直到他也许通过一种惨痛的经验而得知他人相反的意向；因为应当赋予他责任的东西，首先就是吃一堑长一智，此时他就能在自己身上充分地察觉一般而言人们都有支配他人的偏好（当他们感到自己在力量和计谋上超过他人时，就不重视他人法权的优势），而不必等着现实的敌意；他有权对本性上已经以此威胁着他的人施加强制（quilibet praesumitur malus，donec securitatem dederit oppositi［无论是谁，只要他给敌人提供了安全，就被假定为邪恶的］）。

鉴于要在这种外部无法的自由状态中生活并且维持下去的决心，如果他们相互之间彼此攻击，他们也根本没有**互行**不法；因为适用于一个人的，也交互地适用于另一个人，就像是达成了协议似的（uti partes de iure suo disponunt，ita ius est［他们越是让人分享自己的法权，那就越是法权］）；但在根本上，他们愿意生活并维持在一个状态中，这个状态不是法权状态，在这种状态中任何人都无法面对暴行来确保“他的”，这 6〔308〕

却是在最高程度上行不法。[①]

第二卷
公共法权

6〔311〕

第一章　国家法权

第 43 节

为产生一个法权状态而需要公之于众的那些法律的总和，就叫做**公共法权**。——所以，公共法权是对于一个民族亦即一群人而言，或者对于一群民族而言的一个法律体系，这些民族处在彼此之间的交互影响之中，为了分享正当的东西而需要在一个把他们联合起来的意志之下的法权状态，需要一种**宪政**（constitutio）。——单个的人在民族中彼此相关的这种状态，就叫做**公民状态**（status civilis），而这些人的整体与其自己的成员相关，就叫做**国家**（civitas），国家由于其形式，作为通过所有人生活在法权状态之中这一共同利益联合起来的，被称为共同体（res publica latius sic dicta［广义的国家］），但与其他民族相关就干脆叫做一种**权力**（potentia），因而就有 **Potentaten**［**当权者**］这个词，这种共同体也由于（自以为）世代相传的联合而自称为种族（gens），这样在公共法权这一普遍概念下使人不仅想到国家法权，而且还想到**国际法权**（ius gentium）；由于大地不是一个无边无际的，而是一个自我封闭的表面，在这种情况下公共法权势必把二者引向一种**多民族的国家法权**（ius gentium）或者**世界公民法权**（ius cosmopoliticum）的理念；以至于在这三种可能的法权状态的形式中，只要有一种缺乏通过法律限制外在自由的原则，那么，所有其余两种形式的大厦就必定会被削弱，最终坍塌。

---

① 仅仅在形式上不法的事和在内容上也不法的事之间的这种区别，在法权论中有各种各样的使用。敌人在一个被包围的要塞被攻陷时并不老老实实地实施其投降，而是在其撤离要塞时还毁坏它，或者除此之外还撕毁这个条约，则如果他的对手有时也同样地捉弄他的话，他就不能抱怨不正当了。但是，他们一般而言都在最高程度上行为不法，因为他们剥夺了法权概念本身的任何效力，似乎是合法地把一切都交给野蛮的暴力，这样就颠覆了一般而言的人的法权。

第 44 节[①] 6〔312〕

使我们得知人的暴力行为的准则及其在一种外在的权威立法出现之前彼此为敌的恶意的，绝不是经验，因而绝不是一个必然造成公共法权强制的事实，而是不管人们被随意设想得多么温顺与守法，毕竟先天地存在于这样一种（非法权的）状态的理性理念中的是：在达到一个公共的法律状态之前，个别的人、民族和国家永远不可能在彼此之间的暴力行为面前是安全的，确切地说，是根据每个人自己的法权做**他觉得正当和好的事**，而在这方面并不受他人意见的左右；因此，如果他不想放弃所有的法权概念，那么，他必须决定的第一件事就是如下原理：人们必须走出每个人都按自己的想法行事的自然状态，并与所有其他人（他不可能避免与他们陷入彼此影响中）联合起来，服从一种公共法律的外在强制，因而进入这样一种状态，在其中每个人都**在法律上**被规定了他应当得到的东西，并通过充足的**权力**（不是他自己的权力，而是一种外部的权力）去分享它，也就是说，他首先应当进入一种公民状态。

虽然他的自然状态并不会因为彼此仅仅根据其强制力的纯然尺度相遇就是一个**非正义**（iniustus）的状态；但是，它毕竟是一种无法权的状态（status iustitia vacuus），在这种状态中，一旦法权有争议（ius controversum），就找不到一个有权威的法官作出有法权效力的判决，而现在每一个人都可以用强制力逼迫他人从这种状态进入一个法权状态；因为尽管按照每个人自己的**法权概念**，某种外在的东西可以通过强行占有或者契约来获得，但只要这种获得本身还没有为自己获得一个公共法律的核准，它就毕竟只是**暂时的**，因为它并没有通过任何公共的（分配的）正义来规定，而且没有通过任何实施法权的权力来保障。

如果人们在进入公民状态之前根本不愿意承认任何获得是有法权的，甚至连暂时承认都不愿意，那么，那种公民状态本身就会是不可能的。

① 对于进入公民状态不是出自纯然经验性的根据，而是先天地必然的这个重要的命题，康德在讲课时联系到霍布斯和卢梭。这里也请参见论文《论俗语：这在理论上可能是正确的，但不适用于实践》，第Ⅱ节（特别是结论）[参见《康德著作全集》，第 8 卷，303～304 页。——译者注]，此处虽然没有提到卢梭，但完全预设了卢梭。——科学院版编者注

6〔313〕 因为在形式上，关于自然状态中的“我的”和“你的”的法律包含着公民状态中的法律所规定的同样的东西，只要这种公民状态是根据纯粹理性概念来思考的；只不过在后一种状态中，将那些获得（按照分配正义）付诸实施的条件才被提供出来。——所以，既然在自然状态中也不曾暂时有过“我的”和“你的”，也就不会有这方面的法权义务，因而也没有从那种状态走出的命令。

第 45 节

一个国家（civitas）就是一群人在法权法则之下的联合。就这些法则作为先天法则是必然的，亦即从一般外在法权的概念中自行得出的（不是法规性的）而言，它的形式就是一般国家的形式，亦即**理念**中的国家，就像它按照纯粹的法权原则应当是的那样，这些原则充当着每一种成为一个共同体的现实联合（因而在内心深处）的准绳（norma）。

每一个国家都包含着三种**权力**，亦即在三重人格（trias politica［政治三一体］）中普遍地联合起来的意志：立法者人格中的**统治权**（主权）、治理者人格中（按照法律）的**执法权**和审判者人格中（根据法律判定每个人的“他的”）的**司法权**（potestas legislatoria，rectoria et iudiciaria），就像是一个实践理性推理中的三个命题：大前提，包含着那个意志的**法律**；小前提，包含着依法行事的**命令**，亦即使之归摄到那个意志之下的原则；结论，包含着对当下案例中什么是正当的所作的**宣判**（判决）。

第 46 节

立法权只能归于人民的联合意志。因为既然一切法权都应当出自立法权，立法权就必须绝对不能通过其法律对任何人行不义。现在，如果有人对另一个人发号施令，那么，就总是有可能他由此对此人行了不义，但绝不是在此人关于自己所决定的事情上（因为 volenti non fit iniuria
6〔314〕 ［对自愿者不会有不义］）。所以，只有所有人的一致的和联合的意志，就每个人关于所有人，并且所有人关于每个人决定同样的事情而言，因而只有普遍联合起来的人民意志，才能是立法的。

这样一个社会（societas civilis［公民社会］），亦即一个国家为立法而联合起来的成员们，就叫做**国家公民**（cives），而国家公民法权上的、与其共同体（作为这样的共同体）不可分离的法律属性，首先是合法的**自由**，即除了他表示赞同的法律外，不服从任何别的法律；其次是公民的**平等**，即就自己而言不承认**人民**中有什么上司，而只承认他在法权上有道德能力赋予其责任的人，就像这人也可以赋予他责任一样；第三是公民的**独立**的属性，即不能把自己的生存与维持归功于人民中另一个人的任性，而是归功于其自己作为共同体成员的法权和力量，因而是公民的人格性，即在法权事务中不可为任何人所代理。

只有表决的能力才构成国家公民的资格；但表决的能力却以国家公民在人民中的独立性为前提条件，国家公民不仅要是共同体的一个部分，而且要是它的一个成员，也就是说，在与其他人的共联性中出自自己的任性是共同体的行动着的部分。但是，后一种性质就使得有必要把**积极的**国家公民与**消极的**国家公民区分开来，虽然消极的国家公民这一概念看起来与一般国家公民的解说相矛盾。——下面的例子可能有助于消除这种困难：在一个商人或者在一个手工艺人那里的帮工，家仆（不是为国家服务的人），未成年人（naturaliter vel civiliter［无论是在生理上还是在市民身份上］），所有女人和一般而言每个不能凭借自己的经营、而是不得不受他人雇用（国家的雇用除外）以维持自己的生存（食品和保护）的人，都缺少公民的人格性，其生存仿佛仅仅是依存。——我为自家院子雇的木工；与可以把自己的劳动产品当做商品公开出售的欧洲木匠或者铁匠相比，带着自己的锤子、铁砧和风箱走街串巷、在那里加工铁器的印度铁匠；与学校教师相比的家庭教师；与租户相比的佃农，等 6〔315〕
等诸如此类，都只是共同体的帮工，因为他们必然要受其他个人的命令或者保护，因而不具有公民的独立性。

尽管如此，这种对他人意志的依附性和不平等绝对没有违背他们**作为**共同构成一国人民的**人**的自由和平等；毋宁说，只有按照自由与平等的条件，这国人民才能成为一个国家，并且进入一种公民的宪政。但是，在这种宪政中享有表决权，也就是说，是国家公民，而不仅仅是国家帮工，这并不是所有人都有同样的法权获得的资格。因为从他们能够要求被所有他人按照自然的自由与平等的法则把自己当做国家的**消极**部分来对待这一点，得不出也作为**积极的**成员来对待、组织国家本身或者协助引进某些法律的法权，而是仅仅得出：无论他们所赞同的实证法律是什么方式的，它们都必须不违背自由和所有人在人民中与这种自由相适应的平等的自然法则，亦即使自身从消极状态提升到积极状态。

第 47 节

国家中所有那三种权力都是**身份**，而且作为根本的权力，是为了建立国家（立宪）而从一个一般国家的理念中必然地产生出来的，是**国家身份**。它们包含着一个总的**元首**（按照自由法则来看，他只能是联合起来的人民本身）与作为**臣民**的人民的分散群体的关系，亦即**命令者**（imperans）与**服从者**（subditus）的关系。——人民借以自己把自己构建成一个国家的那种行为，但真正说来只不过是国家的理念，只有按照这种理念才能设想国家的合法性，这就是**源始的契约**，根据这个契约，**人民**中的所有人（omnes et singuli［所有人和每个人］）都放弃自己的外在自由，以便作为一个共同体，亦即被视为国家的人民的诸成员（universi［统统都有的］）而立刻重新接受这种自由，而且人们不能说：国家、国
6〔316〕 家中的人为了一个目的而牺牲了其一**部分**与生俱来的外在自由，而是说他完全放弃野蛮的、无法的自由，以便在一种法律的依附性中，亦即在一个法权状态中一点不少地重新获得自己一般而言的自由，因为这种依附性产生自他自己的立法意志。

第 48 节

所以，国家中的三种权力，**首先**是作为三个道德人格相互并列（potestates coordinatae），也就是说，为了国家宪政的完备性而一方是另一方的补充（complementum ad sufficientiam）；但**其次**，它们也是相互隶属的（subordinatae），以至于一方不能同时篡夺另一方所执掌的职能，而是有其自己的原则，就是说，虽然是以一个特殊人格的品质，但毕竟是在一个更高人格的意志的条件下来发布命令；**第三**，是通过二者的联

合赋予每个臣民其自己的法权的。

就其身份来看，关于这些权力要说的是：**立法者**（legislatoris）在涉及外在的“我的”和“你的”的事情上的意志是**不容非议的**（irreprehensibel），**最高执政者**（summi rectoris）的执行能力是**不可违背的**（irresistibel），最高**法官**的判决（supremi iudicis）是**不可变更的**（inappellabel）。

第 49 节

国家的**摄政者**（rex，princeps）就是应拥有执行权（potestas executoria）的那个（道德的或自然的）人格，是任命官员、给人民制定规则的国家**代理人**，根据这些规则，人民中的每个人都能够按照法律（通过把一个案例归摄到法律之下）获得某种东西或者保持“他的”。作为道德人格来看，他就叫做**内阁**、政府。他对人民和官员及其负责**国家管理**（gubernatio）的侍臣（部长）的**命令**就是规定、**谕令**（不是法律）；因为它们所关涉的是在一种特殊情况下的裁决，而且是作为可变更的而颁布的。一个**政府**如果同时是立法的，它就可以被称做**专制的**，与**慈父般的**
政府相反，但慈父般的政府不是被理解为一种**父权制的**政府（regimen 6〔317〕
paternale），这是所有政府中最专制的政府（把公民当做孩子一样对待），而是被理解为**祖国的**政府（regimen civitatis et patriae［国家和祖国的统治］），在这里，国家本身（civitas）虽然把它的臣民仿佛当做一个家庭的成员来对待，但毕竟同时当做公民来对待，也就是说，根据他们自己的独立性的法则，每个人都自己占有自己，不依附任何在他之外或在他之上的他人的绝对意志。

所以，人民的统治者（立法者）不可能同时是**摄政者**，因为后者服从法律，并因此通过法律而对一个**他者**亦即主权者负有义务。前者也可以剥夺后者的权力，罢免他，或者改造他的管理，但不能**惩罚**它（英国的流行说法所指的就只是这一点：国王亦即最高执法权不能行不义）；因为那样的话，这会又是执法权的行为了，按照法律，执法权应当有最高的**强制**能力，但自身却屈服于一种强制，这是自相矛盾的。

最后，无论国家统治者还是执政者都不能进行审判，而是只能任命法官为官员。人民通过其同国人的那些经由自由选举、作为人民的代表、确切地说为每一种行为而特别任命的人来自己审判自己。因为宣判(判决)是公共正义(iustitiae distributivae [分配正义])通过一个国家管理者(法官或者法庭)针对臣民,亦即一个属于人民的臣民的一个个别行为,因此,并没有被赋予一种判给(分配给)他"他的"的权力。现在,既然人民中的每一个人按照这种关系(与当局的关系)都仅仅是消极的,所以,前两种权力中的任何一种在对每一个人的"他的"有争议时对臣民所作出的决定上都有可能对其行不义,因为并不是人民自己这样做的,而且无论是**有罪**还是**无罪**,也不是人民对其同国人宣判的;现在,法庭必须把法律运用到对诉讼案件中对事实的那种查明上,并且凭借执法权而拥有司法权,使每个人都能享有"他的"。所以,只有**人民**才能通过自己所委派的代表(陪审团)在法庭上对每个人作出审判,尽管只是间接
6 〔318〕 地。——充当法官,亦即使自己有可能行不义并这样陷入被起诉的案件中,也会有失国家元首的尊严(a rege male informato ad regem melius informandum [使缺乏训练的君王成为训练有素的君王])。

所以,这就是三种不同的权力(potestas legislatoria, executorial, iudiciaria [立法权、执法权、司法权]),国家(civitas)通过这些权力而拥有自决,亦即按照自由法则自己塑造自己和维护自己。——国家的**福祉**就在于它们的联合(salus reipublicae suprema lex est [国家的福祉是最高的法律]);人们必须不把这理解为国家公民的**安康**及其**幸福**,因为这种联合(例如卢梭也这么主张)在自然状态中或者甚至在一种专制政府之下也许能够有更适意、更如愿的结果;而是把它理解为宪政与法权原则最大一致的状态,理性**通过一个定言命令式**使我们有责任朝着这个状态努力。

从公民联合体的本性出发关于法权作用的总附释

一

最高权力的起源,对于处在它之下的人民来说,在实践意图上是**无法探究的**,也就是说,臣民**不应当**为这种起源而劳神**玄想**,把它当做一种就对它应有的服从而言还值得怀疑的法权(ius controversum [有争议

的法权]）。因为既然为了有法权效力地对最高国家权力（summus imperium）作判断，人民就必须被视为已经在一个普遍立法的意志之下联合起来，所以，人民就只能也只可以按照当下的国家元首（summus imperans）所希望的那样作判断。——无论在起源上是一个臣服于他的现实契约（pactum subiectionis civilis [公民服从的契约]）作为一个事实已经先行，还是权力先行而法律只是随后出现，或者也应当在这种秩序中跟进，这对现在已然处在公民法律之下的人民而言，是完全没有目的的、却使国家濒临危险的玄想；因为现在对后一种起源绞尽脑汁的臣民，如果要反抗目前占统治地位的权威，那么，他就会按照权威的法则，亦即有充分的理由被惩罚、被消灭，或者（作为被剥夺公民权的，exlex [法权之 6〔319〕
外的]）被逐出。——一项法律，它是如此神圣的（不可侵犯的），以至于**在实践上**哪怕只是对它产生怀疑，因而有一刻中止了它的效果，就已经是一种犯罪了，这种法律就被这样来表现，就好像它不是来自人，但却必须是来自某个最高的、无可指摘的立法者似的，而这就是"一切权力来自上帝"这个命题的涵义，这个命题表达的不是公民宪政的一个**历史根据**，而是一个作为实践理性原则的理念：应当服从目前现存的立法权，而不管其来源究竟是什么。

于是由此得出如下命题：国家中的统治者对臣民只有法权而没有（强制的）义务。——另外，即便统治者的机构亦即**摄政者**违背法律行事，例如，违背在分配国家负担上的平等法则来征税、征兵等等，臣民虽然可以对这种不公正提出申诉（gravamina），但却不能反抗。

甚至在宪法中也不能包含任何使得国家中的一种权力有可能在最高执政者违宪的情况下反对他，因而限制他的条款。因为应当限制国家权力的人，毕竟必须具有比被限制者更多的、或者至少是相同的权力，而且作为一个命令臣民反抗的合法统率者，他必须也能够**保护**他们，并且在出现任何情况时都作出有法权效力的判断，因而可以公开指挥反抗。但这样一来，最高执政者就不是前者，而是后者了；这是自相矛盾的。在这种情况下，统治者就是通过其大臣同时作为摄政者行事，因而专制地行事，而且，使人民通过其委托人来扮演限制性权力的假象（因为人民真正说来只拥有立法权）并不能如此掩盖专制，使得专制不从大臣所使用的手段中显露出来。由自己（在国会中）的委托人来代表的人民，在其自由和法权的这些保障人身上拥有了一些人，他们强烈地关切自己及其家庭，以及在陆军、海军和国家官员中对他们的依赖于大臣的照管，
6〔320〕 而且他们（不是对抗政府的僭妄，对抗的公开宣布本来就需要在人民中已经为此准备好了的一致，但这种一致在和平时期是不能允许的）毋宁说时刻准备着把自己巧妙地交到政府手中。——因此，所谓温和的国家宪政，作为国家的内在法权体制，是不合情理的，而且不是属于法权的，只是一个权宜之计，为的不是尽可能多地使人民法权的那些强大的践踏者为所欲为地影响政府，而是为了在允许人民有一种反对的假象下掩饰这种影响。

因此，对于立法的国家首脑来说，人民没有合法的反抗[①]；因为只有通过服从国家首脑的普遍立法意志，一种法权状态才是可能的；所以，没有暴动（seditio）的法权，更没有叛乱（rebellio）的法权，尤其是对于作为单个人格（君主）的国家首脑，不能借口他滥用权力（tyrannis）而侵犯其人格，甚至侵犯其生命（monarchomachismus sub specie tyrannicidii［借口杀死暴君的君主制］）。这方面的极轻微的尝试即是**谋反罪**（proditio eminens［显著的叛逆］）。而且这种方式的叛逆者，作为一个企图**颠覆**自己**祖国**的人（parricida［叛国者］），起码可以被处以死刑。——人民有义务容忍对最高权力的滥用，即便这种滥用被伪称是无法容忍的也要容忍它，其根据在于：人民对最高立法本身的反抗，永远必须被设想为违法的，甚至被设想为摧毁整个合法的宪政的。因为为了有权反抗，就必须现成有一部公共的法律来允许人民反抗，也就是说，最高立法本身已经包含着一个规定，即它不是最高的立法，而且使作为臣民的人民在同一个判断中成为臣民之上的、人民臣服的统治者；这是自相矛盾的，而且这种矛盾通过下面的问题马上就引起人们的注意：在人民和统治者之间的这种冲突中，究竟谁应当是法官（因为从法权上看，他们毕竟始终是两个不同的道德人格）；这表明的是，人民要在其自己的事情上是法官。[②]

---

① 这里康德的批判也是特别针对阿亨瓦尔（第 203～206 节）的，他在论文《论俗语：这在理论上可能是正确的，但不适用于实践》中也引用了他。——科学院版编者注

② 由于**废黜**一个君主毕竟也可以被设想为自愿被免去王冠并借助于把权力归还给人民而放弃权力，或者也可以被设想为一种对最高人格没有任何侵犯，由此将其置于一种私人状态的退位，

因此，（不完善的）国家宪政的变革有时也许是必要的，但这种变革 6〔321〕
只能由统治者自身通过**改革**来完成，但不能由人民，从而通过**革命**来完
成，而且即便革命发生，那种变革所涉及的也只能是**执法权**，而不是立 6〔322〕
法权。——在一种其性状为人民通过自己（在国会中的）的代表可以合
法地对抗执法权及其代表（大臣）的宪政——这种宪政在此情况下叫做

所以，逼迫这最高人格的人民，其罪行毕竟还至少有**紧急法权**（casus necessitatis）为自己的借口，但是绝没有任何法权因为他亦即首脑从前的执政而惩罚他；因为他从前以一个首脑的身份所做的一切，必须被视为外在地合乎法权的，而且由于他是法律的来源，他自己不可能行不义。在通过叛乱而颠覆国家的所有惨闻中，甚至**谋杀**君主也还不是最糟糕的事情，因为人们还可以想象，谋杀之所以发生，是因为人民**害怕**：如果君主继续活着，他可能东山再起，而且使人民感到自己应受惩罚，因此谋杀不可能是对惩罚正义的使用，而仅仅是对自我保存的使用。正式的**处死**使满怀人权观念的灵魂感到毛骨悚然。每当人们想起这种惊人的事件，例如查理一世和路易十六的命运，人们就反复地感到这种毛骨悚然。但是，人们如何为自己解释这种感觉呢？在此，这感觉不是审美的（一种同情、置身于受难者地位的想象力的作用），而是道德的，是所有法权概念被完全颠倒的感觉。它被看做一种永恒存在且绝不可能被根除的罪行（crimen immortale，inexpiabile），看起来与神学家们称为无论在今生还是在来世都不能得到宽恕的罪的那种罪行相似。对人们心灵中这种现象的解释看起来是出自关于自身的以下那些使人们明了国家法权原理的反思。

对法律的任何一种违背都只能且必须这样来解释，即违背来源于罪犯的一个准则（使这样一种罪行成为自己的规则）；因为如果人们从感性动机中引申出这种违背，那么，它就会不是作为一个**自由**存在者的罪犯所犯下的，而且不能被归责于他；但是，主体如何可能采取这样一条有悖立法理性的明确禁令的准则，这却是绝对不能得到解释的；因为只有遵循自然机械作用的事件才能得到解释。于是，罪犯犯下他的罪行，可能要么是根据一个被接受的客观规则（作为普遍有效的）的准则，要么仅仅是作为规则的一个例外（使自己有时不受规则限制）；在**后一种**场合，他**只是**（尽管是蓄意地）**背离**了法律；他可能同时为他自己的违背感到厌恶，而且不是真的不再服从法律，而是只想要回避它；但在**前一种**场合，他却拒绝了法律本身的权威，而他面对自己的理性毕竟不能否认法律的有效性，而且他是把有悖法律而行动当成自己的规则；所以他的准则不是仅仅**以欠缺的方式**（negative［消极地］），而甚至是**以损害的方式**（contrarie［相反地］），或者如人们所说**针锋相对地**、作为矛盾（仿佛是有敌意似的）与法律相对。就我们所能看出，犯下这样一种真正的（完全无益的）恶意的罪行，对人来说是不可能的，但毕竟（尽管是至恶的纯然理念）在一个道德体系中是不可忽视的。所以，在想到一个君王**被他的人民**正式处死时那种毛骨悚然的根据是：**谋杀**只是被看做人民使之成为自己准则的那个规则的**例外**，而**处死**却必须被看做统治者和人民之间关系的那些原则的一种完全**颠倒**（使必须把自己的存在仅仅归功于统治者的立法的人民成为主宰统治者的人），而且暴力行径被这样厚颜无耻地抬高了，并且根据原理抬高到最神圣的法权之上；这就像一个不容回头地吞噬一切的深渊，作为一个由国家对人民实施的自我谋杀，看起来就是一种不能赎买的罪行。所以，人们可以认为原因在于：对这样的处死的赞同实际上不是出自一个想当然的法权原则，而是出自对也许有一天东山再起的国家对人民进行报复的恐惧，而且采取那种正式的处死，也只是为了赋予那种行为以惩处的色彩，因而赋予一种**司法程序**的色彩（这样的程序就不会是谋杀了），但这样的掩饰是不成功的，因为人民的这种僭越还是甚至比谋杀更可恶，在此这种僭越包含着一个原理，这个原理甚至必然会使得重建一个被颠覆的国家成为不可能的。

有限的宪政——中，仍然不允许人民有任何积极的对抗（任意纠集人民，强迫政府采取某种行动措施，因而甚至是采取执法权的一种行为），而是只允许一种消极的反抗，亦即（在议会中的）**拒绝**：并非总是在执法权借口为国家管理所必需的那些要求上顺从它；毋宁说，如果总是顺从它，那么，这就会是一个确切的信号，即人民已经堕落，其代表可被收买，而政府中的首脑通过其大臣成为专制的，而大臣本人就是人民的背叛者。

此外，一旦革命成功并且建立一种新的宪政，那么，开始并实施这
6〔323〕种宪政的不合法性就不能使臣民免除作为好公民顺应事物新秩序的责任。而且臣民们不能拒绝真诚地服从现在掌权的当局。被废黜的君主（经历了那种颠覆而存活下来的君主）不能因为他从前的执政而受苛求，但更不能被惩罚，如果他重新回归到一个国家公民的状态，宁愿自己和国家和平，而不愿意冒着舍弃公民身份的风险，去作为一个谋求王位者而经受复辟的探险历程的话，无论这是借助秘密策划的反革命，还是依靠其他强权的支持。但是，如果他喜欢后一种情况的话，那么，他这么做的法权并没有被剥夺，因为逼他退位的叛乱是非法的。可是，其他强权是否拥有法权为了这个失败的首脑而结合为一个国家联盟，仅仅为了使人民犯下的罪行不至于不受制裁，甚至把这罪行当做所有国家的耻辱，因而是否有权、有资格借助暴力使一种在任何别的国家**通过革命**完成的宪政退回到其旧的宪政，这属于国际法权。

二

统治者可以被看做（土地的）最高所有者吗？或者，他必须仅仅被看做就人民而言通过法律的最高管辖者吗？由于土地是最高的条件，只有在这条件下才可能把外在的事物当做“他的”来拥有，对它的可能的占有和使用构成首要的可获得的法权，所以，从作为邦君，更准确地说作为最高所有者（dominus territorii）的统治者那里，将必定派生出所有这样的法权。人民作为臣民的集合，也隶属于统治者（人民是他的人民），但他不是所有者（按照物的法权），而是最高的管辖者（根据人的法权）。——但是，这种最高的所有，仅仅是一个公民联合体的理念，为的是表现人民中一切人的私有财产在一个公共普遍的占有者之下必然联合成为对特殊财产的规定，这种联合所根据的不是**聚集**的原理（这种聚

集以经验性的方式从部分进展到整体），而是按照法权概念进行**划分**（土 6〔324〕
地的分配）的必然形式原则。按照法权概念，最高所有者不能对某一块土地拥有私有权（因为若不然，他就使自己成了私人），这种私有权只属于人民（而且不是在集体的意义上，而是在分配的意义上说的）；不过，一个被统治的游牧民族可以是例外，在他们中间就根本不存在土地的私有。——所以，最高的管辖者不能拥有供私人使用（宫廷的供养）的**领地**，即地产。因为既然在这种情况下，他的地产应当扩大到什么程度，就全凭他自己的喜好，所以，国家就会面临这样的危险，即发现一切土地所有权都落入政府手中，并把一切臣民看做**臣服于土地的**（glebae adscripti［依附于土地的］），他们所占有的往往只是另一个人的财产，所以被剥夺了一切自由（servi［奴隶］）。——关于一个邦君人们可以说：**他不占有任何东西**（作为自己的东西），除了他自己；因为如果他与一个他人一起在国家中拥有某种东西作为自己的，那么，与这个他人就可能发生一种任何法官都无法分解的冲突。但人们也可以说：**他占有一切东西**，因为他有对人民发号施令的法权（让每个人分得“他的”），一切外在的事物（分别地）都属于人民。

由此得出：国家中也不能有任何团体、任何等级和教团，能够作为所有者而把土地为了独家使用（无止境地）传给以后的世代。在任何时候，国家都能够取缔它们，只不过条件是对存活者给予补偿。**骑士团**（作为团体，或者哪怕仅仅是个别的，尤其是有荣誉的人的阶层）、被称为教会的那种**教界**的教团，绝不能通过他们由以受惠的这些特权而获得对土地的一种可以传给后世的所有权，而只能获得对土地的暂时使用权。如果公共舆论出于资金上的考虑，不再通过军功来保护国家以防止在捍卫国家方面的冷漠，或者不再通过弥撒、祈祷和大量指定的牧师来敦促国家里的人们以使他们免受永火之苦，那么，一方面是骑士团辖区，另一方面是教会财产，都可以毫不犹豫地（当然是在前述的条件下）予以
取缔。在此卷入改革的人们不能抱怨说他们的财产被剥夺了，因为他们 6〔325〕
迄今为止占有的根据仅仅在于**人民的舆论**，而且只要这种舆论继续存在，他们的占有就必定有效。但是，一旦这种舆论消失，更确切地说，哪怕只是在由于其功勋而最有资格领导人民的人们的判断中消失了，那种想当然的所有权就必然会终止，就好像这是通过人民向国家提出的一个申

诉而发生的似的（a rege male informato ad regem melius informandum［使缺乏训练的君王成为训练有素的君王］）。

最高的管辖者，作为最高的所有者（邦君），其对土地的私人所有制**课税**的法权，亦即要求缴纳土地税、货物税、关税或者劳役（这样的劳役就是服兵役的士兵的地位）的法权，就是建立在这种原初获得的基本所有权之上的；然而这样一来，就是人民自己给自己课税，因为这是在此按照法权法则行事的惟一方式，如果它是通过人民的代表团体来作出的话，哪怕是作为在国家陷入其分崩离析的危险时被迫根据至高法权来（与迄今所形成的法律相背离地）借贷，也是允许的。

建立在这上面的还有国有经济、财政金融和警察的法权，后者所关照的是公共的**安全**、**舒适**和**体面**（因为体面的情感［sensus decori］作为否定性的趣味，并没有由于乞讨、马路噪音、恶臭、公开的淫欲［venus volgivaga］伤害了道德感而变得麻木不仁，这就减轻了政府在通过法律引导人民方面的工作）。

为了维持国家，还需要第三种法权，亦即**监督**的法权（ius inspectionis），也就是说，任何能够对社会的公共福利（publicum）产生影响的社团，都不能（由国家的顿悟派或者宗教的顿悟派）向国家隐瞒，而是只要为警察所要求，就不能拒绝公开其章程。但是，搜查每个人的私人住宅的法权，仅仅是警察的一种紧急举措，为此警察必须在每一种特殊情况下通过一个更高的权威机关来授权。

三

最高的管辖者**间接地**，亦即作为人民义务的承担者，应拥有为维持
6〔326〕 它（人民）自己而向它征收捐税的权利，在这里就是：**贫民院**、**育婴堂**和**教堂**，通常被称为温馨基金或者慈善基金。

也就是说，普遍的人民意志联合成为一个应当不断维持下去的社会，并且为了这一目的而服从内部的国家权力，以便维持社会的那些不能自己维持自己的成员，因此，为了国家的缘故，政府有权强迫富人提供维持那些在最必要的自然需求上不能自己维持自己的人的资金；因为他们的生存同时既是置于保护之下的行为，也是共同体为了他们的存在而必需的预先绸缪，为此，国家如今把自己的法权建立于其上的富人们就使

自己有责任为保存他们的同国公民而作出他们自己的贡献。现在，这可以通过向国家公民的私有财产或者其贸易往来征税，或者通过建立基金会及其利息来实现；不是为了国家需要（因为国家是富裕的），而是为了人民的需要，但不只是通过**自愿的**奉献（因为这里说的仅仅是国家对人民的法权），其中有一些奉献是追求赢利的（例如博彩会造成比通常更多的穷人，并且是对公共财富来说危险的穷人，因而是不应当允许的），而是强制性的，是国家捐税。现在的问题是：对穷人的供养是应当通过**当前的**奉献，让每一个时代养活它自己的穷人，还是应当通过逐渐积攒起来的**储备**和一般而言的慈善基金（这类基金就是寡妇救济院、养老院以及诸如此类的设施）来完成，更确切地说，不是通过近乎抢劫的乞讨，而是通过依照法律的定额来完成那件事呢？——前一种规定必须被看成是惟一合乎国家法权的规定，国家不能抛弃任何一个要活下去的人；因为即便这些基金随着穷人的增加而增加，也不会（像应由慈善基金做到的那样）使贫穷成为懒汉谋生的手段，因而也不会是政府加给人民的不公平负担。

说到那些出自贫困或者羞耻而被遗弃，或者很可能因此而被杀害的儿童的抚养，国家有权给人民强加一种义务，不要故意地让国力的这种增长，尽管是不受欢迎的增长丧失。但是，这一点是可以通过向那些毕竟对此负有责任的单身男女（这指的是**富有的**单身）征税，凭借为此建 6〔327〕
立的孤儿院来进行，还是可以有理由以其他方式进行（但很难会有防止那种事情的其他手段），迄今为止还是一项其解决尚未能既不违背法律又不违反道德而完成的任务。

既然就连必须与作为内在意向完全处在公民权力的作用范围之外的宗教仔细区别开来的**教会**（作为人民公共**侍奉上帝**的机构，侍奉上帝的发祥地也是人民，无论是意见还是信念）也成为一种真正的国家需要，即把自己看做一种至高无上的**不可见**权力的臣民，臣民们必须崇奉这种权力，而且它可能经常与公民权力陷入一种力量非常悬殊的冲突，所以，国家就有法权，绝对不是内部的制宪立法法权，即根据自己的意思，如他觉得有利的那样建立教会，给人民规定或者命令信仰和礼拜仪式（ritus，因为这种法权必须完全留给人民自己给自己选择的教师和首领），而只是**消极的**法权，即防止那些公共教师对**可见的**政治共同体产生可能对公共的安宁有害的影响，从而在有内部冲突或者不同的教会彼此之间有冲突时使公民的和睦不陷入危险之中，因此这是一种警察法权。至于一个教会必须有某种信仰以及有什么样的信仰，或者它必须一如既往地保持其信仰，并且不可以自己对自己进行改革，这些都是当局的权力有失身份的干预；因为当局的权力在这种作为学院口角的事情上让自己与自己的臣民平起平坐了（君主使自己成了教士），而臣民则完全可能对它说，它在这方面一窍不通，尤其是就后者，即禁止内部的改革而言；——因为全体人民对自己不能作出决定的事情，立法者也不能对人民作出决定。但现在，没有哪个国家的人民能够作出决定，在自己有关信仰的洞识（启蒙）上永远不再前进，因而也在教会方面永不改革；因为这会有悖于人民自己人格中的人性，从而有悖于人民的最高法权。所以，即便是当局的权力，也不能对人民作出决定。——但是，说到维持
6〔328〕教会的费用，出于同样的理由，这些费用也不能由国家来负担，而是必须由人民的那个皈依一种或者另一种信仰的部分，亦即只能由信众来承担。

四

国家中最高的管辖者的法权也涉及：1. **职位**的分配，这些职位是与薪水相结合的业务管理；2. **尊荣**的分配，这些尊荣作为无须金钱而对地位的提高，也就是说，作为就地位低的人（他们虽然是自由的，并且只受公共法律的约束，但预先注定应当服从地位高的人）而言给地位高的（注定下命令的）人授予等级，仅仅以荣誉为基础。——3. 除了这种（尊重的和善意的）法权外，还涉及**惩罚的法权**。

就公民职位而言，这里出现的问题是：统治者有权凭着自己的喜好又褫夺他已经授予一个人的职位（即便此人这方面没有任何罪过）吗？我的回答是：不！因为人民的联合意志对其公民官员永不作出决定的事情，国家首脑也不能对这个意志作出决定。现在，人民（人民应当承担雇用一个官员对它产生的费用）毫无疑问希望这位官员完全胜任他那委托给他的工作；但是，这只能通过对这项工作历经足够时间的不断准备和学习才能实现，为此他耽误了本来他可以用来学习另外一种谋生工作的时间；因此，职位一般会被交给没有获得为此所必需的技能和通过训

练达到的成熟判断力的人，这是有悖于国家的意图的，为了这个意图甚至要求每个人都必须能够从较低的职位升迁到较高的职位（否则较高的职位就会全然落入不合适的人手中），因而也必须能够指望生计的供养。

说到**尊荣**，不仅一个职位本身可能带有的尊荣，而且还有使占有者甚至无须特殊的服务就成为一个较高阶层的成员的尊荣，就是**贵族**，贵族与人民所处的公民阶层有别，遗传给男性后裔，也可以通过这些男性后代遗传给非贵族出身的女性后代，只不过贵族出身的女性不能反过来 6〔329〕
把这种等级传递给她们的丈夫，而是使自己回到纯然公民的（人民的）阶层。——现在的问题是：统治者是否有权在他和其他国家公民之间建立一个贵族阶层，作为一个**可继承的**中间阶层？在这个问题上关键并不在于：把一个虽然自身是臣民，但就人民而言却天生是管辖者的人（起码是有特权的人）的阶层提高到人民之上，鉴于统治者和人民的利益，这是否符合统治者的智慧？而仅仅在于：这是否符合人民的法权？——对这个问题的回答，在这里与前面一样，乃是出自如下原则："人民（臣民的整个集合）不能对自己及其同伴作出决定的事情，统治者也不能对人民作出决定"。现在，一种**世袭的**贵族就是一个先行于功德，甚至使人毫无理由对功德抱有希望的等级，因此是一个没有任何现实性的思想物。因为即便一个祖先有功德，他也毕竟不能把这种功德遗传给他的后代，相反后代永远必须自己为自己挣得功德，因为大自然并没有如此刻意安排，以至于使得有可能为国家建功立业的才能和意志也可以**遗传**。由于不能假定任何人将抛弃自己的自由，所以普遍的人民意志不可能赞同这样一种毫无根据的特权，因而统治者也不能使之生效。——然而，虽然这样一种不正常现象曾经在一个古代政府（几乎完全具有战争性质的采邑制）的机制中蔓延，一些臣民想不仅仅是国家公民，亦即想是天生的官员（例如一个世袭教授），但国家却只能通过停止和不分配位置来逐渐地重新修正他自己犯下的违法授予世袭优先权这一错误，这样国家就暂时有权在名义上延续这种尊荣，直到甚至在公共舆论中，统治者、贵族和人民的划分让位于统治者和人民的惟一自然的划分为止。

在国家中不可能有一个人没有任何尊荣，因为他起码有国家公民的尊荣；除非他由于自己的**犯罪**丧失了它，因为在这种情况下，他虽然维持着生命，但却成了一个他者（或者是国家、或者是另外一个国家公民） 6〔330〕

的任性的纯然工具。谁是这后一种情况（但他只有通过判决和法权才能是这种情况），就是一个**农奴**（servus in sensu stricto［严格意义上的奴隶］），成为一个他者的财产（dominium），因而这个他者不仅是他的主人（herus），而且是他的**所有者**（dominus），可以把他当做物件来转让和随意（只要不是为了卑鄙下流的目的）使用，并且支配他的劳动力，尽管不能随意支配（处置）他的生命和肢体。没有人能够通过一个契约使自己受制于这样一种依附关系，这样一来他就不再是人格了；因为只有作为人格他才可以订立契约。于是，虽然看起来一个人能够通过一个承租契约（locatio conductio）使自己对一个他者负有某些在质上被许可，但在程度上**未被规定的**（对于工资、膳食或者劳保来说）服务的义务，而且他由此只是成为仆从（subjectus），而不是成为奴隶（servus）；然而，这毕竟只是一个错误的假象。因为如果他的主人有权随意使用其仆从的力量的话，那么，他也可以把这仆从的力气榨干（就像甘蔗种植岛上黑人的情况那样），直到其死亡或者绝望，而且仆从确实已经把自己当做财产交给他的主人了；而这是不可能的。——所以，他只能在质上和程度上按照确定的劳动出让自己：要么作为按天计酬的临时工，要么作为定居的仆从；在后一种情况下，他部分地为了不拿按天计酬的工资而使用其主人的土地，而在同一块土地上提供劳役，部分地为了自己对该土地的使用而按照一个租赁合同缴纳一定赋税（租金），而不使自己沦为**庄园的仆从**（glebae adscriptus），那样的话他就会失去自己的人格性，从而他就能建立一种定期佃权或者世袭佃权。但现在，他尽可以由于自己的犯罪而成为一个**人格上的**仆从，但这种仆从性毕竟是不能**遗传**给他的，因为他只是通过他自己的过错而招致这种仆从性的，而对一个奴隶所生育的人，同样不能因为他造成的教育费用而向他提出要求，因为教育是父母的一项绝对的自然义务，而如果父母是农奴，那么，教育就是主人绝对的自然义务了，主人由于占有他的仆从，也就承担着他们的义务。

6〔331〕 **五、惩罚的法权和赦免的法权**

1

惩罚的法权是管辖者对付卑下者的法权，让后者因自己的罪行而遭受一种痛苦。因此，国家中的至高者不能受惩罚，而是只能摆脱他的统治。——对公共法律的违背使得作出这种违背的人不能再是国家公民，这种违背就叫做不折不扣的犯罪（crimen），但也叫公共犯罪（crimen publicum）；因此，前者（私人犯罪）被交给民事法庭，后者则被交给刑事法庭。——**侵吞**，亦即贪污被托付用来交易的金钱或者货物，买卖中在他人的眼皮底下诈骗，这就是私人犯罪。与此相反，制造假币或者伪造汇票、偷盗或者抢劫等等诸如此类的事情就是公共犯罪，因为是共同体，而不仅是个别的人由此受到了伤害。——它们可以被划分为卑鄙性情的犯罪（indolis abiectae）和暴力性情的犯罪（indolis violentae）。

司法的惩罚（poena forensis）有别于**自然的惩罚**，恶习就是通过自然惩罚自己的，立法者根本不予考虑，司法的惩罚永远不能仅仅作为促进另一种善的手段而为了罪犯本人或者为了公民社会来实行的，而是在任何时候都必须仅仅是因为罪犯**犯了罪**而施加于他的；因为人绝不能仅仅作为手段被用于一个他者的意图，被混同于物的法权的对象，他与生俱来的人格性保护他免受这种待遇，尽管他完全可能被判决失去公民人格。在人们还想到从这种惩罚中为他本人或者他的同国公民得出一些好处之前，他必须被认定是应受惩罚的。刑法是一条定言命令，凡是爬行通过幸福学说的羊肠小道，为的是寻找通过其所许诺的好处使自己免于惩罚，或者哪怕是免除一种程度的惩罚的人，按照法利赛人的格言，即
"一个人的死胜过全体人民的堕落"，他就要倒霉了！因为如果正义消失 6〔332〕
了，人活在尘世上就不再有任何价值了。——因此，对于如下的建议，即如果一个死刑犯同意在他自己身上进行一项危险的试验，而且试验如此幸运地成功了，以至于医生由此获得了一种新的、对共同体有益的教训，那就保存他的生命，人们应该怎样看待呢？一个法庭会轻蔑地拒绝提出这种建议的医学院；因为如果正义为某种价格出卖自己，那正义就不再是正义了。

但是，是哪种方式的惩罚和什么程度的惩罚使得正义成为原则和准绳呢？不是别的，就是平等的原则，即（在正义的天平上指针的状态中）不偏不倚。所以：你使人民中的一个他者遭受什么无辜的灾祸，你就把它加给了你自己。你辱骂他，就是在辱骂你自己；你偷窃他的东西，就是在偷你自己；你打他，就是在打你自己；你杀死他，就是在杀你自己。

只有**报复法权**（ius talionis［罚罚相等的法权］），但听好了，是在法庭面前（而不是在你的私人判断中）的报复法权，才能明确地规定惩罚的质和量；其他一切法权都是摇摆不定的，而且由于其他种种干预性的考虑，不能与纯粹的和严格的正义之判决相符合。——于是，虽然看起来阶层的区别不允许以怨报怨的原则；但是，尽管这不是按照条文可能的，但它毕竟在结果上，或者更准确地说，在更高贵者的感觉方式上可能总是有效的。——例如，由于口头侮辱而罚款与侮辱完全没有关系，因为有钱人也许可能为了取乐而出口侮辱人；但是，对一个人的求名欲的侮辱毕竟能够与对另一个人的高傲的伤害匹敌：如果通过判决和法权强迫后者不仅公开地道歉，而且尽管前者的地位更低，或许同时还要吻前者的手的话。同样，如果一个粗暴的高贵者由于打了地位低但却无辜的国家公民而被判罚除了道歉之外，还有孤独且辛苦的禁闭的话，因为这样一
6〔333〕来，除了不舒适之外，肇事者的虚荣心也遭受了痛苦的打击，而这样他就通过这种羞耻被以怨报怨了。——但是，“你偷窃他的东西，就是在偷你自己”，这是什么意思呢？无论谁偷了东西，就使得所有其他人的财产都不安全；因此，（根据报复的法权）他就剥夺了自己所有可能的财产的安全；他一无所有，而且他也不可能获得任何东西，但他毕竟想活着；而这惟有别人养活他才是可能的。但是，由于国家是不会白白这样做的，所以他必须把自己的力量出让给国家，从事对国家来说任意的工作（劳改或者监禁劳动），而且在一定时间里或者根据情况甚至永远都沦落到奴隶的境地。——但是，如果他杀了人，他就必须**死**。这里没有任何抵偿物来满足正义。在一种哪怕如此忧愁的生命和死亡之间没有任何**相似性**，因此也不存在犯罪和报复的相等，只有依法院判决对凶手执行死刑，但不能有任何虐待，虐待会使承受的人格中的人性变得令人憎恶。——即便是公民社会以所有成员的赞同要解体（例如，住在一个岛屿上的人民决定分手并分散到世界各地），也必须先把监狱里的最后一名杀人犯处决掉，以便每个人都亲历他的行为所应得的，并且不使血债铭记在人民心头，人民并不坚决要求这种惩罚：因为人民可以被看做对正义的这种公开侵犯的同谋。

惟有通过法官按照严格的报复法宣判死刑才有可能的惩罚相等，清楚地表现在：只有通过这种方式，对一切罪犯的死刑判决才与罪犯的**内**

在恶意成比例地表达出来（即便这涉及的不是一种谋杀，而是另外一种只有用死刑才能清偿的叛国罪）。——假定：就像在最近一次苏格兰的反叛[①]中，鉴于这次反叛的不同参与者（如**巴尔默里诺**和其他人）相信通过其暴动所做的无非是履行对斯图亚特王室应尽的义务，与此相反其他人则怀着私人的意图，所以由最高法庭作出判决就会是这样：每一个人都应当具有在死亡和劳改之间作出选择的自由；这样我就说：正直的人选择死亡，而无赖选择劳役；这是人类心灵的本性使然。因为前者知道他 6〔334〕
甚至比生命还要更重视的某种东西：亦即**名誉**；后者却毕竟总是把一种被耻辱玷污的生命看得比根本不存在更好（animam praeferre pudori［舍荣誉而求生[②]］。——尤维纳利斯）。于是，前者之该受惩罚，毋庸置疑要少于后者，而这样的话，他们由于判处所有人死刑而受到的惩罚就是完全相称的，前者会觉得是轻判，后者会觉得是重判；与此相反，如果统统被判处劳改，那么，前者就会被判罚太重，而后者就其卑鄙无耻而言则会被判罚太轻；这样，即便是在对由密谋纠集起来的一群罪犯的判决中，公共正义面前的最佳清算者也是死刑。——此外，从来没听说一个因谋杀而被判处死刑的人会抱怨，这对他来说太过分，因而不公正；如果他这样说的话，每个人都会嘲笑他的。——否则，人们就必须假定，虽然罪犯按照法律并没有受到不公正的对待，但国家中的立法权却毕竟没有资格判处这种惩罚，而它如果这么做了，就会陷入自相矛盾。

所以，有多少谋杀者实施了谋杀，或者哪怕是指令谋杀，或者是参与谋杀，就必须也有多少谋杀者承受死刑；这是作为遵循普遍的、先天建立的法则的司法权之理念的正义所希望的。——但是，如果参与这样一个行为的共犯（correi）如此之多，以至于国家可能为了不要这样一些罪犯就会导致再也没有任何臣民，而且国家毕竟不想解体，也就是说，它不想过渡到更恶劣的、缺乏任何外在正义的自然状态（尤其是不想通

① 詹姆斯二世之孙查尔斯·爱德华·斯图亚特复辟苏格兰王位的失败尝试。巴尔默里诺勋爵在不得不为其参与反叛而付出生命代价的人们中间因英勇顽强而出类拔萃，大概就是因此而在这里被特别强调。参见舒伯特在《法权论》的导言中的论述，《著作集》，第Ⅸ卷，ⅩⅢ页。——科学院版编者注

② 《讽刺诗集》，Ⅲ，8，83；这是一句康德喜欢引用的话（《实践理性批判》，《康德全集》，第Ⅴ卷，158～159 页；《纯然理性界限内的宗教》，《康德全集》，第Ⅵ卷，49 页[27]［参见《康德著作全集》，第 5 卷，166 页；第 6 卷，345 页。——译者注］）。——科学院版编者注

过刑场的喧闹使人民的情感麻木不仁），那么，统治者也必须有权在万不得已的情况下（casus necessitatis）自己充当（扮演）法官并且作出判决，给罪犯以另外的惩罚来代替死刑，使人民群众得以保全，这样的惩罚就是流放；但是，这本身不是遵循一种公共的法律，而是通过一个政令，即通过一个至高法权的行动，这种行动作为赦免只能永远在个别情况下采用。

与此相反，**贝加里亚**伯爵①从一种矫揉造作的人道的同情性多愁善感
6〔335〕（compassibilitas）出发，提出他的一切死刑均**不合法**的主张：因为在源始的公民契约中不可能包含有死刑。而如果那样的话，人民中的每个人就都必须同意，一旦他真的杀了（人民中的）一个他人，他就要偿命；但是，这种同意是不可能的，因为没有人能够支配自己的生命。全然是诡辩和对法权的歪曲。

有人遭受惩罚不是因为他想要惩罚，而是因为他想要一种**应受惩罚的行动**；因为如果有人得到了他想要的，那就不是惩罚，而**想要**被惩罚是不可能的。——说我想要在我谋杀了某人时被惩罚，这就等于是说：我与其他所有人一起服从法律，这些法律在人民中有罪犯的时候自然就将成为刑法。我作为制定**刑法**的共同立法者，不可能是作为臣民按照法律受惩罚的同一个人格；因为作为这样一个臣民，亦即作为罪犯，我不可能在立法中有选举权（立法者是神圣的）。所以，如果我起草了一部针对作为罪犯的我自己的刑法，那么，在我心中就是纯粹的、法权的和立法的理性（homo noumenon［作为本体的人］）使我自己作为一个有犯罪能力的人，从而作为另一个人格（homo phaenomenon［作为现象的人］）与一个公民联合体中的所有其他人一起去服从刑法。换句话说，不是人民（人民中的每一个人），而是法庭（公共的正义），从而是另一个作为罪犯的人，在操纵着死刑，而在社会契约中根本不包含让人惩罚自己并

① 《论犯罪与刑罚》，1764。在讲课时，就同一件事引用了贝加里亚，确切地说是与从社会契约的同样前提条件引出相反结论的卢梭相对立。在这里可能引人注目的是，被称为贝加里亚的前提条件的是如下命题："一切法律都必须这样来看待，就好像它们都出自人民的一致意志似的"（参见下文）。然而，贝加里亚可能只是从卢梭前不久（1762）出版的《社会契约论》中接受的这个前提条件。但是，看法大概是，这是两位法哲学家共同的前提条件，就连康德也赞同这二位。至于原初并且主要是卢梭的前提条件，作为已知，不需要特别地予以说明；但是，就连贝加里亚也是从这同一个前提条件出发论证的，却在实际上是值得一提的。——科学院版编者注

如此处理自己及其生命的承诺。因为如果惩罚的权限必须以犯罪者的一个**想要**让人惩罚自己的**承诺**为基础，那么，认为自己是可以惩罚的，这一点就也必须听凭于他，而罪犯就会成为他自己的法官。——这个诡辩的错误的要害（πρωτον ψευδος）就在于：人们把罪犯自己的判决（人们必须相信他的**理性**必然作出这种判决），即必须丧失生命，视为**意志**的一个决断，即取消自己的生命，并由此想象法权的实施与法权的判决在同一个人格中结合在一起。

然而，却有两种应得死刑的犯罪，就它们而言，**立法**是否有权限对它们处以死刑，还是有疑问的。诱人犯这两种罪的是荣誉感。一种是**家** 6〔336〕
族的荣誉，另一种是**战争的荣誉**，确切地说这是真正的荣誉，是这两类人中的每一类都应承担的义务。一种犯罪是母亲**杀婴**（infanticidium maternale）；另一种是**谋杀战友**（commilitionicidium），即决斗。——既然立法不能去除非婚生育的耻辱，同样不能抹去一个下级军官出自贪生怕死之嫌疑的污点，如果他不以自己不怕死的力量来抵制轻蔑的待遇，这种嫌疑就会落到他头上，所以看起来，这些场合中的人是处在自然状态之中的，在这种情况下甚至不必叫做**谋杀**（homicidium dolosum）的**杀人**（homicidium），在这两种场合中固然是应受惩罚的，但却不能由最高权力以死刑来惩罚。非婚来到世界的婴孩是在法律（因为这就叫做婚姻）之外，因而也是在法律的保护之外降生的。他仿佛是偷偷溜进共同体的（与违禁的商品一样），以至于共同体可以对他的生存（因为公道地讲，他本来就不应该以这种方式生存下来），从而也对他的毁灭置若罔闻，而且一旦母亲的未婚生育败露，那她的羞耻便是任何规定都无法除去的。——被任命为下级军官的军人受到辱骂，他同样发现自己由于他那个阶层的同伴的公共舆论，而被迫设法获得侮辱者的赔罪，而且就像在自然状态中一样获得对侮辱者的惩罚，他这样做不是通过法律诉诸一个法庭，而是通过使他自己也面临生命危险的**决斗**，以便证明自己的战斗勇气，他那个阶层的荣誉在根本上就基于这种勇气，哪怕这样做也是与**杀死**对手结合在一起的，在这种公开并且经过双方同意、但毕竟也是不情愿地发生的战斗中，杀死对手真正说来并不能被称为谋杀。——这样，在上述两种（属于刑事正义的）场合里什么是正当的呢？——在此，惩罚正义完全陷入了窘境：要么通过法律宣布荣誉概念（它在这里并不是妄念）是无效的，并由此以死刑来惩罚，要么免去罪犯应得的死刑，而这样就要么是残暴的，要么是宽纵的。这个死结的解法是：惩罚正义的
6〔337〕定言命令（违法杀害他人必须以死刑来惩罚）依然存在，但立法本身（因此也是公民宪政）只要还是野蛮的和不文明的，就对如下情况负有责任，即荣誉的动机在人民中（主观上）不想与（客观上）符合其意图的规章相契合，以至于公共的、从国家出发的正义就出自人民的正义而言成为一种不义。

2

对罪犯的**赦免法权**（ius aggratiandi），要么是减轻惩罚，要么是完全减免惩罚，大概是统治者的所有法权中最有漏洞的法权了，本为了显示其威严的光辉，却因此而极大地行了不义。——在**臣民们**彼此之间的犯罪方面，统治者绝对不应当行使赦免权；因为在此免除惩罚（impunitas criminis）是对臣民最大的不公正。所以，只有当**他本人**受伤害（crimen laesae maiestatis）时，他才能使用这种法权。但是，甚至在由于不予惩罚而人民自己在其安全方面可能遇到危险时，也不能使用这种法权。——这种法权是惟一配被称为君王法权的法权。

公民与祖国以及与外国的法权关系

第50节

一片**疆域**（territorium），其居民通过安居，亦即不必实施一个特殊的法权行为（因此仅仅通过出生）就已经是同一个共同体的共同成员，这片疆域就叫做**祖国**；没有上述条件他们就不能居住的疆域则叫做**外国**。而如果外国构成疆域统治本身的一个部分，那它就叫做**行省**（在罗马人使用这个词的意义上），行省由于毕竟不作为同国公民的住处而构成帝国（imperii）的一个联结起来的部分，而是仅仅作为一个**别院**构成帝国的一个**领地**，所以必须把统治国的土地当做**母国**（regio domina［作为女主人的国土］）来崇敬。

6〔338〕1. **臣民**（也被视为公民）有移居国外的法权；因为国家不能把他当做自己的财产来加以阻拦。不过，他只能带走其动产，不能带走不动产，

但是，如果他有权变卖他迄今为止占有的土地并且把所得款项随身带走的话，那么后者还是可以的。

2. **国主**拥有庇护外人（殖民者）移居入境和定居的法权，尽管他的子民会对此侧目而视；只要后者在这块土地上的私人财产不被减少。

3. 在臣民犯罪败坏了同国公民为了国家而与他的所有联系的情况下，国主也有把他放逐到国外一个行省的法权，在那里他不享有一个公民的任何法权，也就是说，国主有**流放**的法权。

4. 国主也有一般的驱逐出境的法权（ius exilii），把他遣送到遥远的世界去，也就是说，遣送到一般而言的外国（在古德语中被称为 **Elend**［不幸］）；由于国主如今不再给予他任何保护，这就等于是说在国主的疆界内剥夺了他的公民权。

第 51 节

从一个一般的**共同体**（res publica latius dicta［广义上的国家］）的概念产生的国家中的三种权力，只不过是联合起来的、先天地源自理性的人民意志的三种关系，是关于一个国家首脑的纯粹理念，这个理念具有客观的实践实在性。但是，这个国家首脑（统治者）就其还缺乏一个表现最高的国家权力，并使这个理念获得对人民意志的影响力的自然人格而言，仅仅是一个（表现全体人民的）**思想物**。这样，最高的国家权力和人民意志的关系可以以三种不同的方式来设想：要么是**一个**人在国家中统率一切人；要么是一些彼此平等的人联合起来统率所有其他人；要么**一切**人共同统率每个人，因而也统率自己本身，也就是说，**国家的形式**要么是**独裁制的**，要么是**贵族制的**，要么是**民主制的**。（**君主制的**而不是**独裁制的**，这个表述并不适合人们在此所想说的概念，因为**君主**是 6〔339〕
拥有**最高**权力的人，而**独裁者**或者**专制者**则是拥有**一切**权力的人。后者是统治者，前者只是代表统治者而已。）——不难看出，独裁制的国家形式是**最简单的**国家形式，亦即是一个人（国王）与人民的关系，因此这里只有一个人才是立法者。贵族制的国家形式已经是由两种关系**复合**而成的，亦即贵族（作为立法者）相互之间的关系，为的是做统治者，然后是这个统治者与人民的关系；但民主制的国家形式是最复杂的，亦即首先把所有人的意志联合起来，为的是从中形成人民，其次把国家公民的意志联合起来，为的是形成一个共同体，再次为这个共同体任命统治者，他就是这种联合起来的意志本身。① 说到国家中法权的**运用**，当然最简单的运用也同时是最好的运用，但就**法权**本身而言却是对人民来说考虑到它极易导致的专制主义而是最危险的运用。简单化虽然在通过强制法律把人民联合起来的机制中是合理的准则，也就是说，如果在人民中所有人都是被动的并且服从一个在他们之上的人的话；但是，这并不提供作为**国家公民**的臣民。至于人民应当借以满足自己的这种空话，亦即君主制（真正说来这里指的是独裁制）是最好的国家宪政，**如果君主好的话**（也就是说，他不仅有意志，而且有这方面的见识），这属于同义反复的智慧格言，它所说的无非是：最好的宪政就是使国家管理者成为最好的执政者的宪政，也就是说，最好的宪政就是最好的宪政。

第 52 节

探究这种机制的历史证物是徒劳的，也就是说，人们不可能达到公民社会开始的时刻（因为野蛮人并没有设立他们服从法律的任何工具，而且从原始人的天性也可以看出，他们是以暴力开始的）。但是，在或许
6〔340〕以暴力方式改变现行宪政的意图中进行这种研究，是应予惩处的。因为这种改变必须通过聚众造反的人民来进行，因而不是通过立法来进行；但是，在一种已经现存的宪政中造反，就是对一切公民的法权关系的颠覆，因而是对一切法权的颠覆，也就是说，它不是公民宪政的改变，而是它的解体，而在这种情况下向更好的宪政的过渡就不是形变，而是需要一个新的社会契约的再生，从前的（现今被废除了的）契约对此没有任何影响。——但是，毕竟统治者必须在现行的国家宪政不能与原始契约的理念相一致的情况下有可能修改它，同时却使本质上属于人民构成一个国家的那种形式保持下去。于是，这种改变不可能在于国家把自己从这三种形式的一种建构成另两种形式的一种，例如，贵族们一致同意服从独裁政体，或者愿意融合进一个民主政体，反之亦然；就好像统治

① 关于这些形式由于未经准许的掌权者的闯入而发生的失真（**寡头政体**和**暴民政体**），同样地，关于所谓**混合的**国家宪政，我在这里一点也没有提及，因为那会走得太远。

者想让人民服从哪种宪法，这基于统治者的自由选择和爱好似的。因为即便他决定改变成为民主政体，他也毕竟可能对人民行不义，因为人民自己可能讨厌这种宪政，而且可能认为其余两种宪政中的一种对自己更为有利。

国家形式只是公民状态中源始立法的**字面**（littera），因此，它们尽可能一直存在下去，只要它们作为属于国家宪政机制的，被古老而悠久的习惯（所以只是主观上）认为是必要的。可是，那种源始契约的**精神**（anima pacti originarii）却包含着制宪权的责任，亦即使**政府性质**适合那个理念，而且即便不能一下子完成，也要把政府性质逐渐地和不断地改变下去，直至它与惟一合法的宪政，亦即一个纯粹的共和国的宪政**在效果上**协调一致，而那些只是用来造成人民**顺从**的古老的和经验性的（法规的）形式融入到源始的（理性的）形式中去，只有这种形式才使得**自由**成为原则，甚至成为一切**强制**的条件，强制是国家本义上的法权宪政所必需的，并且即便在字面上也被最终引导到这种宪政。——这是惟一 6〔341〕
常驻的国家宪政，在它里面**法律**是专断的，不依附任何特殊的人格；一切公共法权的最终目的就是这个状态，只有在这种状态中，才能**永久地**给予每个人他自己的东西；然而，只要那些国家形式在字面上应当表现同样多不同的被授予最高权力的道德人格，那么，就只能承认一种**暂时的**内在法权，而不是公民社会的绝对的法权状态。

但是，任何真正的共和国都是并且只能是人民的一个**代议制**系统，为的是以人民的名义，通过所有的国家公民联合起来，借助其议员（代表）来照管国家公民的法权。但是，一旦一个国家首脑在人格上（无论是国王、贵族阶层，还是全体人民、民主制的联合体）也可以被代表，那么，联合起来的人民就不是仅仅**代表**着统治者，而就是统治者本身；因为在它（人民）上面原初就有最高权力，作为纯然的臣民（充其量作为国家官员）的个人的一切法权都必须从这种最高权力中派生出来，而从这时起建立起来的共和国就不再必须放弃对政府的控制，把它重新交给那些从前进行这种控制，而现在可能通过绝对的任性又否定一切新的法规的人。

因此，我们这个时代一个强有力的统治者的判断力的一个重大错误就是：要以如下方式使自己摆脱由于巨大的国家债务而陷入的窘况，即委托人民按照其自己的愿望承担和分摊这种负担；这时人民自然就不仅在向臣民征税方面，而且就政府而言都把立法权掌握在自己手中：亦即阻止政府别通过浪费或者战争造成新的债务，因而君主的统治权就完全消失了（不仅仅被解除了），并且转移给人民，这时每一个臣民的“我的”和“你的”就服从于人民的立法意志。人们也不能说：在这里必须接受国民议会的一个默默的、但却是合乎契约的承诺，即不是为了最高
6〔342〕统治权而成立，而仅仅是管理这种最高统治权的工作，但在完成这种工作后，再将摄政的控制交到君主手中；因为这样一种契约就自身而言是空洞的、毫无意义的。共同体中最高立法的法权不是一种可以转让的法权，而是最具人格性的法权。拥有这种法权的人，只能通过人民的全体意志来支配人民，但不能支配全体意志本身，全体意志是一切公共契约的始基。一个使人民有义务重新归还其权力的契约就不会归于作为立法权的人民所有，但却会使人民承担责任，按照没有人能够伺候两个主人的定理，这是一个矛盾。

6〔343〕

第二章　国际法权

第 53 节

构成一个人民的人们，可以按照生自一个共同的祖先的类比，被设想成同胞（congeniti［一起生长的］），虽然他们并非真的如此，但仍然在理智的和法权的意义上如此，被设想成由一个共同的母亲（共和国）所生，仿佛构成一个家族（gens，natio），其成员（国家公民）是出身相同的，而且并不自甘下贱地与在他们之外愿意生活在自然状态的人混杂，虽然这些人（野蛮人）在自己那方面又由于他们所选择的无法无天的自由而觉得自己更高贵，他们同样构成一个部落，但却不是国家。各国在彼此关系中的法权〔这在德语中被不完全正确地称做 **Völkerrecht**，而毋宁说应当叫做 Staatenrecht（ius publicum civitatum)〕是我们必须以国际法权的名义来考察的法权：在国际法权中，一个国家作为一个道德人格，面对另一个处于自然的自由状态，因而也处于不断的战争状态的国家来

看，有时以**准备**战争的法权为己任，有时以战争**之中**的法权为己任，有时以彼此强迫结束这种战争状态的法权，因而以确立持久和平的宪政，也就是说以战争**之后**的法权为己任，而且只带有单个的人或者家族（在彼此关系上）的自然状态的法权和各国人民的法权的区别之处，即在国际法权中，不仅在整体上考虑一个国家与别的国家的关系，而且考虑这一个国家的个别人格与别的国家的个别人格的关系，同样也考虑他们与 6〔344〕
整个他国的关系；但是，与纯然自然状态中的个别人格的法权的这种区别只需要一些很容易从后者的概念中推论出来的规定。

第 54 节

国际法权的要素是：1. 各国在彼此的外在关系中来看，（和没有法律的野蛮人一样）天生处在一种非法权的状态中；2. 这种状态是一种**战争**状态（更强者的法权的状态），即便不是现实的战争，是持久的现实的结仇（敌对性），这种结仇（由于双方都不想有所改善）虽然没有使任何人被他人待以不义，但毕竟自身是极端不义的，而彼此相邻的国家就结合起来走出这种状态；3. 按照一个源始的社会契约的理念结成的国际联盟必须是虽然彼此不干预其内部纷争，但却保护其不受外部民族侵犯；4. 这种结合毕竟必须不包含最高的权力（像在一种公民宪政中那样），而只包含**合作**（邦联），一种在任何时候都可以宣布解除，从而必须时时更新的结盟，——in subsidium［借助于］另一个源始法权的法权，阻止它们彼此之间陷入现实的战争状态（foedus Amphictyonum［安菲克蒂欧尼同盟］）。

第 55 节

就自然状态中自由国家彼此之间准备战争的那种源始法权（或许是为了建立一个趋于法权状态的状态）而言，首先产生的问题就是：国家**对他自己的臣民**有什么法权把他们用于对其他国家的战争，利用他们的财产，甚至生命，或者拿它们去冒险，以至于这并不取决于他们自己关于他们是否愿意去参加战争的判断，而是取决于统治者的最高指挥权是否可以把他们送上战场。

这种法权似乎不难阐明；也就是说，出自对待人们想要的“他的”
6〔345〕（所有权）的法权。不过，某人在实体上自己**制造**的东西，他对此拥有一种无可争议的所有权。——所以，这里有一个演绎，就像一个纯然的法学家就会作出这种演绎那样。

在一个地区有多种多样的**自然产品**，就某一类自然产品的**总量**而言，它们毕竟必须被同时视为国家的人为作品（artefacta），因为如果不存在一个国家和一个有序地进行治理的政府，而是居民们处在自然状态中，那么，这个地区就不会提供这样总量的自然产品。——家鸡（最有用的家禽品种）、绵羊、猪、牛类，以及其他等等，或者由于缺乏饲料，或者因为猛兽袭击，在我生活的地方，如果没有一个政府来保障居民们的营生和占有的话，就要么根本见不到，要么极其罕见。——同样的说法也适用于人口数量，就像在美洲荒漠上一样，甚至即使人们为之付出最大的努力（他们还没有这样做），人口数量也只能很少。居民只会非常稀少，因为没有任何居民能够和他的雇工一起在一块总是处在被人或者野兽和猛兽蹂躏的危险之中的土地上有大的发展；因此，对于像如今在一块土地上生活的这样大的人群来说，就会得不到足够的生活资料。——现在，就像农产品（例如马铃薯）和家畜由于就总量而言都是人的制品，所以可以说人们能够使用、消耗和吃掉（让人杀死）它们一样，似乎关于国家中的最高权力亦即统治者也可以说，他有权带领他的大部分是他的作品的臣民参加战争，就像是去狩猎一样，有权带领他们去参加一场野战，就像是去参加一次娱乐聚会一样。

但是，这种法权根据（它大概也会模糊地浮现在君主们心中）虽然在能够是人的一种**财产**的动物方面当然有效，但却绝对不要被运用到人，尤其是作为国家公民的人身上，国家公民必须始终被视为共同立法的成员（不单单是作为手段，而且也同时作为目的自身），而且因此，公民不仅一般而言对于进行战争，而且对于任何特殊的宣战，都必须借助其代
6〔346〕表作出自由的赞同，惟有在这一限制性条件下，国家才能支配他那充满危险的兵役。

所以，我们或许可以从统治者对人民的**义务**引申出这种法权（而不是相反）；在这里，人民必须被视为已经投票，从这种性质上，人民虽然

是被动的，但也是主动的，扮演着统治者本身。

第 56 节

在各国的自然状态中，**准备战争的法权**（敌对性）是被许可的方式，通过它，一个国家通过自己的**暴力**遵循自己对另一个国家的法权，也就是说，如果它认为自己受到这个国家的侵害的话，因为在自然状态中，这不可能通过**诉讼**来实现（惟有通过诉讼，法权状态中的纷争才得以调停）。——除了实际的伤害（第一次侵犯，它与第一次敌对有别），它就是**威胁**。属于这方面的，或者是首先着手**备战，先发制人**的法权（ius praeventionis）就以此为基础，或者也只是另外一个国家**可怕地**（通过领土的获得）增长着的力量（potentia tremenda）。这种力量对弱国之所以是一种伤害，只是因为在**强国**无任何**行动**之前的**状态**，而且在自然状态下，这种攻击当然是合法的。所以，在这上面就建立起所有实际相接触的国家的均势法权。

至于提供了一种**准备战争的法权**的**实际伤害**，属于这方面的有为一国人民受到另一国人民的冒犯而自己接受的赔偿，有不（通过和平途径）在别国那里寻求补偿的**报复**（retorsio），在形式上与此类似的是没有先行宣布中止和平（**宣战**）就爆发战争，因为如果人们一时想找到一种在战争状态中的法权，那就必须假定某种与一个契约类似的东西，也就是说**假定**另一方宣布，双方都想以这种方式寻求自己的法权。

第 57 节 6〔347〕

战争之中的法权正是国际法权中最为困难的法权，难以对之哪怕形成一个概念并且设想这种无法状态中的一条法律（inter arma silent leges [战时法律行不通]①）而不自相矛盾；它必定是这样一种法权：遵循这样一些原理进行战争，遵循它们就总是还有可能从各国（在彼此的外部关系中）的那种自然状态中走出并进入一种法权状态。

---

① 西塞罗：《为麦洛辩护》，4，10。——科学院版编者注

各独立国家彼此间的战争不可能是**惩罚战**（bellum punitivum）。因为惩罚仅仅发生在一个上司（imperantis）对下属（subditum）的关系中，这种关系不是国家彼此之间的关系。——但既不是**灭绝战**（bellum internecinum），也不是**奴役战**（bellum subiugatorium），后者会是对一个国家的道德绝灭（该国的人民此时与征服者的人民要么融为一体，要么沦为奴隶）。不是说好像国家达到和平状态的这种紧急手段就自身而言与一个国家的法权相矛盾，而是因为国际法权的理念仅仅带有一种遵循外在自由原则的对抗的概念，为的是维持在其自己的东西上，但不带有一种获得的方式，因为这种方式可能通过一个国家的力量的扩张对别的国家有威胁。

所有方式的保卫手段对于一个被攻打的国家都是允许的，只是不允许其使用会使该国的臣民不能是国家公民的手段；因为那样的话，它就会使自己同时不能在国家关系中按照国际法权被视为一个人格（与其他人格分享同样的法权）。这些不允许的手段有：利用它自己的臣民做间谍，利用这些间谍，甚至外国人做刺客、投毒者（属于这一类的，或许还有在埋伏处伏击单个人的所谓狙击手），或者哪怕仅仅利用他们散布谣言；一言以蔽之，利用这样一些阴险的手段，这些手段会摧毁为将来建立一种持久和平所必需的信任。

在战争中允许要求被征服的敌人纳贡，并且征收占领税，但是不允
6〔348〕许掠夺人民，亦即强征个别人自己的东西（由于这就会是抢劫，因为不是被征服的人民，而是统治人民的国家**通过人民**进行的战争），而是通过**签发**来对待已出具的票据，以便在接下来的和平中按比例地分摊强加给这个国家或者行省的负担。

第 58 节

战争之后，亦即在缔结和约的时刻并考虑到战争的后果的法权在于：胜利者提出了条件，关于这些条件，通常会为与战败者达成一致并和平结合而订立条约，确切地说不是按照某种借口因敌人的所谓伤害而应得的法权，而是他对这个问题置之不理，依据自己的力量提出这些条件。所以，征服者不能对战争费用的赔偿提出要求，因为那样的话，他就不

得不伪称敌人的战争是不义的；而是即便他可能想到了这个证据，他也毕竟不能援引它，因为若不然，他就会把这场战争宣布成一场惩罚战，这样就又会是实施伤害了。与此相关的也有（无须赎金就进行的）俘虏交换，而不考虑人数对等。

被征服的国家或者它的臣民并不因为国土被占领而丧失其国家公民的自由，以致国家会沦为殖民地，臣民会沦为奴隶；因为若不然，它就会是一场惩罚战，而这是自相矛盾的。——**殖民地**或者行省是这样一种人民，它虽然有其自己的宪政、立法和土地，在这土地上属于另外一个**国家**的人仅仅是外人，但这个国家却对那人民拥有最高的**执政**权。这个国家就叫做**母国**。女儿国受母国的统治，但毕竟由自己（通过它自己的议会，充其量由一个总督来领导）来治理（civitas hybrida [混合的城邦]）。这类国家过去有与不同的岛屿相关的雅典，今天有与爱尔兰相关的大不列颠。

更不能从一个民族通过战争被征服而得出**奴隶制度**及其合法性，因为人们为此就不得不假定一场惩罚战。更不用说一种世袭的奴隶制度， 6〔349〕
它完全是荒谬的，因为罪责不可能从某人的犯罪来继承。

至于也有大赦与和约结合在一起，这已经包含在条约的概念之中了。

第 59 节

和平的法权是：1. 当邻国发生战争时保持和平的法权，或者**中立**的法权；2. 能够保证已缔结的和约继续有效的法权，亦即**保障**的法权；3. 多个国家相互**结合**（同盟合作），共同保护自己免受一切外部或者内部的某种袭击的法权，这不是一个进攻的和内部扩张的联盟。

第 60 节

一个国家反对一个**不义之敌**的法权是没有界限的（或许虽然在质上有界限，但在量上，亦即在程度上却没有界限）：也就是说，受害国虽然不可以使用**一切**手段，但毕竟可以在其力所能及的范围内使用就自身而言被许可的手段来维护自己的东西。——可是现在，在国际法权中，正如一般而言在自然状态中一样，每一个国家在其自己的事情上都是法官，那么在它的概念中，什么叫做一个**不义之敌**呢？它是这样一个国家，其公开（无论是在语词上还是在行为上）表达的意志显露出一个准则，如果使该准则成为普遍规则，那么按照它，各民族间的和平状态必定成为不可能的，而自然状态必定被永恒化。对公共契约的破坏就是这一类东西，关于它人们可以预设，它关涉所有民族的事情，他们的自由都由此而受到威胁，而且这就要求他们联合起来反对这种胡作非为，剥夺其这方面的力量；——但这毕竟也不是**为了瓜分其领土**，好像要使一个国家从地球上消失似的；因为这会是对该民族的不义，该民族不可能丧失其把自己结合进一个共同体的源始法权；相反，是让它采用一种新的、在本性上反对战争偏好的宪政。

此外，“自然状态中的一个不义之敌”这一表述是**烦冗的**；因为自然
6〔350〕 状态本身就是不义的状态。一个正义之敌会是这样的敌人，在我这方面与之作对就是我对之不义；但这样一来，这个敌人也就不会是我的敌人了。

第 61 节

既然各民族以及各个人的自然状态是人们为了进入一个法律状态而应当走出的状态，所以，在这个事件发生之前，各民族的一切法权和各国的一切可以通过战争获得或者保持的外在的“我的”和“你的”就是**暂时的**，而且只能在一个普遍的**国家联合体**（类似于一个民族借以成为国家的那种东西）中成为**永久**有效的，成为一个真正的**和平状态**。但是，由于在这样一个多民族国家扩展得太过庞大而越过广阔的疆界时，它的管理，从而还有对每个成员的保护就必然最终成为不可能的事情，但大量这样的合作组织又会导致一种战争状态，所以，**永久和平**（整个国际法权的最终目标）当然是一个无法实现的理念。可是，以此为目标，亦即以达成各国的这样一些结合而用于对永久和平的**不断接近**的政治学原理，却不是不可实现的，而是就像这种接近是一个建立在义务之上，因而也建立在人们和国家的法权之上的任务一样，当然是可以实现的。

人们可以把一些**国家**为了维护和平组成的这样一种**联合体**称为**常设的国家代表大会**，是否参加这个代表大会则由每个相邻的国家自己决定；

这类联合体（至少就国际法权以维护和平为目的的形式而言）在本世纪的前半叶还曾在海牙的国际会议上出现；在这次会议上，大多数欧洲王室，甚至连最小的共和国的部长们都已经对一个国家遭到另一个国家攻击提出了控诉，并就这样完全把欧洲设想成一个唯一的联盟国家，他们在自己的那些公开纷争中把这个联盟国家似乎当成法官，与此相反，到后来国际法权只留存在书本中，但却从各个内阁中消失了，或者在已经实施暴力之后被以放逐的形式托付给阴暗的档案馆了。

但在这里，**代表大会**仅仅被理解为不同国家的一个任意的、在任何 6〔351〕
时候都**可能解体的**聚会，而不是这样一种（像美利坚合众国那样）建立在一种国家宪政之上，因此不可解体的结合；——惟有通过它，各民族的一种公共的法权，即以民事的方式，仿佛是通过一场诉讼，而不是以野蛮的方式（按照野蛮人的方式），亦即通过战争，来裁决它们的纷争，才能够得到实现。

第三章　世界公民法权 6〔352〕

第 62 节

尘世所有彼此之间能够发生实际关系的各民族的一个**和平的**、尽管还不是友好的、普遍的共联性，这一理性理念绝不是博爱的（伦理的），而是一个**法权**的原则。自然已经把它们全都（由于他们的居住地是球形，作为 globus terraqueus［地球］）包围在一定的界限之内；而既然对地球居民能够生活于其上的土地的占有，总是只能被设想为对一个特定整体的一个部分的占有，因而被设想为这些居民的每一个都源始地对它拥有一种法权，所以，一切民族都源始地处于一种土地的共联性（communio）之中，但并不是处于占有、从而使用或者对其所有权的法权共联性之中，而是处在自然可能的**交互作用**（commercium）之中，亦即处于一个人与其他所有人自愿相互**交往**的普遍关系之中，并拥有尝试交往的法权，外人没有权力把他因此当做一个敌人来对待。——这种法权，就它涉及一切民族在其可能交往的某些普遍法律方面可能的联合而言，可以被称为**世界公民法权**（ius cosmopoliticum）。

海洋可能看起来把各民族置于一切共联性之外，尽管如此，海洋却借助航海而恰好是他们进行交往的最有利的自然设施，相互邻近的**海岸**越多（如地中海的海岸），交往就能够越活跃，固然有人造访这些海岸，
6〔353〕但更多的是在上面居住，为了把它们与母国联结起来，同时就有了诱因，使得我们这个星球上某个地方的灾祸和暴行在所有地方都被感受到。可是，这种可能的滥用并不能废除一个地球公民的法权，即**试图**与所有人建立共联性，并为了这一目的而**造访**地球的任何地方，虽然这不是一种在另一个民族的土地上**定居**的法权（ius incolatus），后者要求有一个特殊的契约。

但问题是：一个民族在新发现的国土上是否可以甚至不经一个已经在这样一个地区占有一席之地的民族的同意，就与它比邻而居（accolatus）并占有土地？

如果定居发生在离前者的居住地如此之远的地方，以至于双方没有一方对另一方在使用其土地方面造成损害，那么，这样做的法权是毋庸置疑的；但是，如果这是游牧民族或者狩猎民族（例如霍屯督人、通古斯人和大多数美洲民族），其生计依赖于广阔荒凉的地带，那么，这就不能以暴力，而只能以契约来进行，而且就连契约也不能以利用那些居民在转让这样一些土地方面的无知来进行；尽管辩护的理由表面上很充足，说这样一种暴行会带来世界的福利；部分是通过教化未开化的民族（就像使得甚至毕兴①也要原谅基督宗教在德国的血腥传播的那个借口一样），部分是为了把那些堕落的人从其自己的国土上清理出去，并且希望他们或者他们的后代在另一个地方（例如在新荷兰）变好；因为所有这一切想当然的良好意图毕竟不能洗涮为此所用的手段上的不义污点。——与此相反，如果人们提出异议说：假若对以暴力开始建立一个法律状态心存这样的疑虑，也许整个地球还会处于一个无法律的状态之中，那么，这与国家革命主义者的借口一样不能废除那种法权条件，后者认为，如果宪政堕落了，人民就应当有权以暴力改造它们，在根本上一劳永逸地不义，以便此后更加可靠地建立正义并使之繁荣昌盛。

6〔354〕※　※　※

① 毕兴（Anton Friedrich Büsching，1724—1793），著名的地理学家和博学的人，同时是持自由思想的神学家。——科学院版编者注

结束语

如果某人不能证明一个事物存在，那么，他就尽可以去尝试证明它不存在。如果这二者他都做不到（这是经常出现的情况），那么，他还可以问：他是否**有兴趣**去**假设**（通过一个假说）一方或者另一方，而且虽然这种假设要么是理论方面的，要么是实践方面的，亦即要么只是为了解释某种现象（例如对于天文学家而言，为了解释行星的倒行或者停顿现象），要么是为了达到某种目的，这种目的又要么是实用的（纯然的技艺目的），要么是**道德的**，亦即可能是这样一个目的，设定它的准则本身就是义务。——不言而喻：对那个目的的可实现性的**假设**，是一个纯然理论的、为此还成问题的判断，在此被当成义务的，不是这种假设，因为对此（相信某事）不存在责任；而是按照那个目的的理念去行动，尽管在这里不存在那种目的能够被实现的任何理论上的可能性，但尽管如此，它的不可能性同样不可能得到演证，这种行动就是我们应当为之承担义务的东西。

现在，道德实践理性在我们心中宣布了其不可抗拒的否决：**不应当有任何战争**。不仅在自然状态中的我和你之间，而且在作为虽然内部处于法律状态，但外部（在彼此关系中）却处于自然状态中的国家的我们之间，都不应当有战争；——因为这不是每个人应当寻求其法权的方式。因此问题不再是：永久和平究竟合乎不合乎情理，以及如果我们假设它合乎情理，我们在自己的理论判断中究竟是否在自我欺骗，而是：我们必须这样行动，就好像事情就是——也许不是——致力于建立永久和平和一种看起来最适合于此的结构（也许是一切国家无一例外的共和主义），以便达致和平，结束不可救药的交战，迄今为止所有国家都毫无例外地使自己的内部机构集中在这种交战上。而且即便与这种意图的达成相关的后一点总还是一个虔诚的愿望，但我们毕竟肯定不是凭借假设为 6〔355〕
此不断努力的准则而自欺欺人；因为这个准则是义务；但是，假设我们自己心中的道德法则是骗人的，这会产生使人厌恶的愿望：宁可失去一切理性，看着自己按照自己的原理与其他动物种类一起，被抛入一种相同的机械作用之中。

人们可以说：对和平的这种普遍而持久的创建，不只构成了纯然理性界限内的法权论的一个部分，而是它的全部最终目的；因为惟有和平状态才是大量相互比邻的人中间“我的”和“你的”受**法律**保障的状态，因而这些人共同生活在一种宪政中，但宪政的规则却必须不是把迄今为止在这方面感觉最好的人的经验，当做他人的规范而从中得出，而是通过理性先天地从人们在一般公共法律之下的法权结合的理想中得出，因为一切例证（作为例证它们只能说明，但却不能证明任何东西）都有欺骗性，而这样就当然需要一种形而上学，其必要性是那些讥讽形而上学的人毕竟一不小心就要承认的，例如就像他们经常做的那样，如果他们说“最好的宪政就是其中掌权的不是人而是法律的宪政”。因为还有什么比这个理念更能够在形而上学上得到升华呢？这个理念即便按照那些人自己的主张也具有最可靠的、在现有的情况中也很容易得到阐明的客观实在性，而且惟有这个理念，如果它不是按照革命的方式，通过一个飞跃，亦即通过暴力颠覆一个迄今现存的有缺陷的宪政——（因为那样一来，中间就会出现一个摧毁一切法权状态的时刻），而是通过逐渐的改革，按照确定的原理得到试验和贯彻的话，才能在不断的接近中把人引向最高的政治上的善，引向永久和平。

6〔356〕

附录

法权论的形而上学初始根据的解释性附释

我写这些解释性的附释，其原因绝大部分源自1797年2月18日《格廷根信息》第28期上关于本书的一篇书评①；该评论写得有见识、审读

① 参见编者导言。未具名的评论家如费希特确定地说（1798年1月1日致康德的信，《康德全集》，第Ⅻ卷，［228］230页）的那样是格廷根教授弗里德里希·波特维克。费希特还翻阅了波特维克的《给其听众使用的学术讲演大纲》（1799），因为那里重复了对康德的法权论的同一些主要异议。许茨把部分类似的反驳（特别是反对一种采用物的方式的人身法权的概念）告诉了宫廷布道人舒尔茨；康德在1797年7月10日致许茨的信（《康德全集》，第Ⅻ卷，［180］181页以下［参见《康德书信百封》，225～227页。——译者注］）中对此作出了回答，这封信多方面与这个附录相似。参见上文提到的雅各布的书评（与此相反，蒂夫特隆克竭尽全力在这一点上为康德辩护）。此外，康德从书评中的引用并不总是逐字逐句的。——当康德说他写这个附录，其原因绝大部分源自《格廷根信息》上的书评时，大概想的是实际上与书评无关的第8期。格拉登维茨（《创建者的意志》，载哥尼斯贝格大学《逝世百周年忆康德》论文集）指出了另一种有可能的原因；参见Th.齐格勒：《康德研究》，第ⅩⅣ卷，491页以下。——科学院版编者注

严厉，但同时毕竟也有同感和“希望，即那些初始根据将对科学来说有助益”，我在这里想把它用做评判这个体系的导线，此外也把它用做对这个体系做一些扩充的导线。

※　　※　　※

在法权论导论的一开始，我的审读严厉的评论家就遇到一个定义。——什么叫做**欲求能力**？文章说，欲求就是通过自己的表象而成为这些表象的对象之原因的能力。——与这一解释相对立的是：“一旦人们抽去欲求后果的**外部**条件，那么，欲求就成为乌有。——但是，欲求能力就连对唯心论者来说也是某种东西，虽然外部世界对他来说是乌有”。回答是：但不是也有一种热烈的、然而同时却明知是徒然的渴望吗（例如，上帝啊，让那个人还活着吧！）？这种渴望虽然是**没有行为的**，但却不是**没有后果的**，而且虽然对外部事物没有影响，但毕竟在主体自己的内心有强烈的影响（使之生病）。一种欲求作为努力（nisus），凭借着它的表象成为**原因**，尽管主体看出后者不足以达到预期的结果，它也毕竟始终是因果性，起码在主体的内心是这样。——在这里构成误解的是： 6〔357〕
既然对自己的**一般**能力的意识（在上述情况下）同时就是对自己在外部世界方面的**无能**的意识，所以这个定义便不能运用到唯心论者身上。然而，既然这里说的仅仅是一个原因（表象）和一般结果（感觉）的关系，所以，就表象的对象而言，在欲求能力的概念中必须考虑到表象（不管它是外部的还是内部的）的因果性。

一、为重新冒险提出一个法权概念所作的逻辑准备

如果精通法权的哲学家们想把自己一直提升到法权论的形而上学初始根据，或者擅自提出这些初始根据（没有这些初始根据，他们的所有法权科学就会纯然是章程性的），那么，他们就不能对保证自己的法权概念**划分**的完备性漠然视之，因为若不然，那门科学就会不是一个**理性体系**，而纯然是捡拾来的堆砌物而已。——为了体系的形式，各原则的**位置学**必须是完备的，也就是说，必须给一个概念指出按照划分的综合形式对这个概念来说开放的**位置**（locus communis［公共的位置］）：人们以后也可以这样来说明，即被置放在这个位置的一个或者另一个概念自身就是自相矛盾的，并失去这个位置。

迄今为止，法学家们占据了两个公共位置：**物品**法权的位置和**人身**法权的位置。这当然要问：既然鉴于两者结合为一个概念的纯然形式，还有两个作为先天划分的环节的位置是开放的，亦即一种采用人身方式的物品法权的位置，以及一种采用物的方式的人身法权的位置，所以，这样一个新添加的概念是否也是允许的，并且虽然是或然的，却必定首先在完备的划分表中被发现？后者是不容置疑的。因为纯然逻辑的划分（它抽掉了认识的内容——客体）永远是**二分法**，例如，每一种法权都要么是一种物品法权，要么是一种非物品法权。但是，这里所说的划分，
6〔358〕亦即形而上学的划分，也可以是四分法：因为除了划分的两个简单的环节之外，还添加了两种关系，即限制法权的诸条件的关系。在这些条件下，一种法权与另一种法权相结合，这种结合的可能性需要加以特别的研究。——**一种采用人身方式的物品法权**的概念是无论如何要排除的；因为不能设想一个**物品**对一个**人格**的法权。现在问题是：把这种关系颠倒过来是否同样是不可思议的，或者这个概念，亦即**一种采用物的方式的人身法权**这个概念，是否不但没有内在矛盾，而且本身是一个必然的（在理性中先天地被给予的）概念，属于外在的“我的”和“你的”这一概念的概念，即以类似的方式把**人格**当做**物品**来对待，虽然不是在所有方面，但毕竟**占有**他，并且在许多关系中把他们当做物品来处理。

二、为一种采用物的方式的人身法权的概念所作的辩护

现在，采用物的方式的人身法权的定义简明扼要地说就是：“这是人的法权，即把自身之外的一个**人格**当做**自己的**[①]来拥有。”我故意说：一个**人格**；因为人们可以把另一个由于犯罪而失去其人格性的人（变成了农奴）作为自己的来拥有；但这里不谈这种物品法权。

现在，那个“作为法学天空的新现象”的概念究竟是一颗 Stella mirabilis［奇异的星星］（一种一直成长为最大的星星，之前从来无人见过，

① 我在这里也不说：把一个人格作为属于我的（用形容词）人格来拥有，而是说，作为我的（to meum，用名词）来拥有。因为我可以说：这个人是**我的父亲**，这只表示我与他一般而言的自然关系（联结）。例如：我**有**一个父亲。但我不能说，我把他当做**我的**来拥有。但如果我说：我的妻子，那么，这就意味着占有者与一个作为**物品**的对象（哪怕是一个人格）的一种特殊的，亦即法权的关系。但是，占有（有形的占有）是把一个东西当做物品来**使用**（manipulatio）的可能性的条件；尽管这在另一种关系中必须同时被当做人格来对待。

但渐渐地又消失，或许某个时候再来的现象)，还是纯然是一颗**流星**？这 6〔359〕
是现在应当予以探讨的。

三、例证

把某种外在的东西当做自己的来拥有，在法权上就叫做占有；但占有是使用的可能性的条件。如果这种条件仅仅是作为有形的条件来设想的，那么，占有就叫做**持有**。——现在，合乎法权的持有虽然独自不足以因此就把对象说成是我的，或者使之成为我的；但是，无论出自什么根据，如果我有资格坚持对一个摆脱或者挣脱了我的强制力的对象的持有，那么，这个法权概念就是一个征兆（如同出自其原因的结果），表示我认为自己有资格把它当做**我的**，但在对它的关系上也处在对它的**理知的**占有中，并这样来使用这个对象。

"他的"虽然在这里并不意味着对另一个人的、在人格所有权上的"他的"（因为所有者根本不能是一个占有自己本身的人，更不用说是占有另一个人格的人了），而是仅仅意味着在使用收益权（ius utendi fruendi）上的"他的"，直接把这个人格当做物品一般来使用，但并不侵犯他的人格性，把他当做达成我的目的的手段来使用。

但是，这个目的作为使用之合法性的条件，必须在道德上是必要的。丈夫渴望得到妻子，不能是为了把她当做物品来**享受**，亦即不能是为了在与妻子的纯然动物性结合上感受直接的快乐；妻子也不能为此而献身于他，而不使双方都放弃自己的人格性（肉欲的或者兽性的交媾），也就是说，不能不以**婚姻**为条件，婚姻作为相互献出自己的人格本身供对方占有，必须**在此之前**缔结，以免由于一方对另一方的肉体使用而丧失人的尊严。

离开了这个条件，肉体的享受在原理上（尽管并非总是就结果来看）就是**野蛮的**。是用嘴和牙齿，还是女方由于怀孕和也许由此而来对她来说致命的分娩、男方由于从妻子对丈夫性能力的频繁要求中产生的衰竭
而被**耗尽**，这只是在享受方式上有别，而一方就另一方而言在这种对性 6〔360〕
器官的交互使用中确实是一个**可以用尽的**物品（res fungibilis[①]），所以，

---

① 必定是 consumptilibis［康德所注出的拉丁词 fungibilis 源自动词 fungor，有"执行、完成"的意思，而 consumptilibis 则源自动词 consumo，有"耗尽、用尽"的意思，故 consumptilibis 应更与康德所使用的德文词 verbrauchbar 契合。但科学院版编者未说明有何出处。——译者注］。——科学院版编者注

借助一个契约使自己成为这样一个物品，这个契约就会是一个违法的契约（pactum turpe）。

同样，丈夫与妻子不可以生育作为双方的**作品**（res artificialis）的孩子，却不双方对这孩子以及相互间承担抚养这孩子的**责任**：这毕竟也是获得一个人如同获得一个物品，但只是在形式上如此（与一种仅仅采用物的方式的人身法权相适合）。父母①对占有脱离他们强制力的孩子的任何人都拥有一种反对的法权（ius in re [在物品中的法权]），同时拥有强迫孩子做任何事情并凡事听从他们命令的法权，只要这些命令不违背一种可能的法律自由（ius ad rem [占有物品的法权]），因而他们对孩子也有一种人身的法权。

最后，当孩子步入成年，父母对孩子的抚养义务终止时，父母还有把孩子们当做服从他们命令的家庭成员来使用以维持家庭的法权，直到允许他们离开；这就是父母对孩子们的义务，它产生自对父母法权的自然限制。直到此时，他们虽然是家庭成员，并且属于**家庭**，但是从现在起他们就属于家庭的仆从（famulatus）。所以，他们只能是通过契约添加到家长的"他的"（作为他的驯养物）上去。——同样，就连**家庭之外的**仆役也可以按照一种采用物的方式的人身法权被变为家长的"他的"，作为帮工（famulatus domesticus）被他通过契约而获得。这样一种契约不是一种纯然雇佣的契约（locatio conductio operae [作为劳务出租的契约]），而是将自己的人格献给家长占有的契约，是**租赁**（locatio conductio personae [作为人格出租的契约]），它和那种雇佣的区别在于，帮工
6〔361〕要做事关家庭福利，并且不是作为预定的和有特殊规定的工作被交付给他的**一切被允许的事情**；相反，受雇于特定工作的雇工（手工艺人或日工）并不献身于别人的"他的"，而且这样也就不是家庭成员。——后者由于并不处在一个使其有义务完成某些工作的别人的法权占有之中，所以，即便他是家长的家内住户（inquilinus），家长也不能（via facti [以既成事实的方式]）把他当做一件物品**强行占有**，而是必须按照人身法权催促他完成他允诺的事情，这是通过法权手段（via iuris [以法权方式]）归他支配的。——关于自然的法律学说中的一个令人惊异的、新添加的

① 在德语的写法中，老人（Ältern）一词被理解为 Se-niores [长者]，而父母（Eltern）则被理解为 Parentes [生育者]；这在发音上不能区别，但在意思上却差别很大。

法权条款的解释和辩护就说这么多，其实它已经悄悄地总是在使用了。

四、物的法权和人身法权的混淆

另外，“购买中断出租”这个命题（法权论，第31节，129页①）也被斥责为我在自然的私人法权中的异端邪说。

有人会在约定的租住时间到期之前向承租者宣布取消其房子的出租，因此看起来，哪怕他是在习惯的民法期限中通常的搬迁时间这么做的，也是对承租者食言了，这乍一看似乎无疑是违背了出自一个契约的一切法权。——但是，如果能够证明：承租者在签订其租约时就知道或者必须知道，**出租者**作为房子的所有人对他的承诺自然而然地（这用不着在契约中强调说明）、因此默默地与如下条件相联系：**假如出租者在这段时间里不出售房子的话**（或者在破产降临到他头上时不得不把房子交给债权人）。这样，出租者就没有违背他那已经就自身而言在理性上有条件的诺言，而承租者并没有因为在租期届满之前向他宣布废约而减少其法权。

因为承租者出自租约的法权是对某个人格可以向另一个人格提供的东西的人身法权（ius ad rem［占有物品的法权］），不是针对物品的任何占有者的一种物的法权（ius in re［在物品中的法权］）。 6〔362〕

现在，承租者本来能够在其租约中保障自己，使自己获得对房子的一种物的法权，也就是说，他只要让人把租约**刻写**（登记）在出租者的房子上，作为附在房基上的东西；在这种情况下，他就不会在约定时间届满之前，由于所有人宣布废约，甚至不会因为其死亡（自然的死亡，或者还有民事的死亡，即破产）而被剥夺承租权。如果他不这样做，因为他或许想有在别处签订一个条件更好的租约的自由，或者因为所有者不想看到他的房子被强加上了这样一种义务，那么，由此就可以推论出：双方中的任何一方在宣布废约的时间方面（对此有民事规定的期限除外）都意识到，自己已经签订了一个默默的、有条件的合同，意识到可以按照习惯再解除它。对通过购买来中断出自这种权限的重申，也表现在从这样一个**无附加条款的**租约得出的某些法权结论上；因为如果承租者死了，那么，他的继承人毕竟不被苛求有责任继续承租：因为承租只是某

① 本书边码290～291页。——译者注

个人的责任，随着他的死这责任也就终止了（此时，宣布废约的法定时间却总是必须张榜公布）。同样，如果没有一个特殊契约，承租人作为这样一个承租人的法权也不能转移给他的继承人；就像他在双方都在世时没有明确的协议，就没有资格去认定一个**转租人**一样。

五、刑法概念讨论的补充

人们中间的一种国家宪政的纯然理念，就已经带有应归于最高权力的一种惩罚正义的概念。问题仅仅在于，如果惩罚的方式只是作为手段用于消除犯罪（作为在每一个人的“他的”的占有方面对国家安全的危害），那么，它们对立法者来说是否无所谓呢？或者，是否也必须考虑对
6〔363〕罪犯人格中的人性（亦即对人类）给予尊重呢？更确切地说，这是从纯然的法权根据出发的，因为我还总是把 ius talionis［罪罚相等的法权］看做作为刑法原则的唯一先天作出规定的（不是来自经验，即哪些应对手段是最有力的手段）理念。① ——但是，如何对待那些不允许任何**报应**的惩罚呢？惩罚之所以不允许报应，是因为这些惩罚要么自身是不可能的，要么本身就是对一般**人性**的一种应惩罚的犯罪，例如，强奸罪，同样还有鸡奸罪或者兽奸罪。前两种犯罪用阉割的方式来惩罚（或者是一个白种阉人，或者是苏丹宫殿的一个黑种阉人），后一种犯罪通过从公民社会中永远驱逐出去来惩罚，因为罪犯自己使自己配不上人类社会。——Per quod quis peccat，per idem punitur et idem［犯什么罪，就受什么罚，一模一样］。——上述犯罪之所以叫做反自然的，乃是因为它们是对人性本身犯的罪。——对它们施加**任意的**惩罚是完全违背**惩罚正义**的概念的。惟有当罪犯因自己的罪行而自食其果，尽管不是按照刑法的条文，而是按照刑法的精神承受他对别的人犯下的罪行时，他才不能抱怨说受到了

① 任何惩罚中都有某种（以法权）伤害被告荣誉感的东西，因为它包含着一种纯然单方面的强制，这样在被告身上一个国家公民作为这样一个公民的尊严就在一种特殊的情况下至少是被中止了；因为他屈服于一个外在的义务，在他自己这方面，他不可以抗拒这个义务。贵人和富人被处以罚款而感到屈辱，即不得不屈服于地位更低的人的意志，要甚于感到损失了金钱。既然**应受惩罚**的论据是**道德的**（quia peccatum est［因为有罪］），所以，**惩罚的正义**（iustitia punitiva）在这里就必须与惩罚的精明区别开来，因为后者纯然是实用性的（ne peccetur［不要犯罪］），而且是建立在什么能最有效地防止犯罪的经验之上的。惩罚的正义在法律概念的位置学中具有一个完全不同的位置，即 locus iusti［公正之事的位置］，不是某种意图上的 conducibilis［有益之事］或者**有利之事**的位置，也不是纯然 honesti［正直之事］的位置，其位置必须在伦理学中去寻求。

不公正的对待。

六、凭时效占有的法权

“**凭时效占有**（Ususcapio）的法权应当根据131页以下[①]通过自然法权得到论证。因为如果不假定通过正当的占有来论证这里所说的一种**观念的获得**，那么，就根本无法保证任何获得是永久性的。（但是，康德先生甚至在自然状态中假定一种仅仅暂时性的获得，因而坚决要求公民宪政的法学必要性。——然而，我作为正当的占有者，只是针对那个无法证明他比我更早地是该物品的正当占有者，并且无意不再是其占有者的人，来维护自己。）”——这里说的并不是这一点，而是，我是否也能够作为所有者来**维护**自己，如果同时有一个提出要求者声称自己就是该物的**更早的**真正所有者，但却**绝对**不可能查明他作为占有者的实存及其作为所有者的占有地位的话；而如果此人根本不曾发出他不间断地占有的一个公开有效的信号（不管是出自自己的过失还是没有自己的过失），例如通过登记注册，或者在公民大会上无异议地赞同他是所有者，则后一种情况就会发生。 6〔364〕

因为这里的问题是：谁应当证明其合法的获得？不能把这种责任（onus probandi［证明的责任］）强加在占有人身上；因为只要已查明的历史足够，他就处在对该物的占有中。该物所谓早先的所有人，由于那段他没有发出他的所有权的任何对公民有效的信号的间歇，按照法权原则就被完全与前后相继的占有者的序列分割开来。没有采取任何一种公开的占有行动，使他成为一个没有名分的要求者。（与此相反，这里与在神学中一样，叫做：conservatio est continua creatio［保持就是不断的创造］。）尽管也会有一个人迄今为止没有宣布过，后来却带着找到的文件提出要求，但在他这里也仍然存在疑问：是否还可能出现一个更老的要求者，并且其要求建立在他更早的占有之上？——要最终通过时效获得该物（acquirere per usucapionem），其关键不在于占有**时间的长度**。因为，假设一种无法权由于持续时间久就渐渐变成一种法权，这是荒唐的。**使用**（无论多久）都是以物品中的法权为前提条件的：要是后者建立在

① 本书边码291页以下。——译者注

6〔365〕前者之上就大错特错了。所以，**凭时效占有**（ususcapio）作为凭长期使用一个物品的**获得**，是一个自相矛盾的概念。作为**保持方式**的要求的**失效**（conservatio possessionis meae per praescriptionem［对我凭时效的占有的保持］）也同样是一个自相矛盾的概念，然而，这毕竟是一个与前一概念不同的概念，关涉据为己有的论据。也就是说，这是一个消极的理由，亦即完全**不使用**其法权，甚至连表示自己是占有人这样必要的理由都不是，被视为对法权的**放弃**（derelictio），这是一种法权行为，亦即使用其法权对付另一个人，以便通过排除其要求（per praescriptionem［凭时效］）来获得该法权的客体，这包含一个矛盾。

所以，我无须证明并且无须任何法权行为就获得：我不需要证明，而是通过法律（lege）；然后怎么样呢？**公开地**摆脱种种要求，也就是说，**在法律上保障我的占有**，乃是由于我不可以作出证明，并且立足于一种不间断的占有。但是，自然状态中的一切**获得**都是暂时性的，这对**占有**已经获得的东西的安全性问题没有影响，这个问题必定先行于那种获得。

七、继承

关于继承的法权，评论家先生这一次失去了击中我的主张之证明要害的敏锐目光。——我在135页①说的不是：任何一个人都必定接受任何**提供**给他的物品，如果他通过接受该物品只会有所得而不会失去任何东西的话（因为这样的物品根本就不存在），而是说：任何一个人都总是确实会在某个时刻不可避免地和默默地，但同时毕竟有效地接受**提供的法权**，也就是说，当事情的本性就使得废约绝对不可能的时候，亦即在他死亡的时刻；因为此时立约人不能废约，而受约人不可以采取任何一种法权行为，在同一时刻就是接受者，不是所允诺的遗产的接受者，而是
6〔366〕接受或者拒绝遗产的法权的接受者。在这个时刻，在遗嘱打开时他便发觉；自己在接受遗产之前就已经变得比过去更富有；因为他仅仅获得了**接受的权限**，这权限就已经是一种富有状况。——在此，为了使某种东西在有人不在世之时成为一个**他人**的**"他的"**，一种公民状态被当做前提条件，财产从死者手中的这种过渡，丝毫不改变按照自然法权的普遍原

① 本书边码294页。——译者注

则去获得的可能性，虽然把这些原则运用到所发生的案例上，必须以一种公民宪政为基础。——也就是说，一个我自由选择无条件地接受或者拒绝的物品，叫做 res iacens［遗物］。如果一个物品的所有人无偿向我提供某种东西，例如我正要搬出的房子的一件家具（他答应我，这应当是我的），那么，只要他不撤回承诺（如果他在这期间亡故了，承诺就不可能被撤销），就只有我具有接受所提供的东西的法权（ius in re iacente［在遗物上的法权］），就是说，只有我才能随便接受它或拒绝接受它：我获得这种独一无二地作出选择的法权，不是凭借一个特殊的法权行为，即我声明：我希望，这种法权应当归我所有，而是无须这一法权行为（lege［凭借法律］）。——所以，我虽然可以声明：我希望，**这个物品不应当属于我**（因为这种接受可能导致我与他人交恶），但是，我不能希望独一无二地具有选择：**它是否应当属于我**。因为我无须任何接受声明，直接通过提供就拥有这种（接受或者拒绝的）法权：因为如果我甚至能够拒绝拥有选择，那么，我就会选择不选择；而这是一个矛盾。这样，这种选择的法权在遗赠者死亡的那一刻就让渡给我了，通过他的遗嘱（institutio haeredis［对继承人的指定］），我虽然还没有获得遗赠者的任何财产，但却获得了这财产或者其一个部分的**纯然法权的**（理知的）占有，这时，我可以为了他人的利益而放弃接受这财产，因而这种占有没有一刻中断，而是继承作为一个持续不断的序列，通过继承人的接受，由死者过渡给指定的继承人，这样"遗嘱属于自然法权"这一命题就不容置疑地巩固下来了。

八、国家在其臣民的永久基金会方面的法权 6〔367〕

基金会（sanctio testamentaria beneficii perpetui［根据遗嘱对连续资助的认可］）是一种自愿的慈善机构，由国家批准，为国家的某些前后相继的成员所设立，直到他们全部死亡为止。——如果为维护这些成员所制定的规章与国家的宪法本身相结合，这种基金会就叫做永久的（因为国家必须被看做永久的）；但是，它的行善的目的要么是为了一般而言的人民，要么是为了人民的一个按照某些特殊原理联合起来的部分，为了一个**阶层**，要么是为了一个**家庭**和其子孙后代的永久存续。第一种的例子是**收养院**；第二种的例子是**教会**，第三种的例子是**骑士团**（宗教的和世俗的），第四种的例子是**长子继承制**。

关于这些团契及其继承的**法权**，现在人们说，它们不能被废除，因为这种法权通过遗嘱而成为指定继承人的所有物，而废除这样一种宪政（corpus mysticum［奥秘团体］）就等于是剥夺了某人的“他的”。

1

为穷人、残疾人和病人设置的行善机构，是建立在国家财力之上的（在养老院和收养院中），当然是不可取缔的。但是，如果不是条文，而是捐赠者意志的意思应当具有优先权的话，那就也可能出现一些临时情况，使得取缔这样一种基金会至少在形式上是可取的。——这样，人们就发现了：如果给予穷人和病人（疯人院的病人除外）某种（与时间的需要成比例的）数额的金钱资助，使他可以随自己的意在他的亲戚或者另外的熟人那里租房居住，那么，他们得到的照料要比——例如在格林维希收养院——豪华的、然而限制自由的、配有昂贵的人员的机构所做到的更好、更便宜。——这时，人们就不能说：国家剥夺了有权享受这种基金的人民的“他的”，而毋宁是国家促进了人民的“他的”，因为国家选择了更聪明的办法来维护人民。

6〔368〕 **2**

并不在肉体上传宗接代的神职人员（天主教的神职人员），凭借国家的优待占有土地和依附于这土地的臣民，这些臣民属于一个精神国家（被称为教会），世俗之人为救赎自己的灵魂而通过遗嘱把自己当做自己的财产奉献给这个国家，而这样，教士作为一个特殊的阶层就拥有一份财产，这份财产可以按照法律从一个时代传给另一个时代，并且通过教皇的训谕充分地得到文件证明。——现在人们可以假定，神职人员与平信徒的这种关系能够由于世俗国家的绝对权力而径直从前者那里被剥夺吗？而且这不就等于是用暴力夺走某人的“他的”，就像法兰西共和国的无信仰者尝试过的那样？

这里的问题是：教会是否可以作为“他的”而属于国家，或者国家是否可以作为“他的”而属于教会？因为两个最高的权力不可能没有矛盾地彼此隶属。——只有**前一种宪政**（politico－hierarchica［政治教权等级制］）才能长治久安，这是自身就显而易见的；原因在于任何公民宪政都是关于**此**世的，因为它是一种世俗的权力（人的权力），这种权力连同它的后果都可以在经验中表现出来。信众的**国**在**天上**，在**来世**，只要人们把一种与这个国相关的宪政（hierarchico-politica［教权等级制政治］）归于他们，他们就不得不在世俗人的最高权力之下屈从于这个时代的苦难。——所以，只存在第一种宪政。

宗教（在表现上）作为对教会章程的信仰、对作为这样一种宪政的贵族的教士之权力的信仰，或者即便这种宪政是君主制的（教皇制的），它也既不能被任何国家公民权力强加给人民，也不能被剥夺，也不能（像在大不列颠对待爱尔兰民族那样）因为国家公民信仰的宗教与王室的宗教不同，就把他从国家公职和由此给他带来的利益中排除出去。

这样，如果某些虔诚笃信的人们为了分享教会向信众许诺也在他们死后显现的恩典，而创建了一个永久性基金会，由此他们的一些土地在他们死后应当成为教会的财产，而国家则使自己在这个或者那个**部分**上，6〔369〕
或者甚至**全部**对教会有保护义务，以便通过祈祷、赦罪和忏悔来分享那种恩典，而教会委以此任的仆役（神职人员）则通过这些许愿让他们在另一个世界交上好运，那么，这样一种想当然地永久设立的基金就绝不是永久建立的，而是国家可以甩掉教会强加给它的这个负担，只要它愿意。——因为教会本身是一个仅仅建立在信仰之上的机构，而如果由于人民的启蒙，来自这种意见的欺骗消失了，那么，教士建立在这上面的可怕权力也将被废除。国家有充分的法权没收教会的非分财产，即通过遗嘱捐赠给教会的土地；尽管这个存在至今的机构的采邑拥有者可以从自己的法权出发，要求在有生之年不受损失。

甚至为穷人设立的永久基金会，或者教学机构，一旦它们具有某种由捐赠者按照自己的理念设计的格式，就不可能永久建立，并且土地也会因此引起麻烦；而是国家必须有按照时代需要建立基金会的自由。——全面贯彻这种观念（例如赤贫的人不得不通过乞讨卖唱来补充已经设立的慈善学校基金）难以持久，这一点谁也不用惊讶；因为，那个乐善好施但毕竟同时又有点儿虚荣地建立一个基金会的人，并不希望另一个人按照自己的概念来改造基金会，而是希望他自己在基金会里永垂不朽。可是，这并没有改变事情本身的性状和国家的法权，甚至改变不了国家改造任何基金会的义务，如果基金会与国家的维持和改善进步相悖的话，因此，这种基金会绝不能被看做永久建立的。

3

一个自身不是处在一种贵族的宪政之下，而是处在一种君主制的宪政之下的国家，其贵族总还可以是一个对某个时代来说被允许的，或许是必要的组织；但绝对不能主张，这个阶层能够永久地建立起来了，一
6〔370〕个国家首脑不应当有权限彻底废除这种阶层的优惠，或者如果他这么做了，人们就可以说，他剥夺了他的（贵族）臣民应当以继承的方式得到的“**他的**”。贵族是一种时间性的、由国家授权的行会，这种行会必须适应时代状况，并且不可以损害已中止如此之久的普遍人权。——因为国家中的贵族等级不仅仅依赖宪法本身，而且仅仅是宪法的一个偶性，只有通过依存性才能够在国家中生存（一个贵族肯定可以被设想为仅仅是国家的贵族，而不是自然状态中的贵族）。所以，如果国家修改其宪法，那么，因此失去其头衔和优惠的人就不能说他的“他的”被剥夺了：因为他只有在这种国家形式继续存在的条件下，才能把这称做“他的”，但国家有权对国家形式作出修改（例如变为共和制）。——所以，骑士团和拥有某些标志的优先权，并没有提供这种占有的**永久**法权。

4

最后，说到**长子继承制的基金**，既然一个财产占有者通过遗产的指定来安排：在先后相继的继承人的序列中，总是家庭中最亲近的人应当成为财产的主人（与一个国家的一种君主世袭制宪政类似，在后者，这就是成为**邦国的主人**），所以，这样一种基金不仅能够借助所有父系亲属的同意随时予以取消，不可以永久地——就好像继承的法权黏附在土地上似的——持续下去，而且也不能说，让基金终止就侵犯了基金及其男祖先亦即捐赠者的意志；而是国家即便在这里也有权利，甚至有义务，在它自己的改革的原因逐渐出现时，不让它的臣民这样一种邦联体制像王公似的（类似于君主和总督）在灭亡之后死灰复燃。

结论

最后，评论家先生关于在**公共法权**的栏目下阐述的理念，即关于如他所说篇幅所限不宜发表意见的理念，还作出了如下说明："就我们所知，还没有任何一个哲学家承认过这个所有荒谬命题中最荒谬的命题：6〔371〕最高统治的纯然**理念**就应当强迫我把任何自命为我的主人的人，当做我的主人来服从，而不问问：是谁给了他命令我的法权？人们应当承认最高统治和首脑，和人们应当把这个或者那个其存在甚至都不是先天地被给予的人，先天地视为自己的主人，这应当是一回事吧？"——好吧，权且承认这里有**悖谬**，我希望，更仔细地考察，这至少不能被划归**异端邪说**；毋宁说，这个明智而且责人以宽的、缜密的评论家（他不顾那种已引起的反感，"把法权论的这些形而上学初始根据在整体上视为科学的收获"）应当不会为至少把它们当做一种无须第二次审视的尝试，针对其他人的固执而又浅薄的轻蔑议论替它们进行了辩护而后悔。

认为必须服从对人民拥有最高命令权和立法权的人，确切地说如此在法学上无条件地服从，以至于哪怕只是按照法律条文对他获得上述权力进行公开的**研究**，因而对他抱有怀疑，以便在他也许不在场时反对他，这都已经是该惩罚的，认为一个绝对的命令式就是：**你们要服从对你们拥有权力的当局**（在一切不违背内心道德的事情上），这是令人厌恶的命题，应当被拒斥。——但是，不仅仅是这条把一个事实（强占）作为条件来当做法权的基础的原则，而且甚至统治人民的**纯然理念**，都迫使我这个属于人民的人，无须先行的研究就服从这种僭越的权利（法权论，第 49 节），这似乎激怒了评论家的理性。

任何事实（实事）都是（感官的）**显象**中的对象；反之，只能通过纯粹理性来表现的东西，必须被归于**理念**，不可能为理念相应地在经验中给出任何对象，人们中间的一种完全**合法的宪政**就是这样的东西，它就是物自身。

这样，如果有人民通过法律在一个当局之下联合起来，那么，按照人民**一般而言**在一个掌权的最高意志之下的统一性的理念，它是作为经验对象被给予的；但当然只是在显象中被给予的；也就是说，存在着一 6〔372〕种该词一般意义上的合法宪政；而且尽管它可能带有重大的不足和严重的缺点，需要逐步地作出重要的改善，但是，反对它却是绝对不允许的和应予惩罚的：因为如果人民认为自己有权用暴力反对这种虽然还有缺点的宪政和最高权威，那么，人民就会自以为拥有一种法权，即用暴力取代至高地规定一切法权的立法；这将会充当一个自己毁灭自己的最高意志。

一般而言一种国家宪政的**理念**，同时对任何人民来说都是按照法权概念作判断的实践理性的一条定言命令，是**神圣的**和不可违抗的；而且即使国家的组织由于自身的缘故就有缺点，但毕竟在国家中没有任何下级权力能够以实际的反抗来反对国家的立法首脑，而是国家尚未克服的缺陷必须通过国家自身进行的改革来逐渐地加以消除，因为若不然，如果臣民们有相反的准则（按照专擅的任性行事），那么，一种好的宪政本身就只能通过盲目的偶然事件来完成。——“你们要服从对你们拥有权力的当局”这一命令并不深究当局是怎样获得这种权力的（以便在必要时削弱这种权力）；因为已经存在、你们就生活在其下的权力，已经拥有立法权，你们虽然可以对这种权力公开地作出玄思，但却不可以自命为对抗的立法者。

无条件地使人民意志（它就自身而言是未联合的，因此是无法律的）服从于一个**行使主权的**（通过一项法律把所有人联合起来的）意志，是只能通过夺取最高权力才能开始的行动，而且首先建立了一种公共法权。——还允许反对这种绝对的权力（这种反对限制了那种最高的权力），是自相矛盾的；因为那样一来，那种（可以反抗的）最高权力就会不是合法的最高权力，本来就是后者首先规定了什么是公共地正当的和不正当的。——而且这个原则已经先天地存在于一种一般而言的国家宪政的**理念**中，也就是说，存在于实践理性的一个概念中，虽然不能**相应地**给这个概念配上经验中的任何例证，但它作为规范，也必定没有任何经验与之矛盾。

第二部
德性论的形而上学初始根据

6〔375〕

前言

如果关于某个对象有一种**哲学**（由概念构成的理性知识体系），那么，对于这种哲学来说，必定也存在纯粹的、不依赖任何直观条件的理性概念的一个体系，亦即一种**形而上学**。——问题只是：对于每一种作为义务学说的**实践**哲学来说，因而对于**德性论**（伦理学）来说，是否也需要**形而上学的初始根据**，以便能够把它作为真正的科学（系统地）、不只是作为零星搜检到的学说的堆砌（残缺不全地）建立起来？——关于纯粹的法权论，没有人会怀疑有这种需要，因为它只涉及有待按照外部关系中的自由法则来限制的任性的**形式东西**；不考虑任何**目的**（作为任性的质料）。因此，义务学说在这里就是一种纯然的**知识学说**（doctrina scientiae）。①

于是，在这种哲学（德性论）中，似乎与这种知识学说的理念恰恰
6〔376〕相悖的是：一直回溯到**形而上学的初始根据**，以便使义务概念排除一切经验性的东西（任何情感）而毕竟成为动机。因为如果德性应当是从形而上学的武库中借用它的武器的，那么，人们能够为自己形成怎样一个具有一种力量和赫拉克勒斯般强大的概念，来克服产生恶习的偏好呢？形而上学本来是思辨的事情，只有少数人懂得运用。所以，教室里的、布道坛上的和通俗读物中的一切德性论，如果用一些形而上学碎片来装饰，就显得十分可笑。——但即便如此，在一种形而上学中去探寻德性论的最初根据，毕竟不是没有用处的，更不用说可笑了；因为任何一个人作为哲学家都毕竟必须去寻找这个义务概念的最初根据，因为若不然，

① 因此，一个**精通实践哲学的人**恰恰不是**一个实践哲学家**。后者就是使**理性的终极目的**对自己来说成为**其行动**的原理的人，因为他同时把为此必需的知识与此结合起来了：这种知识，既然它以行动为目标，就不可以一直展开到形而上学的最细微的线索，如果它绝不关涉法权义务——例如在法权义务这里，必须在正义的天平上按照作用与反作用相等的原则精确地规定**“我的”**和**“你的”**，因而类似于数学的准确——而是关涉一种纯然的德性义务的话。因为这不只取决于知道做**什么**是义务（鉴于所有人自然拥有的目的而不难指明这一点），而是首先取决于意志的内在原则，亦即这种义务的意识同时就是行动的**动机**，以便关于把这种智慧原则与其意志联结起来的人说：他就是一个**实践哲学家**。

对于德性论来说，就根本既不能指望可靠性，也不能指望纯粹性。既然如此，信赖某种情感，该情感因具有预期的作用而被称为**道德的**，这大概也能使民众导师满意；因为作为一种德性义务的试金石，看它是不是德性义务，他要求人们牢记如下任务："如果每个人在任何情况下都使你的准则成为普遍法则，那么，这样一个准则究竟如何才能与自己一致呢？"但是，如果仅仅是情感使得也把这个命题当做试金石成为我们的义务，那么，这种义务在这种情况下就不是由理性授意的，而是仅仅按照本能，因而是盲目地为此接受下来的。

然而事实上，建立在某种情感之上的并不像人们也许误以为的那样是一种道德原则，而实际上无非是模糊思维过的形而上学，它是每一个人在自己的理性禀赋中固有的；就像试图**以苏格拉底的方式**给自己的弟子讲授义务命令式以及在对其行动作出道德评判上的运用的教师很容易意识到的那样。——如果教师根本无意把弟子培养成哲学家，那么，他的**讲授**（技艺）就不可以总是形而上学的，语言不可以是学究气的。但是，**思想**却必须一直回溯到形而上学的诸要素，没有这些要素，就别指望德性论中有什么可靠性和纯粹性，甚至就连打动人的力量也别指望。

如果偏离这条原理，而从病理学的或者纯感性的，哪怕是道德的**情感**（主观实践的情感而不是客观的情感）开始，也就是说，从意志的质料亦即**目的**开始，而不是从意志的形式亦即**法则**开始，为的是由此出发规定义务，那么，当然就没有德性论的**形而上学初始根据**——因为无论 6〔377〕
情感由什么所激发，它都始终是**自然的**。——但德性论在这种情况下也就在其根源上堕落了，无论是在学校里还是在布道坛上等等，都是一回事。因为一个人被什么动机作为手段引向一个好的意图（遵从一切义务），这并不是无关紧要的。——因此，那些**预言般地**甚或**天才般地**对义务学说评头论足的所谓智慧教师尽可以讨厌形而上学，但对于自命为智慧教师的人们来说，甚至在德性论中回溯到它的那些原理，并在它们的岩层上首先自成一派，毕竟是不可推卸的义务。

※　　　　※　　　　※

人们肯定在这里有理由感到惊讶：然而，根据迄今为止就义务原则从纯粹理性派生而言对其所作的一切解释，还怎么可能把它重新追溯到幸福学说呢？毕竟这样一来，归根结底将想到某种不依据经验性原因的

道德上的幸福，而这是一个自相矛盾的荒唐说法。——因为能思维的人每当战胜了恶习的诱惑、意识到自己已经履行了自己那常常艰巨的义务之后，就处于一种灵魂的宁静与满足状态，人们完全可以把这种状态称为幸福，在其中德性就是它自己的报酬。——于是，**幸福论者**就说：这种极乐、这种幸福就是他为什么要合乎德性地行动的真正动因。不是义务概念**直接**规定着他的意志，而是仅仅**借助**预期的幸福，他才被推动去履行自己的义务。——但现在很明显，既然他只能指望从已经履行自己的义务这种意识获得德性的报酬，因此，这种意识就必须先行发生；也就是说，在他想到幸福将是遵循义务的后果之前，而且在他没有想到这一点的时候，他就必须认为自己有责任履行自己的义务。他在自己的**原因论**中陷入了**循环论证**。也就是说，只有当他意识到自己遵循义务时，他才能希望是**幸福的**（或者内心有福的），但是只有当他预见到通过遵循义务他将使自己幸福时，他才能被打动去遵循自己的义务。——但是，
6〔378〕这在这种玄思中也是一个**矛盾**。因为一方面，他应当遵循自己的义务，而不先问一下，这对他的幸福将有什么作用，因而是出自一个**道德上的**根据；但另一方面，他毕竟只是在他可以指望这将给他带来的幸福时，才能为了他的义务而承认某种东西，因而是依据**病理学**的原则，而这恰恰是前者的反面。

我在另一处地方（《柏林月报》[①]）已经对**病理学**的愉快与道德的愉快的区别如我所相信的那样，作出了最简单的表述。也就是说，为了使人依照法则行动而必须走在对法则的遵循之前的愉快是病理学的，而且行事方式遵从的是**自然秩序**；但是，为了被感觉到而法则必须走在其前面的愉快则处于**道德秩序**中。——如果不注意这一区别，如果**幸福**（幸福原则）取代**自由**（内在立法的自由原则）被确立为原理，其后果便是一切道德的**安乐死**（平和的死亡）。

这些错误的原因无非如下：那些只习惯于生理学解释的人无法理解这些法则专断地由以产生的定言命令式；尽管他们毕竟感到自己不可抗

---

① 在论文《论哲学中一种新近升高的口吻》中，发表于《柏林月刊》，1796；《康德全集》，第Ⅷ卷，395页［参见《康德著作全集》，第8卷，402页注。——译者注］。舍恩德弗尔（《老普鲁士月刊》，第49卷，522页）和弗兰德在其《道德形而上学》版本中是对的。（据舍恩德弗尔的注释）377页就已经与这篇论文相关。——科学院版编者注

拒地被这定言命令式所渗透。但是，无法说明完全超出那个范围的东西（任性的**自由**），哪怕正是人的这种优越性，即能够拥有这样一个**理念**，如此令灵魂升华，这一点被往往在其他领域感到自己的能力如此强大的思辨理性的自负要求所刺激，仿佛是普遍**征召**支持理论理性之万能的同盟者们去反对那个理念，而且在今天以及也许更长的时间里攻击道德上的自由概念，尽可能地使之变得可疑，尽管这种攻击最终毕竟是徒劳的。

6〔379〕 德性论导论

伦理学在古时候就意味着一般**道德论**（philosophia moralis［道德哲学］），后者人们也称之为**义务的学说**。后来人们觉得最好把这个名称只转用于道德论的一个部分，亦即转用于不服从外部法则的义务的学说上（人们在德语中恰当地给它找到**德性论**这个名称），这样，总的义务学说的体系现在就被划分为能够有外部法则的**法权论**（ius）体系和不能有外部法则的**德性论**（Ethica）体系。这一点也就说到这里。

一、一种德性论的概念阐释

义务概念自身就已经是通过法则来**强迫**（强制）自由任性的概念；这种强制可以是一种**外在的**强制或者**自我强制**。道德**命令式**通过其绝对的表述（无条件的应当）宣布了这种强制，因而强制并不关涉一般理性存在者（其中可能也有**神圣的**存在者），而是关涉作为理性的**自然存在者**的**人**，人还不够神圣，他们虽然承认道德法则的威望本身，也可能会一时感到违背它的愉快，甚至当他们遵从它时，也仍然**不乐意**（借助抵制他们的偏好）这样做，而这正是强制之所在。① ——但是，既然人毕竟是
6〔380〕 一个**自由的**（道德的）存在者，义务概念所包含的就只能是**自我强制**（仅仅通过法则的表象），如果所考虑的是内在的意志规定（动机）的话；因为只有这样，才有可能把那种**强制**（即便它是一种外在的强制）与任性的自由结合起来，但这样一来，义务概念也将是一个伦理学概念。

因此，本性的冲动包含了人的心灵中实施义务的障碍和（有时强有

① 但是，人毕竟认为自己作为**道德存在者**同时〔当他客观地（按照他自己人格中的**人性**）观看自己，看他被自己的纯粹实践理性规定为什么的时候〕神圣得足以**不乐意**违背内在的法则；因为还没有如此卑鄙的人，在有这种违背时在内心感受不到抗拒和对自己的厌恶，若有这种厌恶他本来必定会对自己加以强制的。——现在，人在这个十字路口（在这里，美丽的寓言把赫拉克勒斯置于德性和肉欲之间）更多地表现出服从偏好而不是服从法则的倾向，这一现象不可能得到解释：因为我们只能解释什么发生了，我们是按照自然法则从一种原因中推出它的；但是如此一来，我们就不是把任性设想为自由的了。——但是，这种交互对立的自我强制及其不可避免性，毕竟使人认识到**自由**本身无法理解的特性。

力地）反抗的力量，因此人必须判断自己有能力与它们战斗，并且不是将来才用理性战胜它们，而是现在（与思想同时）马上用理性战胜它们，也就是说，**能够**做法则无条件地命令他应当做的事情。

反抗一个强大但却不义的敌人的能力和深思熟虑的决心是**勇气**（fortitudo），就我们心中的道德意向的敌人而言是**德性**（virtus，fortitudo moralis［道德上的勇气］）。所以，总的义务学说在不是把外在自由，而是把内在自由置于法则之下的部分中，就是德性论。

法权论只与外在自由的**形式**条件（当其准则被当做普遍的法则时，通过与自身的一致）相关，也就是说，只与**法权**相关。反之，伦理学还提供一种**质料**（自由任性的一个对象），即纯粹理性的一个**目的**，这个目的同时被表现为客观必然的目的，亦即对人来说被表现为义务。——因为既然感性偏好把人诱导到可能与义务相悖的目的（作为任性的质料），所以，立法的理性要阻止它们的影响，只能再次通过一个相反的道德目 6〔381〕
的，因而这个道德目的必须不依赖爱好而先天地被给予。

目的是（一个理性存在者的）任性的一个对象，通过它的表象，任性被规定采取一种产生这个对象的行动。——现在，我虽然可能被别人强制采取一些行动，这些行动作为手段指向一个目的，但我绝不可能被别人强制着去**拥有一个目的**，而是只能自己使某种东西**成为我的**目的。——但是，我也有责任使包含在实践理性概念中的某种东西成为我的目的，因而在任性的形式规定根据（就像法权包含着这一类东西一样）之外还拥有一个质料的规定根据，即一个目的，它可能与出自感性冲动的目的相对立：这就会是一个**本身就是义务的目的**的概念；不过，这种目的学说不可能属于法权论，而是属于伦理学，惟独伦理学才在自己的概念中带有按照（道德）法则的**自我强制**。

从这一理由出发，伦理学也可以被界定为纯粹实践理性的**目的**体系。——目的和义务把总的道德论的两个部门区分开来。伦理学包含着人们不可能被他人（以物理的方式）强制去遵从的义务，这仅仅是从伦理学是一种**目的**学说得出的结论，因为为此（拥有这些目的）的一种**强制**是自相矛盾的。

但是，说伦理学是一种德性论（doctrina officiorum virtutis［德性义务的学说］），这是从对德性的上述解释中，与上面已指出其特征的责任相比较而得出的。——也就是说，不存在对任性的别的规定，任性由于其概念就已经适合于不受他人的**任性**甚至**以物理的方式**来强制，除非把它规定为一个**目的**。另一个人虽然可以**强制**我去**做**某种不是我的目的（而只是达到另一个人的目的的手段）的事情，但不能强制我**使它成为我的目的**，而且如果我不使它成为我的目的，我不可能有任何目的。后者是一个自相矛盾：一个自由行为同时却不自由。——但是，为自己本身设定一个同时是义务的目的，这并不是矛盾，因为这时是我自己强制自己，这与自由是完全契合的。① ——但是，这样一个目的何以可能？这就
6〔382〕 是现在的问题。因为一件事情的概念的可能性（概念并不自相矛盾）并不足以假定该事情本身（概念的客观实在性）的可能性。

二、一种同时是义务的目的的概念阐释

人们可以用两种方式来思考目的与义务的关系：或者从目的出发，发现合乎义务的行动的**准则**；或者相反，从义务出发，发现同时是义务的**目的**。——**法权论**走的是第一条道路。每个人想为自己的行动设定什么目的，这听凭他的自由任性。但是，行动的准则却是先天地确定的：就是说，行动者的自由能够与任何他人的自由按照一条普遍的法则并行不悖。

但是，**伦理学**选择的是一条相反的道路。它不能从人要为自己设定的目的出发，并由此而拥有他应采纳的准则，亦即拥有他的义务；因为这会是准则的一些经验性根据，它们并不提供义务概念，义务概念（绝对的应当）惟独在纯粹理性中才有其根源；无论如何，如果准则应当按照那些目的（它们都是自私自利的）来采用，那么，真正说来就根本谈不上义务概念。——因此在伦理学中，将是**义务概念**导向目的，并且必须按照道德原理就我们应当给自己设定的目的而言建立**准则**。

6〔383〕 姑且不论这种自身就是义务的目的究竟是怎样一种目的，不论这样一种目的是如何可能的，在此只需指出：这一种义务名为**德性义务**，以

① 人越是能够少以物理的方式被强制，就反过来越是能够多以道德的方式（通过义务的纯然表象）被强制，因而就越自由。——例如，一个决心足够坚定、灵魂足够坚强的人，不会放弃已开始的娱乐，哪怕人们向他展示他由此将招致如此之多的损害，但是想到他这样做就会疏于职守或者冷落了一个患病的父亲，他就会毫不迟疑地、尽管不乐意地放弃自己的意图，这正好证明他的最高程度的自由，即他不能反抗义务的呼声。

及为什么是这样。

所有的义务都对应着**一种**法权，它被视为**权限**（facultas moralis generatim［一般道德能力］），但并不是所有义务都对应着一个他人强制某人的**法权**（facultas iuridica［司法能力］）；后者特指**法权义务**。——同样，所有伦理责任都对应着德性概念，但并非所有的伦理义务都因此而是德性义务。因为德性义务并不涉及某个目的（质料、任性的客体），而是仅仅涉及道德的意志规定的**形式东西**（例如，合乎义务的行动也必须是**出自义务**发生的）。只有一个**同时是义务的目的**才能被称为**德性义务**。因此，后一类义务有好多种（也有各种不同的德性）；与此相反，关于前一类义务只能设想一种义务，但却对所有的行动都有效（有德性的意向）。

德性义务与法权义务的本质区别在于：对于后者来说，一种外在的强制是道德上可能的，但前者仅仅依据自由的自我强制。——对有限的**神圣**存在者（他们就连被引诱去违背义务也根本不可能）而言，没有德性论，而是只有道德论，后者就是实践理性的自律，然而前者同时包含着实践理性的一种**专制**，也就是说，包含着一种尽管不是直接被感知到的、但却是从道德的定言命令中正确推论出来的**能力**意识，即能够控制自己那不服从法则的偏好。这样，人的道德性在其最高阶段上毕竟不比德性多任何东西；即便它完全是纯粹的（除了义务的动机外，完全不受任何外来的动机影响），因为它在这种情况下通常作为一种理想（人们必须不断地迫近的理想）被诗意地以**智者**的名义人格化。

但是，德性也不能仅仅被解释和评价为**技能**和（就像宫廷布道人科修斯的获奖论文①所说的那样）长期的、通过练习获得的道德上良好的行动的**习惯**。因为如果这种习惯不是那种深思熟虑的、牢固的、一再提纯的原理的一种结果，那么，它就像出自技术实践理性的任何其他机械作用一样，既不曾对任何情况都作好准备，在新的诱惑可能引起的变化面前也没有保障。 6〔384〕

① 科修斯（Lonhard Cochius，卒于1779），《偏好研究》，（柏林科学院1767年度）获奖论文，柏林，1769。此外，直接包含着正文所说的东西的这段话，并不存在于纯粹心理学的探讨中。——科学院版编者注

附　释

作为**逻辑上的反面**（contradictorie oppositum［矛盾地相对的］）与德性＝＋a[1] 相对立的，是**否定的无德性**（道德上的软弱）＝0，而作为**对立物**（contrarie s. realiter oppositum［相反地或者实际地相对的］）与之相对立的，则是邪恶＝－a，而且这是一个不但多余、而且有伤风化的问题：重大**犯罪**是否绝不比重大**德性**更需要灵魂的力量。因为我们把灵魂的力量理解为一个赋有自由的人的决心的力量，因而是就他人能够控制自己（有理智）而言的，所以是处于人的**健全**状态的。但是，重大犯罪就是其景象使灵魂健全的人不寒而栗的那种发作。所以，问题也许就成为：一个人在暴怒时是否可能会比他有理智时具有更多的物理力量？如果把灵魂理解为人在自由使用其力量时的生命原则，那就可以承认上面说的，用不着因此赋予他更多的灵魂力量。因为既然那些重大犯罪的根据仅仅在于**削弱**理性的偏好的势力，这并不证明其灵魂的力量，所以，这个问题就会与如下问题结果相当一样：一个人在发病时是否能比他在健康时表现出更多的力量？这个问题可以径直给予否定性的回答；因为缺乏在于人的所有肉体力量之平衡的健康，是这些力量的系统中的一种削弱，人们只能根据这一系统来评判绝对的健康。

三、设想一个同时是义务的目的的根据

目的是自由任性的一个对象，其概念规定任性去采取一个行动（由
6〔385〕 此那个对象被产生出来）。因此，每一个行动都有其目的，而且既然不**自己**使其任性的对象成为自己的目的，就没有人能够有一个目的，所以，拥有行动的一个目的，这是行动主体的**自由**的一个行为，而不是**自然**的一个作用。但是，由于这个规定一个目的的行为是一个实践原则，这个原则所要求的不是手段（因而不是有条件的），而是目的本身（因此是无条件的），所以，它就是纯粹实践理性的一个定言命令式，从而是把一个**义务概念**与一个一般目的概念联结起来的定言命令式。

---

① 参见《纯然理性界限内的宗教》，《康德全集》，第Ⅵ卷，22 页；以及《将负值概念引入世俗智慧的尝试》，《康德全集》，第Ⅱ卷，182 页［参见《康德著作全集》，第 6 卷，21 页注；第 2 卷，182～183 页。——译者注］。——科学院版编者注

于是，就必然存在这样一个目的和一个与该目的相应的定言命令式。因为既然存在自由的行动，就必然也存在那些自由的行动作为客体所指向的目的。但是，在这些目的中间，必然也存在一些同时（亦即按照其概念）是义务的目的。——因为如果不存在这类目的，那么，由于毕竟没有任何行动能够是无目的的，所以一切目的对于实践理性来说就会永远只被视为达成其他目的的手段，而**定言**命令式就会是不可能的；这将取缔一切道德论。

因此，这里所说的不是人按照其本性的感性冲动而给自己**制订**的目的，而是服从自己的法则的自由任性的对象，**人应当使**这些对象**成为**自己的目的。人们可以把前者称为技术的（主观的）、真正实用的、在其目的的选择中包含着精明规则的目的论，但人们必须把后者称为道德的（客观的）目的论；这种区分在此毕竟是多余的，因为道德论已经通过其概念把自己与自然学说（在此是人类学）清楚地区别开来了，后者依据的是经验性的原则，与此相反，探讨义务的道德目的论依据的则是先天地在纯粹实践理性中被给予的原则。

四、哪些目的同时是义务的目的

它们是：**自己的完善、他人的幸福**。

人们不能把这些目的相互调换，使一方面**自己的幸福**与另一方面**他人的完善**成为自身就是同一个人格的义务的目的。

因为**自己的幸福**虽然是一个所有人（由于其本性的冲动）都具有的目的，但这个目的却永远不能被视为义务而不自相矛盾。每个人不可避免地已经自动想要的东西，就不属于**义务**的概念；因为义务是**强制**具有一个不乐意采纳的目的。所以，说人**有义务**全力促成其自己的幸福，是自相矛盾的。 6〔386〕

同样，使一个他人的完善成为我的目的，并认为我对促成这种完善有义务，亦是一个矛盾。因为另一个人作为一个人格，其完善恰恰就在于这一点，即他**自己**有能力按照他自己关于义务的概念为自己设定自己的目的，而且要求（使之成为我的义务）我应当做除了他自己之外没有别的人能够做的事情，是自相矛盾的。

五、这两个概念的阐释

1. 自己的完善

完善这个词遭受了一些误解。它有时被理解为一个隶属于先验哲学、合并起来构成一个事物的杂多之**全体性**的概念，——但也被理解为属于**目的论**的，这样它就意味着一个事物的诸性状与一个**目的**的协调一致。人们可以把前一种意义上的完善称为**量的**（质料的）完善，把第二种意义上的完善称为**质的**（形式的）完善。前者只能是一种完善（因为隶属一个事物的东西的全体是一）。但关于后者，在一个事物中就可以有许多种。我们在此真正要讨论的也是后一种完善。

如果关于属于一般人的（真正说来属于人类的）完善说：使它成为自己的目的，这本身就是义务，那么，它就必须被设定在能够是人行为的结果，而不只是人不得不归功于本性的礼物的东西之中；因为若不然，
6〔387〕它就不是义务了。因此，它无非是人的能力（或者自然禀赋）的**陶冶**，其中**知性**作为概念的，从而也是关涉义务的概念的能力是最高的能力，但同时也是对遵循一切一般义务的意志的（道德的思维方式）的**陶冶**。1. 人有义务：努力脱离其本性的粗野，脱离动物性（quoad actum [行为上的]），越来越上升到人性，惟有借助人性人才能为自己设定目的；通过教导来弥补其无知，纠正其失误，而这不只是他的其他方面的意图的技术实践理性（技艺）**建议**给他的，而是道德实践理性绝对地**命令**他这样做，并且使这一目的成为他的义务，以便和他身上的人性相称。2. 把他的**意志**的陶冶一直提升到最纯粹的德性意向，亦即**法则**同时成为他的合乎义务的行为的动机，并且出自义务来服从法则，这就是内在的道德实践的完善性，这种完善性由于是他自己心中的立法意志对据此行动的能力施加的作用的一种情感，因此是**道德情感**，仿佛是一种特殊的**感觉**（sensus moralis [道德感觉]），这种感觉固然的确往往被狂热地滥用，就好像它（如同苏格拉底的灵机一样）先行于理性，或者也能够根本不需要理性的判断似的，但它毕竟是一种道德上的完善，亦即使每一个同时是义务的特殊目的成为对象。

2. 他人的幸福

幸福，亦即对自己的状态的满足，只要人们确信幸福的持存，期望

幸福和寻求幸福就是人的本性不可避免的；但正因为如此，它也不是一个同时是义务的目的。——既然一些人还在道德幸福和自然幸福之间作出区分（前者在于对自己的人格及其特有的道德行为的满足，因而是对他的**所作所为**的满足，后者在于对自然所赐的满足，从而是对他当做外来赠品来**享受**的东西的满足），所以，人们必须注意到：且不指责对这个词的滥用（它已经在自身包含着一个矛盾），前一种感受方式仅仅属于上一节，即完善那一节。——因为在仅仅意识到自己的正直时感到自己幸 6〔388〕
福的人，已经拥有上一节被解释为同时是义务的目的的那种完善。

因此，如果关键在于幸福，把幸福当做我的目的来追求应当是义务，那么，这必须是**其他人**的幸福，**我由此也使这些人的**（被允许的）**目的成为我的目的**。至于这些人愿意把什么算做他们的幸福，依然听凭他们自己去评判；只不过我也有权拒绝某些**他们**归入此列、而我并不赞成的东西，如果他们通常并没有权利将这他们自己的事情要求于我的话。但是，用一种假托的责任与那个目的相对立，即必须也关照我**自己的**（自然的）幸福，并且就这样使我自然的、纯然主观的目的成为义务（客观的目的），这是对上述义务划分（四）的一种虚假的、常常被使用的反对意见，是需要谴责的。

令人讨厌的事、痛苦和匮乏是违背自己的义务的重大诱惑。因此，富裕、强大、健康和一般而言的福祉，是和那种影响相对立的，它们看起来也能被视为同时是义务的目的；也就是说，促成其自己的幸福，使它不仅仅为了他人的幸福。——但这样一来，这种幸福就不是目的，而主体的道德性才是目的，为这个目的清除障碍，只是被允许的手段；因为没有其他人有权要求我牺牲我那并非不道德的目的。为自己谋求富裕，并不直接地是义务，但却间接地能够是这样一种义务：亦即防止贫穷，贫穷是恶习的一大诱惑。但这样一来，它就不是我的幸福，而是我的道德性了，保持道德性的完美无疵是我的目的，同时也是我的义务。

六、伦理学不为行动立法（因为这是法学的事），而是只为行动的准则立法

义务概念直接与**法则**相关（即便我还抽掉作为法则的质料的一切目的）；就像义务的形式原则在“要如此行动，使你的行为准则能够成为一 6〔389〕

个普遍**法则**”的定言命令式中已经显示的那样；只不过在伦理学中这个法则被设想为**你**自己的**意志**的法则，而不是被设想为也能够是他人意志的一般意志的法则；这样一来，在伦理学中，它就会提供一种不属于伦理学领域的法权义务。——准则在此被视为仅仅**获得资格**进行一种普遍立法的主观原理；这只是一个否定的原则（与一个一般法则并不矛盾）。——但在这种情况下，还怎么可能对行动准则有一个法则呢？

惟有一种同时是义务、为伦理学所特有的目的的概念，才论证了行动准则的法则，因为主观目的（人人都有的目的）被置于客观目的（人人都应当使之成为自己目的的目的）之下。“你应当使这个或者那个（例如他人的幸福）成为你的目的”，这一命令式涉及任性的质料（一个客体）。既然不是行动者同时企求一个目的（作为任性的质料），就没有任何自由的行动是可能的，所以，如果有一个同时是义务的目的，行动准则作为达成目的的手段就必定只包含着获得一种可能的普遍立法的资格的条件；对此，同时是义务的目的使得具有这样一个准则成为一个法则，然而对于准则本身来说，与一种普遍的立法相一致的纯然可能性就已经足够。

因为行动的准则可以是**任性的**，而且仅仅受制于作为行动的形式原则的、一种普遍立法的资格的限制性条件。但是，一个法则取缔行动的任性的东西，而且在这一点上与一切**颂扬**（这里只要求知道达成一个目的的最恰当手段）不同。

6〔390〕 **七、伦理义务是广义的责任，而法权义务则是狭义的责任**

这个命题是从上一个命题得出的结论；因为如果法则要求行动的准则，而不能要求行动本身，那么，这就是一个信号，即法则为遵循（遵从）留下了自由任性的一个活动空间（latitudo），也就是说，不能确定地说明应当如何通过行动为同时是义务的目的而发挥作用，以及发挥多少作用。——但是，一种广义的义务并不被理解为对行为准则之例外情形的一种许可，而只是一个义务准则被另一个义务准则所限制（例如，因为爱父母进而爱邻人）的许可，由此事实上扩大了德性实践的领域。——义务越宽泛，从而人去行动的责任越不完全，尽管如此他（在自己的意向中）使遵从这种责任的准则越接近**狭义的**义务（法权义务），其德性行动就越完全。

所以，惟有不完全的义务才是**德性义务**。德性义务的履行是**功德**（meritum）＝＋a；但对它的违背却并不马上就是**过失**（demeritum）＝－a，而仅仅是道德上的**无价值**＝0，除非主体的原理就是不服从那些义务。第一种情况中决心的坚强其实只是德性（virtus），第二种情况中的软弱与其叫做**恶习**（vitium），还不如说只是**无德性**，是道德上的坚强的缺乏（defectus moralis［道德上的匮乏］）。（正如德性这个词源于“适用”一样，无德性源于“一无所用”。）任何违背义务的行动都叫做**犯罪**（peccatum），而蓄意的、已经成了原理的犯罪则真正构成人们称为**恶习**（vitium）的东西。

虽然行动对法权的适应（做一个守法的人）不是什么有功德的事，但这样一些行动的准则的适应，作为义务，亦即对法权的**敬重**，却是**有功德的**。因为人由此使人性的，或者还**使**人的法权**成为**自己的**目的**，并且由此使其义务概念扩展到**本分**（officium debiti［亏欠的义务］）概念之外；因为一个他人从自己的法权出发可以要求我作出遵循法则的行动， 6〔391〕
但却不能要求这条法则也同时包含着作出这些行动的动机。“出自义务而合乎义务地行动”，这个普遍的伦理命令也具有这种情况。在内心建立并激发这种意向，与前面的意向一样是**有功德的**，因为它超出了行动的义务法则，并且使法则自身同时成为动机。

但正因为如此，这些义务也必须被归为广义的责任，就广义的责任而言出现了其伦理**回报**的主观原则（确切地说是为了使这些义务尽可能接近一种狭义的责任的概念），亦即按照德性法则对它们的易感性的主观原则，也就是一种道德上的愉快的原则，这种愉快超出了纯然的对自己的满意（这只能是否定性的），而且人们赞美它：说德性在这种意识中就是它自己的酬报。

如果这种功德是人对他人的功德，即促成他人的自然的、被所有人承认的目的（使他人的幸福成为自己的幸福），那么，人们就可以把这称为**甜美的功德**，对它的意识带来一种道德上的享受，人们愿意通过同喜同乐而**沉浸**在这种享受中；然而，**苦涩的功德**，亦即对于他人的真正福祉来说，即便他人没有认出它就是福祉，毕竟也（在无法辨认的、吃力不讨好的事情上）促成它，却通常没有这样一种反作用，而是只会造成对自己的**满意**，虽然在后一种情况下这种功德还会更大些。

八、对作为广义义务的德性义务的解说

1. 自己的完善作为同时是义务的目的

a. **自然的**完善，亦即促成由理性提交的目的的所有一般**能力**的**培养**。这是义务，因而本身就是目的，而且那种培养甚至无须考虑它向我们保证的好处，不以一个有条件的（实用的）命令式为基础，而是以一
6〔392〕个无条件的（道德的）命令式为基础，这一点应当由此看出来。一般而言为自己设定某个目的的能力，是人类的显著特征（与兽类有别）。因此，与我们自己人格中的人性的目的相结合的，也有理性意志，因而有如下义务，即一般而言通过培养为人性作出贡献，就实现各种各样可能目的的**能力**在人本身可以发现而言获得或者促进这种能力，也就是说，是培养其本性中的原始禀赋的义务，惟有这样动物才升华为人：因此是义务自身。

然而，这种义务仅仅是伦理的，亦即具有广义的责任。人们究竟在培养方面（在扩展或者校正自己的知性能力方面，亦即在知识或者技艺能力方面）应当走多远，并没有任何理性原则作出明确的规定；人们可能进入的处境的不同，也使他应当为之培植其才能的工作的种类选择非常任意。——所以，这里没有行动的理性法则，而是只有行动准则的理性法则，这个准则就是，“培养你的心灵力量和肉体力量以适应你可能碰到的一切目的”，不确定的是其中哪些目的将来会成为你的目的。

b. 我们心中的**道德性的培养**。人的最大的道德完善是：尽自己的义务，确切地说是**出自义务**而尽义务（法则不单是行动的规则，而且是行动的动机）。——现在，这种法则虽然乍看起来似乎是一种**狭义**的责任，每一行动的义务原则似乎以一个法则的精确性和严格性不但要求**合法性**，而且要求**道德性**，亦即意向。但事实上，法则在这里也只要求**行动的准则**，即不是在感性冲动（好处或者坏处）中，而完全是在法则中寻找承担义务的根据，——因而不是要求**行动本身**。——因为对于人来说，如此看穿他自己的内心深处，以至于他往往只是在**一个**行动中就能完全确知，其道德意图的纯粹性和意向的纯洁性是不可能的，即便他毫不怀疑这个行为的合法性。毋宁是那制止一种犯罪冒险的软弱，被同一个人视

为德性（它提供了坚强的概念），而且有多少人可以度过漫长无罪的人生，他们只是**侥幸地**避开了如此多的诱惑；就每一次行为而言，究竟有 6〔393〕
多少纯粹道德的内容处于意向中，对他们自己来说依然是隐秘的。

因此，就连这种不仅按照合法性，而且按照道德性（意向）来评估其行动之价值的义务，也仅仅具有**广义的**责任，法则并不要求人的心灵本身中的这种内在行动，而只要求行动的准则：尽一切能力使得对一切合乎义务的行动来说，义务的思想独自就是充分的动机。

2. 他人的幸福作为同时是义务的目的

a. **自然的福祉**。**善意**可以是漫无边际的，因为这里可以不做任何事情。而**行善**施行起来要困难得多，尤其是当它应当不是出自对他人的好感（爱慕），而是出自义务，要牺牲和伤害某些情欲而发生的时候。——这种善行是义务，这一点产生自：由于我们的自爱不可能与被他人爱（在危难时得到帮助）的需要相分离，所以我们使自己成为他人的目的，而且这种准则永远只有通过取得一个普遍法则的资格，因而通过一个意志，才能让人有责任也使他人对我们成为目的，所以，他人的幸福就是一个同时是义务的目的。

然而，我应当拿我自己的一部分福祉奉献给他人而不图回报，因为这是义务，而且这可以走多远，不可能给出一个明确的界限。这在很大程度上取决于，对于每个人来说，按照他的感知方式，什么将是真正的需要，这种需要必须听凭每个人自己去决定。因为以牺牲自己的幸福（真正的需要）来促成他人的幸福，本身就会是一个自相矛盾的准则，如果人们使它成为普遍的法则的话。所以，这种义务只是一种**广义的**义务，它在这方面做多做少，有一个回旋的余地，不能明确地给出它的界限。——法则只适用于准则，而不适用于确定的行动。

b. 他人**道德上的福乐**（salubritas moralis）也属于其幸福，促成这 6〔394〕
种幸福对我们来说是义务，但只是消极的义务。一个人出于内疚而感到的痛苦，虽然其起源是道德上的，但毕竟在结果上是自然的，例如忧伤、恐惧和任何其他病态的状况。防止那人被这种内心责难理所当然地击中，这虽然本来就不是**我的**义务，而是**他自己的**事情；但是，不做任何事情，按照人的本性就会是误导人做其良知事后使他可能为之痛苦的事情，人们把这称为丑闻。——但是，这不是什么确定的界限，在这些界限之内这种小心谨慎可以被视为他人在道德上的满意；因此，以此为基础的仅仅是一种广义的责任。

九、什么是德性义务

德性就是人在遵循自己的义务时准则的力量。——任何力量都只是通过它能够克服的障碍才被认识到；但在德性这里，这些障碍就是可能与道德决心相冲突的自然偏好，而且既然正是人为自己的准则设置了这些路障，所以，德性就不单是一种自我强制（因为那样的话，一种自然偏好就可能力图强制另一种自然偏好），而且是一种依据一个内在自由原则，因而通过义务的纯然表象依据义务的形式法则的强制。

一切义务都包含着一个由法则而来的**强制**的概念；**伦理**义务包含着这样一种强制，对于它来说只可能有一种内在的立法，与此相反，法权义务则包含着这样一种强制，对于它来说也可能有一种外在的立法；因此，二者都有一种强制，无论是自我强制还是通过他人来强制：这样一来，前者的道德能力就可以被称为德性，产生自这样一种意向（对法则的敬重）的行动就可以被称为德性行动（伦理的），尽管法则表达的是一种法权义务。因为正是**德性论**要求把人的法权视为神圣的。

但是，做了就是德性的事情，并不因此马上就是真正的**德性义务**。前者只能涉及准则的**形式东西**，后者则关涉准则的质料，亦即关涉一个同时被设想为义务的**目的**。——但是，既然对那些可能有许多种目的的
6〔395〕 伦理责任只是一种**广义**的责任，因为它在这里只包含着一个对行动准则来说的法则，而且目的就是任性的质料（客体），所以，就存在着许多因合法目的不同而不同的义务，这些义务被称为**德性义务**（officia honestatis）；这正是因为它们只服从自由的自我强制，不服从别的人，而且它们规定着同时是义务的目的。

德性，作为在坚定的意向中建立的意志与任何义务的一致，与所有**形式的东西**一样都仅仅是同一个义务。但就行动的同时是义务的目的而言，亦即就人们应当使之成为自己的目的的东西（质料的东西）而言，就可能有更多的德性，而对目的准则的责任就叫做德性义务，因此，德性义务有许多种。

德性论的至上原则是：你要按照一个**目的**准则行动，拥有这些目的对任何人而言都可以是一个普遍法则。——按照这一原则，人无论对自己还是对他人都是目的，而且他既无权把自己也无权把他人仅仅当做手段来使用（这时他毕竟可能对他人也漠不关心），这还不够；相反，使一般而言的人成为自己的目的，这本身就是人的义务。

德性论的这一原理，作为一个定言命令式，不可以作任何证明，但完全可以从纯粹实践理性出发作一种演绎。——在人与自身及他人的关系中**能够**是目的的东西，就是纯粹实践理性面前的目的；因为纯粹实践理性就是一种一般的目的能力，所以就这些目的而言漠不关心，亦即对它们毫无兴趣，这是一个矛盾，因为那样的话，它也就不会规定行动的准则（后者在任何时候都包含着一个目的），因而就会不是实践理性了。但是，纯粹理性不能先天地要求任何目的，除非它把这样一些目的同时宣布为义务；这些义务在这种情况下就叫做德性义务。

十、法权论的至上原则是分析的，而德性论的至上原则却是综合的 6〔396〕

外在的强制，就它是一种与按照普遍法则而协调一致的外在自由的障碍相对立的阻抗（外在自由的障碍的障碍）而言，能够与一般的目的并行不悖，这一点按照矛盾律是显而易见的，而且为了看出它，我不可以超出自由的概念；每个人都有的目的可能就是他所愿望的。——因此，至上的**法权原则**是一个分析命题。

与此相反，德性论的原则超出了外在自由的概念，而且按照普遍的法则还把一个它使之成为义务的**目的**与外在自由的概念联结起来。所以，这个原则是综合的。——其可能性就包含在演绎之中（第九节）。

义务概念的这种扩展，超出了外在自由及其因自己普遍一致的纯然形式的东西而受限制的概念，在这里建立起来的是**内在的**自由而不是来自外部的强制，是自我强制的能力，确切地说不是凭借别的偏好，而是通过纯粹实践理性（它蔑视所有这种中介），这种扩展就在于：通过它建立起了法权完全弃之不顾的目的，它由此也高过了法权义务。——在道德命令式和为它所必需的自由前提中，**法则**、**能力**（实现法则的能力）和规定准则的**意志**构成了所有形成法权义务概念的要素。但是，在要求德性义务的意志中，还在一种自我强制的概念之上添加了一个**目的**的概念，这个目的不是我们具有的，而是我们应当具有的，因而是纯粹实践理性自身具有的，纯粹实践理性最高的、无条件的目的（但毕竟始终还是义务）就被设定在：德性就是它自己的目的，就它为人作出的功德而言，它也是它自己的酬报〔在这里，德性作为理想如此光辉灿烂，以至于它在人的眼里似乎使永不被诱惑犯罪的**神圣**本身也黯然失色①；这仍然
6〔397〕是一种欺骗，因为既然我们没有尺度来衡量作为那时已经可以被克服的障碍（就是存在于我们内心的偏好）之大小的强度，我们就受到误导，把评价一种大小的**主观**条件视为大小自身的**客观**条件〕。不过，与都有其需要克服的障碍的**人类目的**相比，具有其正确性的是：德性本身作为它自己的目的，其价值远远胜过一切用处和一切经验性的目的，以及它本来可能作为自己的后果带来的好处。

人们也完全可以说：人理应**有**德性（作为一种道德力量）。因为尽管绝对能够并且必须**预设**由于自己的自由而克服一切感性地起相反作用的冲动的能力（facultas），但毕竟这种能力作为力量（robur）是某种必须来获得的东西，其方式是通过对我们心中的纯粹理性法则之尊严的沉思（contemplatione），但同时也通过**练习**（exercitio）来振奋道德的**动机**（法则的表象）。

6〔398〕

十一、德性义务的图型可以按照上述原理以如下方式来图示

德性义务的质料性东西

内在的德性义务	1. **自己的目的**，对我来说同时就是义务。（我自己的**完善**）	2. **他人的目的**，促成它对我来说同时就是义务。（他人的**幸福**）	外在的德性义务
	3. **法则**，同时是动机。一切自由的意志规定的**道德性**都依据它。	4. **目的**，同时是动机。一切自由的意志规定的**合法性**都依据它。	

德性义务的形式性东西

① 人即便有其缺陷，
也胜过一群无意志的天使。*

——哈勒

十二、心灵对于一般义务概念的易感性之感性论先行概念 6〔399〕

正是这样一些道德性状，如果人们不具有它们，也就不可能有义务使自己拥有它们。——它们是**道德情感、良知、对邻人的爱**和对自己的**敬重（自重）**，不存在拥有它们的责任；因为它们是作为对义务概念的易感性的**主观**条件，而不是作为客观条件为道德性奠定基础的。它们全都是感性的，而且是先行的，但却自然的心灵禀赋（praedispositio），可以被义务概念所激发；拥有这些禀赋，并不能被看做义务，相反，它们是每个人都具有的，而且凭借它们每个人都可以被赋予义务。——对它们的意识不具有经验性的起源，而只能是作为道德法则对心灵的作用，在一种道德法则的意识之后发生。

1. 道德情感

道德情感只是对于出自我们的行动与义务法则相一致或者相冲突这种意识的愉快或者不快的易感性。但是，任性的一切规定都是从可能的行动的表象出发，通过对行动或者其后果感兴趣的愉快或不快的情感，而达成事实的；在这里，**感性的**状况（内感官受刺激的状况）要么是一种**病理学的**情感，要么是一种**道德的**情感。——前者是一种先行于法则的表象的情感，而后者则只能是继法则的表象而起的情感。

现在，不可能存在任何拥有一种道德情感或者获得这样一种道德情感的义务，因为一切责任意识都把道德情感当做基础，以便意识到蕴涵在义务概念中的强制；而是每个人（作为一个道德存在者）心中原本就有这种道德情感；但是，责任只能在于**培养**这种情感，甚至通过对其不可探究的起源的惊赞来强化它，做到这一点，乃是通过指出，它是如何 6〔400〕
排除一切病理学的刺激并在其纯洁性上通过纯然的理性表象恰恰最强烈地激发出来的。

把这种情感称为道德**感觉**并不恰当；因为感觉这个词通常被理解为一种理论的、与一个对象相关的感知能力；与此相反，道德情感（例如

---

* 阿尔布莱希特·哈勒：《论灾祸的起源》，1734，2页。康德引用得不精确的诗句原为：
因为上帝不喜欢强制，尘世即便有其缺陷，
也胜过无意志的天使之国。——科学院版编者注

一般而言的愉快或者不快）是某种纯然主观的东西，它并不提供认识。——没有人不具有任何道德情感；因为如果对这种感受完全没有易感性，人在道德上就会死了，而如果（用医生的话说）道德的生命力不再能对这种情感造成任何刺激，那么，人性（仿佛是按照化学法则）就会化为纯然的动物性，而且会不可逆转地混杂进大量其他的自然存在者之中。——不过，虽然人们经常这样表述，但正如我们对真理很少有一种特殊的**感觉**一样，我们对（道德的）善与恶同样很少有一种特殊的感觉，而是有自由任性对自己被纯粹实践理性（及其法则）所推动的易感性，而这就是我们称之为道德情感的东西。

2. 良知

同样，良知也不是什么可以获得的东西，而且没有任何获得一种良知的义务；而是每一个人作为道德存在者都本来在心中**有**这样一种良知。说有责任有一种良知，就会等于是说：对自己有义务承认义务。因为良知就是在一个法则的任何事例中都告诫人有作出赦免或者宣判的义务的实践理性。因此，良知的关系不是与一个客体的关系，而是仅仅与主体的关系（通过其行为激发道德情感）；因而是一种必然发生的事实，并不是责任和义务。因此如果人们说：这个人没有良知，则人们说的是：他没把良知的呼声当回事。因为如果他真的没有良知，他也就不会把自己
6〔401〕 归为合乎义务的，或者指责自己是违背义务的，因而也根本不可能设想自己有义务具有良知。

在此，我还不打算讨论良知的种种划分，只是提醒注意从上述引证中得出的东西，也就是说，一个**会犯错误的**良知是胡说八道。因为在某种东西是不是义务的客观判断中，人们有时很可能出错；但在我是否为了作出那种判断已经把它与我的实践理性（在此是判决的理性）进行了比较的主观判断中，我不可能出错，因为那样的话，我在实践上就根本不会作出判断；在这种情况下就既没有错也没有对。**无良知**不是缺乏良知，而是不把良知的判断放在心上的癖好。但是，如果有人意识到已经是在按照良知行动的，那么，就罪过或者无辜而言，就不能再要求他任何东西。他的责任仅仅是对自己关于什么是义务或者不是义务的知性进行启蒙；不过，一旦他开始这样做或者已经做了，良知就不由自主地和

不可避免地要说话。因此，按照良知去行动，本身不可能是义务，因为若不然，就还必须有一个第二良知，来意识到前者的行为。

义务在这里只是培养自己的良知，磨砺对内在法官的呼声的注意力，并运用一切手段（因此只是间接的义务）来倾听良知。

3. *人类之爱*

爱是**感知**的事情，不是意愿的事情，而且我能够爱，不是因为我**愿意**，但更不是因为我**应当**（被强制去爱）。因此，一种**爱**的义务是胡说八道。不过，**善意**（amor benevolentiae［善意的爱］）作为一种行为可以服从于义务法则。但是，人们常常把一种对他人无私的善意也（尽管不是本义的）叫做**爱**；不错，在善意所涉及的不是他人的幸福，而是使自己的所有目的完全并且自由地顺从于另一个（哪怕是一个超人的）存在者的目的的地方，人们说的是同时对我们而言是义务的爱。但是，一切义务都是强迫，是一种强制，哪怕它是按照一个法则的自我强制。不过，人们出于强制而做的事，并不是由于爱而这么做的。

尽我们的能力向他人**行善**是义务，不论爱不爱他们，即便人们不得 6〔402〕
不作出忧伤的说明："真可惜，我们的族类并不适合于在人们更仔细了解它时，可以认为它特别值得爱"，也丝毫无损于这种义务的重要性。——**仇视人**在任何时候都是**可恨的**，哪怕它没有实际的攻击而仅仅在于对人的完全抛弃（分裂主义的厌恶人类）。因为善意始终还是一种义务，哪怕是对于仇视人类者，人们当然不可能爱这种人，但毕竟可以向他表示善意。

但是，憎恶人身上的恶习，既不是义务也不是违背义务的，而是对恶习的一种纯然厌恶感，意志对这种情感并没有一些影响，或者反过来这种情感对意志也没有一些影响。**行善**是义务。经常履行这种义务，并且实现了自己的行善意图的人，最后就真的爱上了那个他曾经对之行善的人。所以，如果这叫做你应当**爱**你的邻人如你自己，那么，它就并不叫做你要直接地（首先）去爱并且借助这种爱（然后）行善，而是叫做对你的邻人**行善**，并且这种行善将在你心中造成人类之爱（作为一般行善偏好的能力）！

因此，惟有对**满意**的爱（amor complacentiae）才会是直接的。但是，对这种爱（作为一种与一个对象的实存的表象直接结合的愉快），亦即不得不被迫对此感到愉快，这是一个矛盾。

4. 敬重

敬重（reverentia）同样是某种纯然主观的东西，一种独特的情感，不是关于一个有义务去造就和促成的对象的一个判断。因为义务作为义务来看，只有通过我们对它持有的**敬重**才能被表现出来。因此，有义务去敬重就会等于是说让人有义务去有义务。——据此，如果说人有自重的**义务**，那么，这种说法就是不正确的，而毋宁是必须说：人心中的法
6〔403〕则迫使他不可避免地**敬重**他自己的本质，而这种情感（它是一种独特的情感）就是某些义务，亦即某些能够与对自己本身的义务共存的行动的一个根据；而不是说：人**有**敬重自己的义务；因为人必须对内心的法则本身持有敬重，哪怕只是为了可以设想一种一般的义务。

十三、在讨论一种纯粹的德性论时的道德形而上学普遍原理

第一，对于一个义务来说，也只能找出承担义务的一个**惟一的**根据，如果对此作出两个或者更多的证明，那么，这就是一个可靠的标志，说明人们要么还根本没有一个有效的证明，要么也存在着多个并且不同的义务，人们却把它们视为一个。

因为一切道德的证明作为哲学的证明，都只能借助于一种**出自概念**的理性认识来进行，而不是像数学提供的证明那样是通过概念的构造来进行的；后者允许对同一个命题有多种证明，因为在先天**直观**中对一个客体的性状可以有多种规定，它们都回溯到同一个根据。——例如，如果对于诚实的义务来说，首先要从谎言对他人造成的**损害**出发作出一个证明，但然后也要从一个说谎者的**卑鄙**和对自我敬重的侵犯出发作出一个证明，那么，在前一个证明中得到证明的就是一种善意的义务，而不是一种诚实的义务，因而不是人们要求证明的这种义务，而是另一种义务。——但是，涉及对同一个命题的多种证明，人们沾沾自喜于根据的数量将弥补单独采用任何一个根据而在分量上的欠缺，那么，这就是一种非哲学的托辞，因为它表露出欺诈和不真诚。——因为把不同的不充分的根据**并列**起来，并不使一个根据弥补另一个根据的不足而达到确定

性，甚至连或然性也不能达到。它们必须作为根据和后果而**在一个序列中一直前进**直至充足的根据，并且也只能以这种方式进行证明。——而尽管如此，这却是说服艺术的惯用技巧。 6〔404〕

第二，德性与恶习的区别绝不能在遵循某些准则的程度中去寻找，而是必须仅仅在这些准则特殊的质（与法则的关系）中去寻找。换句话说，（亚里士多德的）受到称赞的原理，即把德性设定为两种恶习之间的**中道**，是错误的。[①] 例如，假设好的家政就是两种恶习，亦即浪费与吝啬之间的**中道**，那么，它作为德性就不能被表现为通过上述两种恶习的第一种的逐渐减少（节省）而产生的，也不能被表现为通过顺从第二种恶习的人的开支增加而产生的，就好像它们按照相反的方向在好的家政中相遇似的；相反，这两种恶习的每一种都有其自己与别的准则必然相抵触的准则。

同样，而且出自同样的理由，没有任何恶习一般而言能够用对某些意图的实施**大于**其合目的性来解释（e. g. Prodigalitas est excessus in consumendis opibus [例如，浪费就是消费财物过度]），或者用对某些意图

① 惯常的、语言上的伦理学经典语式：medio tutissimus ibis [走中道最妥当]*；omne nimium vertitur in vitium [过犹不及]**；est modus in rebus [万事有限度]*** 等等；medium tenuere beati [持守中道有福]****；insani sapiens nomen habeat [智者有狂名]***** 等等，包含着一种索然无味的智慧，它根本就没有什么确定的原则，因为两个极端之间的这个中道究竟由谁来给我说明呢？**吝啬**（作为恶习）与节俭（作为德性）的区别并不在于后者做得**太过分**，而是有着一个完全**不同的原则**（准则），亦即把家政的目的不是设定在享受其财富，而是放弃这种享受而仅仅**占有**财富，就像**浪费**这种恶习不应当在过度享受其财富中，而应当在坏的准则中去寻找一样，这种恶的准则使得不加保留的使用成为惟一的目的。

* 奥维德：《变形记》，Ⅱ，137。——科学院版编者注

** 大概难以是古代的，最为接近的大概是塞涅卡：《论灵魂的宁静》，9，6：vitiosum est ubique，quod nimium est [无论何处，过即错失]。——科学院版编者注

*** Est modus in rebus，sunt certi denique fines，quos ultra citraque nequit consistere rectum [万事有限度，归根结底有一定的界限，在这些界限之外和之前不可能有正当的东西]，贺拉斯：《谈话录》[即《讽刺诗集》，贺拉斯自称其为《谈话录》。——译者注]，Ⅰ，1，106。——科学院版编者注

**** 大概难以是古代的。——科学院版编者注

***** 贺拉斯：《书札》，Ⅰ，6，15。但在第 2 版中不是这句话，而是 Virtus est medium etc. [德性就是中道，等等]，贺拉斯：《书札》，Ⅰ，18，9。参见 409 页$_{3}$；433 页$_{31}$。——科学院版编者注

的实施小于恰如其分来解释（e. g. Avaritia est defectus etc. ［例如，吝啬就是消费财物不足］）。因为既然由此根本没有规定**程度**，而行为是否合乎义务，一切都取决于这个程度，所以，这就不能用于作解释。

第三，伦理义务必须不是按照赋予人的遵循法则的能力来评价，而是相反，道德能力必须按照无条件地发布命令的法则来评价，因而不是
6〔405〕按照我们关于人是怎样的的经验性知识来评价，而是按照关于人依据人性的理念应当是怎样的的理性知识来评价。对一种德性论的科学探讨的这三条准则是与更古老的格言正相对立的：

1. 只有一种德性，且只有一种恶习。
2. 德性就是遵循两种相反意见之间的中间道路。
3. 德性必须（与精明一样）从经验中学到。

一般德性

德性意味着意志的一种道德力量。但这还没有穷尽这个概念；因为这种力量也可能属于一个**神圣的**（超人的）存在者，在他身上没有任何阻碍的冲动来抵制他的意志的法则；因此，他很乐意遵循法则来做这一切。所以，德性是一个**人**在遵从其**义务**时意志的道德力量，义务是由其自己的立法理性而来的一种道德**强制**，如果这理性把自己构建成一种执行法则的力量本身的话。——德性并非自身就是义务，或者拥有德性并不是义务（因为若不然，就必定会有为义务而承担义务），而是义务发布命令，并且以一种道德的（按照内在自由法则可能的）强制来伴随其命令；但由于强制应当是不可抗拒的，为此就需要力量，力量的程度我们只能通过人由于其偏好而给自己造成的障碍的大小来度量。恶习，作为违背法则的意向的产物，是人现在必须与之战斗的怪物；所以，这种道德力量，作为**勇气**（fortitudo moralis ［道德勇气］），也构成了人最大的、惟一的、真实的战斗荣誉，它也被称为真正的智慧，亦即实践的**智慧**，因为它使人生存于世的**终极目的**成为自己的目的。——只有拥有了它，人才是自由的、健康的、富有的，是一个国王，如此等等，而且人既不能因为偶然也不能因为命运而受损，因为人自己拥有自己，有德性的人不可能失去其德性。

与人类在其道德完善方面的理想有关的种种赞美，不会因为人们现在是、曾经是、或者也许将来是的样子的反面实例而在其实践的实在性上有丝毫损失，从纯然的经验知识产生的**人类学**不可能对由无条件地立 6〔406〕法的理性确立的**人类规范学**造成损害，而且尽管德性（就其与人的关系，不是与法则的关系而言）有时也可以叫做有功德的，而且值得称赞，但它毕竟必须独自就像它是它自己的目的一样，也被看做它自己的酬报。

德性，在其完全的完善性上看，就被表现得不像是人拥有德性，而好像是德性拥有人似的，因为在前一种情况中，看起来就好像人还曾作选择似的（那样一来，他就会还需要另一种德性，以便在每一件别的提供出来的物品之前挑选德性）。——设想有多种德性（毕竟这样想是不可避免的），无非是设想有不同的道德对象，意志被从德性的惟一原则出发导向这些对象；相反的恶习的情况也同样如此。使两者人格化的表述就是一台感性的机器，但却是一台指向一种道德感觉的机器。——因此，一种道德的感性论虽然不是道德形而上学的一个部分，但却是其主观的展示：在这里，伴随着道德法则的强制性力量的情感，可以使人感受到那种力量的效用（例如讨厌、害怕等，它们使道德的厌恶感性化），以便对纯然感性的刺激赢得优势。

十四、德性论与法权论相分离的原则

就连一般**道德论**的总划分所依据的这种分离也是基于：为德性论和法权论所共有的自由概念使得划分为**外在**自由的义务和**内在**自由的义务成为必然的；其中只有后一种义务才是伦理的。——因此，这种义务，确切地说作为一切**德性义务**的条件（正如上面良知的学说作为所有一般义务的条件一样），必须被作为准备性的部分（discursus praeliminaris 6〔407〕[跨越前面的门槛]）放在前面。

附释：遵循内在自由原则的德性论

熟巧（habitus）是行动的一种轻松和**任性**的一种主观完善。——但是，并不是任何这样的**轻松**都是一种**自由的**熟巧（habitus libertatis）；因为如果它是**习惯**（assuetudo），亦即通过经常重复的行动成为**必然性**的行

动的千篇一律，那么，它就不是一种从自由产生的熟巧，因而也不是道德的熟巧。所以，人们不能以自由的合法行动中的**熟巧**来定义德性。不过，如果补充说，“在行动时通过法则的表象来规定自身”，那就可以了，此时这种熟巧就不是任性的性状，而是作为一种以自己所接纳的规则同时普遍立法的欲求能力的意志的性状，只有这样一种熟巧才能被算做德性。

但是，内在自由要求两点：在一个给定的情况下**控制**自己（animus sui compos［把握自己的灵魂］）和做自己的**主人**，这就是说，**驯服**自己的激情、**驾驭**自己的情欲。——在这两种状态中的**性情**（indoles）是**高尚的**（erecta），但在相反的情况下则是卑下的（indoles abiecta serva）。

十五、德性首先要求对自己本身的控制

激情与**情欲**在本质上是彼此不同的；前者属于**情感**，这是就情感先行于思虑，使得思虑本身不可能或者更难而言的。因此，激情就叫做**突如其来的**（animus praeceps），而理性则通过德性概念说话，人应当**把握**
6〔408〕自己；然而，在人的知性使用上的这种弱点与心灵运动的强烈相结合，只是一种**无德性**，仿佛是某种童稚的、软弱的东西，完全能够与最好的意志共存，并且本身还具有惟一的善，亦即使得这种风暴很快平息。因此，一种激情的癖好（例如**愤怒**）与恶习并不像情欲那样有密切关系。与此相反，**情欲**是已经成了持久偏好的感性**欲望**（例如与愤怒相对立的仇恨）。沉湎于这种情欲的那种平静准许思虑，允许心灵就此为自己制定原理，而且一旦偏好落到违背法则的事情上，就孵化这偏好，使之深深扎根，并由此把恶（作为故意的）纳入自己的准则；在这种情况下，这就是一种**经过培养的**恶，即一种真正的**恶习**。

因此，德性只要基于内在的自由，对人来说就也包含着一项肯定的命令，亦即把人的一切能力和偏好都纳入自己的（理性的）控制之下，因而是对自己的统治的命令，这种统治添加在禁令之上，即不让自己受情感和偏好的统治（**不动情**的义务），因为，若不是理性执掌驾驭的缰绳，情感和偏好就会对人扮演主人。

十六、德性必然以不动情（被看做坚强）为前提

不动情这个词，好像就是没有情感，因而就任性的对象而言意味着

主观的漠然，就落了个坏名声；人们视其为弱点。这种误解可以这样来预防，即人们把这种与冷淡不同的无激情称为**道德上的不动情**：此时出自感性印象的情感之所以失去了对道德情感的影响，只是由于对法则的敬重总的来说要比上述情感更强有力。——惟有一个发烧病人虚假的力量，才把对**善**的强烈关切一直提升到激情，或者毋宁说使其蜕化为激情。 6〔409〕
人们把这一种激情称为**狂热**，而到了这里也就该解释**节制**了，人们习惯于把它甚至推荐给德性的实施（insani sapiens nomen habeat aequus iniqui —ultra quam satis est virtutem si petat ipsam［智者有狂名，直者有枉名——超出这种德性获得德性本身就够了］。——贺拉斯[①]）。因为若不然，认为人们也可能**太有智慧、太有德性**，就是荒唐的。激情永远属于感性，无论它被一个什么样的对象激起。德性的真正力量就是**平静中的心灵**及其一种深思熟虑的和果断的决定，即实施德性的法则。这就是道德生活中的**健康**状况；与此相反，激情即便是由**善**的表象激起的，也仍是一种昙花一现、留下疲倦的现象。——但是，这样的人毕竟可以被称为幻想有德性的，他不承认在道德性方面**无关紧要的事物**（adiaphora），而且亦步亦趋地紧紧跟随义务，而不认为当我拥有两者时，究竟是吃肉还是吃鱼、喝啤酒还是喝葡萄酒，本是无关紧要的事；这是一种事无巨细的观点，如果人们把它纳入德性论，它就会使德性的统治成为暴政。

附　释

德性始终处在进步中，但也总是**从头**开始。——前一种情况乃是出自，德性**客观上**看是一个理想，不可企及，但尽管如此，不断地逼近这个理想仍然是义务。第二种情况**主观上**看基于人受偏好刺激的本性，在本性的影响下德性以其一劳永逸地采纳的准则永远不能使自己平静和停滞，而是只要不处在上升中就不可避免地要沉沦，因为道德准则不像技术准则那样可以建立在习惯之上（因为这属于其意志规定的自然性状），而是即便德性的实施成为习惯，主体也会在采用其准则时失去**自由**，而

① 参见上文 404 页$_{27}$以下。——科学院版编者注

这种自由正是一个出自义务的行动的特征。

6〔410〕 **十七、德性论之划分的预备概念**

第一，就**形式的东西**而言，划分的这一原则必须包含一切有助于把总的道德论的一个部分与法权论区别开来，确切地说按照类属的形式区别开来的条件，而这样做是通过：1. 德性义务是对之没有任何外在立法的义务；2. 既然毕竟一切义务都必须以一个法则为基础，所以这个法则在伦理学中就可以是一个义务法则，它不是为行动而立，而只是为行动的准则而立的；3. （又从这一点得出）伦理义务必须被设想为**广义的**义务，而不是被设想为狭义的义务。

第二，就**质料的东西**而言，德性论必须不仅被确立为一般的义务学说，而且也被确立为**目的学说**，以至于人有责任既把自己也把任何他人设想为自己的目的（人们习惯于把它称为爱自己和爱邻人的义务），这些术语在此是在非本真的涵义上使用的，因为对爱来说不可能存在什么义务，倒是对行动来说有，人通过行动使自己和他人成为目的。

第三，就在义务原则中把质料的东西与形式的东西区分开来（把合法则性与合目的性区分开来）而言，应当注意的是：并非每一种**德性的义务承担**（obligatio ethica [伦理的承担义务]）都是一种德性义务（officium ethicum s. Virtutis [伦理的或者德性的义务]）；换句话说，对一般法则的敬重还没有建立一种作为义务的目的，因为只有后者才是德性义务。——所以，只存在**一种**德性的义务承担，但却有**多种**德性义务，因为虽然有许多客体对于我们来说是目的，拥有它们同时就是义务，但只有一种作为主观规定根据的有德性意向，即履行自己的义务，这种义务也延伸到法权义务上面，但法权义务却因此而不能使用德性义务的名称。——因此，伦理学的一切划分将仅仅关涉德性义务。关于即使不考虑可能的外在立法也有责任的方式的科学，就是按照其形式原则来看的伦理学本身。

6〔411〕 **附　释**

但是人们将问，既然我在法权论中能够免于划分为要素论和方法论，我怎么会想到把伦理学划分为**要素论**和**方法论**呢？——原因是：伦理学与**广义的**义务相关，而法权论则与纯**狭义的**义务相关。所以，后者按照其本性必须是严格地（准确地）进行规定的，与纯粹数学一样不需要一种普遍的规定（方法），就像在判断中应当做的那样，而是通过事实使之成为真实的。——与此相反，伦理学由于准许它的不完全的义务有活动余地，不可避免地导致要求判断力去澄清的问题，即应当如何在特殊的情况中运用一个准则，确切地说使得这个准则又提供一个（从属的）准则（在这里，总是又可以追问把这个准则运用于出现的情况的一个原则）；这样，伦理学就陷于一种**决疑论**，法权论对这种决疑论却是一无所知。

因此，**决疑论**既不是一门**科学**，也不是科学的一个部分；因为这会是独断论，不那么是如何发现某种东西的学说，而是应当如何寻找真理的练习；所以是**残缺不全地**、不是系统地（像学说必然是的那样）**织入科学**，只是像笺注一样添加给体系。

与此相反，与其说练习判断力，倒不如说练习理性，确切地说既在其义务的**理论**中，也在**实践**中练习，这作为道德实践理性的方法论，特别属于伦理学；其中**前一种**练习在于：询问学生关于义务概念已经知道的东西，并且可以被称为**询问的**方法，这样做要么是因为人们已经告诉他，仅仅出自他的记忆，这叫做真正的**问答的**方法，要么是因为人们预设这已经自然而然地包含在他的理性中，只需要从中开发出来，这叫做**对话的**（苏格拉底的）方法。

与作为理论练习的问答法相应的，作为实践事务中的对立面，是**修行法**，它是方法论的这样一个部分，其中不仅讲述德性概念，而且也讲 6〔412〕
述**德性能力**和意志能够怎样被实施和培养。

因此，按照这些原理，我们将在两个部分中，即在**伦理要素论**中和在**伦理方法论**中确立这个体系。每部分都分为若干篇，它们在第一部分中按照人要对之负有一种责任的那些**主体**的不同，在第二部分中按照理性责成人拥有的那些**目的**以及对这些目的的易感性的不同而划分为不同的章节。

十八

实践理性为了在一种**伦理学**中建立其概念的一个体系而构建的划分

（建筑术的划分），现在可以按照两种原则、或分别或结合在一起来进行，一个原则**按照质料**来表现承担义务者与赋予义务者的**主观**关系，另一原则**按照形式**来表现一个体系中伦理法则与一般义务的**客观**关系。——**第一种**划分是与之相关可以设想一种伦理责任的**存在者**的划分；**第二种**划分会是纯粹伦理实践理性**概念**的划分，这些概念属于实践理性自己的义务，所以只要伦理学应当是**科学**，这些概念就属于伦理学，从而是一切按照第一种划分所发现的命题的方法论组合所必需的。

6 〔413〕 **伦理学的第一种划分**

按照主体及其法则的区别

伦理学包括：

- 义务
  - 人对人的义务
    - 对自己的义务
    - 对他人的义务
  - 人对非人类存在者的义务
    - 对人下存在者的义务
    - 对人上存在者的义务

伦理学的第二种划分

按照一个纯粹实践理性体系的原则

- 伦理学的
  - 要素论
    - 教义学
    - 决疑论
  - 方法论
    - 问答法
    - 修行法

因此，后一种划分由于涉及科学的形式，必须先行于作为整体之纲要的前一种划分。

伦理要素论

第一部分 6〔417〕

对自己的一般义务

导　论

第 1 节　一种对自己的义务的概念包含（按照最初的外表）一个矛盾

如果**赋予义务的**我与**承担义务的**我是在同一种意义上来对待的，那么，对自己的义务就是一个自相矛盾的概念。因为，在义务概念中包含着一种被动的强制（我被**赋予责任**）的概念。但是，在“这是一个对我自己的义务”这一命题中，我把自己设想为**赋予责任的**，从而处于一种主动的强制中（我，同一个主体，是赋予责任者）；而表达对自己的一种义务的命题（我应当自己赋予自己责任），会包含着一种被赋予责任的责任（被动地承担责任，但同时在关系的同一个意义上是一种主动地承担责任），因而包含着一个矛盾。——人们也可以这样来澄清矛盾：人们指出，赋予责任者（auctor obligationis）在任何时候都能够解除被赋予责任者的责任（terminus obligationis）；因此（如果二者是同一个主体）他根本就不对他加给自己的一种义务负有责任：这包含着一个矛盾。

第 2 节　毕竟存在着人对自己的义务

因为假设不存在这样一种义务，那么，就会在任何地方都根本不存在义务，也根本不存在外在的义务。——因为我不可能认识到自己对他人负有责任，除非我同时赋予自己责任，因为我认为自己被赋予责任所凭借的法则，在一切情况下都产生自我自己的实践理性，通过实践理性 6〔418〕

我被强制，因为我同时就是我自己这方面的强制者。[①]

第 3 节　对这种表面的二论背反的阐明

在一种对自己的义务的意识中，作为这个义务的主体，人在双重的性质中看待自己：首先，作为**感官存在者**，也就是说，作为人（属于动物物种之一）；但然后，也作为**理性存在者**（不仅仅是有理性的存在者，因为理性按照其理论能力也完全可以是一种有生命的形体存在者的性质），它不是任何感官能达到的，而只能在道德实践关系中被认识到，在道德实践关系中不可理解的自由特性通过理性对内在立法意志的影响使自己显露出来。

现在，人作为有理性的**自然存在者**（homo phaenomenon［作为现象的人］）可以被其理性作为**原因**来规定而作出感官世界中的行动，而在此尚未考虑到一种责任的概念。但同一个人按照其**人格性**，亦即作为赋有内在**自由**的存在者（homo noumenon［作为本体的人］）来想，则被视为一个有能力承担义务的存在者，确切地说是对自己（其人格中的人性）承担义务，这样人（在两种意义上来看）就可以承认一种对自己的义务，而不陷于自我矛盾（因为关于人的概念并不是在同一个意思上被设想的）。

第 4 节　对自己的义务的划分原则

划分只能就义务的客体而言，不能就赋予自己义务的主体而言来进
6〔419〕 行。这个既是承担义务的又是赋予义务的主体永远**只是人**，而虽然在理论方面允许我们在人身上把灵魂和肉体作为人的自然性状彼此区分开来，但毕竟不允许我们为了有理由划分为对**肉体**的义务和对**灵魂**的义务，而把它们设想成使人承担义务的不同实体。——无论是通过经验还是通过理性推论，我们都没有被充分地教导，人是否包含着一个灵魂（作为居

① 例如，如果这涉及我的名誉挽救或者自保的问题，人们就这样说："我自己理当做这事。"即便有意义不大的义务，亦即它们不涉及我遵循义务的必然，而只涉及其功德，我还是这样说，例如"我自己理当扩展我与人打交道的技巧等等（陶冶自己）"。

住在人里面的、与肉体有别的、能够独立于肉体进行思维的、亦即精神的实体)，或者是否毋宁说生命是物质的一种特性，而且即便事情是前一种情况，也毕竟还是不能设想人对一个**肉体**（作为赋予义务的主体）的义务，哪怕它是人的身体。

1. 因此，将只有一种客观的划分，即把对自己的义务划分为义务的**形式性东西**和**质料性东西**；其中一些义务是**限制性的**（否定的义务），另一些是**扩展性的**（对自己的肯定的义务）；就人的本性的**目的**而言，前者**禁止人**违背这种目的而行动，因此只关涉道德的**自保**，后者**命令**使任性的某个对象成为自己的目的，关涉人自己的**完善化**；其中二者要么作为无为的义务（sustine et abstine [阻止和禁止]），要么作为有为的义务（viribus concessis utere [运用许可的力量]）而属于德性，但都是作为德性义务而属于德性的。前者属于人的道德**健康**（ad esse [为了存在]），既作为其外感官的对象，又作为其内感官的对象，为的是**保持**自己本性的完善（作为**接受性**），后者属于道德的**富足**（ad melius esse，opulentia moralis [为了更好地存在，道德的富足]），这种富足在于拥有一种足以实现一切目的的**能力**，这是就这种能力是可以获得的并且属于其自己的**陶冶**（作为实际的完善）而言的。——对自己的义务的前一个原理在于如下格言：按照自然生活（naturae convenienter vive），也就是说，**保持**你自己本性的完善；第二个原理在于如下命题：**使你自己**比纯然的自然所造就的你**更完善**（perfice te ut finem，perfice te ut medium [完善你自己如目的，完善你自己如中道]）。

2. 人对自己的义务的一种主观划分将是这样一种划分，按照它，义务的主体（人）要么把自己视为**动物性的**（自然的），同时又是道德的主体，要么视为纯然**道德的**存在者。 6〔420〕

在这里，就人的**动物性**而言，自然冲动是：a. 大自然想借以保持人自身的冲动；b. 借以保持物种的冲动；c. 借以保持人对于舒适的、但毕竟仅仅是动物性的生活享受的能力的冲动。——这里与人对自己的义务相悖的恶习有：**自杀**、有人对**性偏好**的所作的非自然的使用、削弱其遵循目的地使用其力量的能力的**饕餮无度**。

但是，说到人对仅仅作为道德存在者（不考虑其动物性）的自己的义务，它在于其意志的准则与其人格中人性的**尊严**协调一致的**形式性东**

西；因此在于如下禁令：他不得剥夺自己作为一个道德存在者的**优点**，亦即按照原则来行动，也就是不得剥夺自己的内在自由，不得由此使自己成为纯然偏好的游戏，因而成为物品。——与这种义务相悖的恶习有：**说谎、吝啬、**和**虚假的谦卑**（阿谀奉承）。这些恶习所采纳的原理，与作为道德存在者的人们的品性，亦即人的内在自由、生而具有的神圣（在形式上就已经）截然相悖，这就等于是说：这些恶习以不具有任何原理，这样也无任何品性为自己的原理，亦即把自暴自弃、使自己成为蔑视的对象当做自己的原理。——与所有这些恶习相对立的德性可以被称为**对名誉的爱**（honestas interna，iustum sui aestimium［内在的名誉，珍惜自己的公正］）、一种与**虚荣心**（ambitio，它也可能是非常卑鄙的）有天壤之别的思维方式，但它将在下面特别以这个标题出现。

6〔421〕

第一卷
对自己的完全义务

第一篇
人对作为一种动物性存在者的自己的义务

第5节

人对自己在其动物性的性质上的虽然不是最主要的，但却是**第一个**义务，就是在其动物本性上的**自保**。

该义务的对立面是任意的**肉体死亡**，这种死亡又可以被设想为要么是整体的，要么仅仅局部的。——因此，自然死亡，即自戕（autochiria），也可能是整体的（suicidium）或者局部的，即**自毁**（自残），后者又分为**质料的**自残和**形式的**自残，质料的残废是因为人们**剥夺**自己某些作为**器官**的有机**部分**，也就是说使自己身残，而形式的残废是因为人们（永远或者一时）**剥夺**自己在肉体上（而且由此间接地也在道德上）**使用**其力量的**能力**。

既然在本章只谈消极的义务，因而只谈无为，所以义务条款将必须是针对与对自己的义务相对立的恶习的。

第一款　自杀 6〔422〕

第6节

任意地戕害自己，惟有当可以证明它完全是一种罪行，要么是对我们自己的人格犯罪，要么也是通过对人格的这种自戕对其他人格犯罪（例如，当一个孕妇自杀时）时，才能被称为**自我谋杀**（homicidium dolosum［阴险地杀人］）。

1. 自戕是一种罪行（谋杀）。这种罪行虽然也可以被视为违背了自己对其他人的义务（夫妻的义务、父母对孩子的义务、臣民对其政府或者其同国公民的义务，最后还有对上帝的义务，人没有被召回就放弃上帝托付给我们在尘世的职位）；——但是，这里只谈对一种对自己的义务的伤害，也就是说，即使我置之不理所有那些考虑，人是否毕竟只是由于其作为人格的性质就有责任保持自己的生命，并在这一点上必须承认对自己的一种（确切地说严格的）义务。

人能够自己伤害自己，这似乎是荒唐的（volenti non fit iniuria［对自愿者不会有不义］）。所以，斯多亚派视为人（智者）的人格性的一个优点是，不受当下的或者令人忧虑的灾祸所逼迫，以宁静的灵魂离开生命（如同离开一个冒烟的房间），因为他在此生中不可能再有什么用了。——但是，正是这种不畏惧死亡、知道人可以把某种东西看得比自己的生命更高的勇气，这种灵魂的力量，对他来说本来必须是一个更加大得多的动因：不毁灭自己这样一个具有如此强大、能够制服最强烈的感性动机的存在者，因而不剥夺自己的生命。

只要说的是义务，因而只要人活着，他就不能放弃自己的人格性，而有权限摆脱一切责任，也就是说，如此自由地行动，就好像这种行动根本不需要任何权限似的，这是一种矛盾。把道德性的主体在其自己的 6〔423〕
人格中毁灭掉，就等于是说，把道德性甚至就其实存而言尽自己所能从世界上根除掉；而道德性毕竟是目的自身；因此，把自己当做达到对他来说随便一个目的的纯然手段来支配，就叫做贬损在其人格中的人性

(homo noumenon［作为本体的人］)，而人（homo phaenomenon［作为现象的人］）毕竟是为了保持而被托付给这种人性的。

剥夺自己一个作为器官的有机部分（自残），例如，捐赠或者出售一颗牙，以便把它植入另一个人的下颌，或者让人阉割自己，以便能够作为歌手更舒适地生活，等等诸如此类的事情，就属于局部的自我谋杀；但是，让人通过截肢去掉自己一个已经死亡的、或者濒临死亡的、因而对生命有害的器官，或者去掉虽然是身体的一个部分、但却不是身体的一个器官的东西，例如头发，就不能被算做对其自己人格的犯罪；虽然后一种情况如果是意在外部牟利的话，就不是完全无罪的。

决疑论问题

为了拯救祖国而陷于某种死亡（如库尔修斯），是自我谋杀吗？——或者，一般而言为人类的救赎而献身牺牲，这种有意的殉道也像前一种行为那样应当被视为英雄行为吗？

在自己的上峰的不义死刑判决之前抢先自杀是许可的吗？——即便这个上峰允许他这么做（如尼禄对塞涅卡）。

一个伟大的、不久前死去的君王，曾随身携带一种发作迅猛的毒药，也许是为了如果他在亲自从事的战争中被俘，他绝不被迫接受可能有损于他的国家的赎身，人们能够把这看做他的犯罪企图吗？因为人们可以把这种意图强加给他，而没有必要在这下面猜测一种纯然的傲骨。

一个男子已经感到怕水，这是他被疯狗咬过的结果，而在他表示他还从未经历过有人曾被治愈之后，他自杀了，正如他在遗书中所说的那
6〔424〕样，这是为了他不在自己的狂犬病中（他已经感到它的发作了）也给其他人造成不幸；问题是：他是否行为不当呢？

谁决定让人接种天花疫苗，就是在拿他的生命做毫无把握的冒险，尽管他这样做是**为了保持自己的生命**，而且处在义务法则的一个比航海家更令人忧虑的情况之中，航海家毕竟至少没有制作他所任其肆虐的风暴，而前者却自己招致了把他带入死亡危险的疾病。因此，疫苗注射是允许的吗？

第二款　性愉快上的自取其辱

第7节

正如对生命的爱是由自然所规定以保持**人格**一样，对性的爱由自然所规定以保持**物种**；也就是说，这两种爱的任何一种都是**自然目的**，人们把自然目的理解为原因与一个结果的联结，在这种联结中，甚至无须赋予原因一个理智，它毕竟也被设想为按照与这样一个理智的类比产生出结果，因此仿佛是有意地产生出人来。现在的问题是，后一种能力就实施这种能力的人格本身而言的使用，是否服从一个限制性的义务法则？或者人格即便没有意在那个目的，是否有权将其性属性的使用贡献给纯然动物性的快乐，而并没有因此有悖对自己的义务而行动？——在法权论中已经证明：人不能脱离通过一个法权契约而来的特殊限制去利用**另一个**人格以迎合这种愉快；在这里，两个人格交互使对方承担义务。但这里的问题是：就这种享受而言，是否存在人对自己的一种义务，对这种义务的违背就是对其自己人格中的人性的一种**羞辱**（不单单是贬低）。那种享受的冲动被称为肉欲（也是不折不扣的淫欲）。由此产生的恶习叫做淫荡，但就这种感性冲动而言的德性则叫做贞洁，它在这里就应当被表现为人对自己的义务。如果人不是受实际的对象所刺激，而是受这个对象的想象所刺激，因而有悖于目的，是自己给自己制造对象，那么，一种性愉快就是**非自然的**。因为这样一来，它就造成一种与自然的目的 6〔425〕
相悖的欲求，确切地说自然的目的是一种甚至比对生命的爱这一目的还要重要的目的，因为后者仅仅以个体的保持为目的，而前者则以整个族类的保持为目的。

对自己的性属性的这样一种违背自然的使用（因此是滥用），是对那种对**自己本身**的义务的侵犯，确切地说是一种在最高程度上与道德性相冲突的侵犯，这一点，每个人在有那种使用的想法的同时就会注意到，它激起对这种想法的一种抛弃，以至于就这种恶习自己的名称而言，哪怕是提到它，就被看做不道德的，而在自我谋杀的恶习那里就没有这种情况；人们一点也不担忧把自我谋杀以其全部的恐怖（以一种 species facti [事实的形象]）展现在世人面前；就好像能够如此对待自己的人格，甚至把自己贬低为畜生，人完全会感到羞愧似的：以至于甚至婚姻中两性被允许的（本身当然只是动物性的）性交，在文明的交往中一旦谈到它，也引起和要求诸多文雅，以便给它蒙上一层面纱。

但是，对自己性属性的那种非自然的使用，甚至还有只是不合乎目的的使用，作为对那种对自己的义务的侵犯（确切地说，前一种使用是最高程度的侵犯），其不被允许的理性证明却不是那么容易作出。——**证明的根据**当然在于，人由于把自己仅仅用做满足其动物性冲动的手段，而（以丢弃的方式）放弃了其人格性。但是，由于这样一种恶习以其非自然性而对他自己人格中的人性之侵犯的严重程度，在这里并没有得到阐明，因为这种恶习在形式（意向）上看起来甚至还超过自我谋杀的恶习。除非是，由于在后一种情况中把自己当做一种生命的负担固执地予以丢弃，起码没有懦弱地委身于动物性的诱惑，而是要求有勇气，在此对其自己人格中的人性的敬重始终还找到了位置，所以，前者是完全听凭动物性的偏好，使人成为可享受的、但在这一点上毕竟同时违背自然的物品，就是说，使人成为**令人恶心的**对象，这样就剥夺了对自己的一切敬重。

6〔426〕 **决疑论问题**

在两性的同居中，自然的目的就是物种的繁衍，亦即物种的保持；因此，至少不可以违背那个目的而行动。但是，也**不考虑这一自然目的**，自以为可以做那种使用（哪怕是发生在婚姻中），这是允许的吗？

例如，在妻子怀孕时，在妻子不能受孕（因为年龄或者疾病）时，或者在妻子本人对此没有感到任何刺激时，使用自己的性属性，岂不与在非自然的性愉快那里一样，在一方或者另一方身上是违背自然目的的，因此也违背对自己的义务吗？或者，一个道德实践理性的许可法则在对其规定根据的违背中，使得某种自身虽然不许可的东西为了防止一种更严重的违背（仿佛宽容地）成为许可的，这里有这样的许可法则吗？——从什么时候起，人们就能够把对一种广义的责任的限制算做**纯粹主义**（一种在遵循义务方面就遵循的广度而言的学究气），并准许这些具有背离理性法则危险的动物性偏好有一个活动余地？

性的偏好也被称为**爱**（在该词的最狭义上），并且事实上是对一个对象有可能的最强烈的感官愉快。——不纯然是像对这样一些对象的**感性**愉快，这些对象是在关于它们的纯然反思中让人满意的（因为对这种愉快的易感性叫做鉴赏），而是从对另一个人格的**享受**中得到的愉快，因此这种愉快属于**欲求能力**，确切地说属于欲求能力的最高阶段，即情欲。但是，它既不能算做愉悦的爱，也不能算做善意的爱（因为二者宁可说都阻挡肉体的享受），而是一种特殊种类（sui generis）的愉快，而且性欲冲动与道德上的爱真正说来没有任何共同之处，虽然在实践理性以其限制性条件加上来时，它也能够与后者发生紧密的结合。

第三款　因在使用享用品或者哪怕是食品方面的无度而来的自我麻醉 6〔427〕

第8节

这种方式的不节制中的恶习，在这里并不是从人由此招致的损失或者肉体疼痛（这样的疾病）出发来评判的。因为如果那样的话，应当用来抵制这种恶习的就会是一个健康和舒适（因而是幸福）的原则，但它永远不能确立一种义务，而是只能确立一种精明规则，至少它不会是一种直接义务的原则。

在食品享用方面的动物式无度是对享用品的滥用，由此理智地使用它的能力受到妨碍或者被消耗殆尽。**酗酒**和**暴饮暴食**就是属于这个类别的恶习。在醉酒状态中，人仅仅像一个动物一样，不能当做人来对待。由于吃食物太多而处在这样一种状态中，他对于在使用其力量时需要熟练和思考的行动来说有时就麻木了。——将自己置于这样一种状态就是对一种对自己的义务的侵犯，这一点是不言而喻的。这些自我贬抑，甚至贬抑到动物本性，其第一种通常由发酵了的饮料所造成，但也由其他麻醉品，例如罂粟汁和植物界的其他产品所造成，而且变得有诱惑力，即由此不时产生梦想中的幸福和无忧无虑，甚至也可能产生想象的强大，但也产生沮丧和孱弱，而最糟糕的是导致重复使用麻醉品的必要性，甚至完全是由此增强这种必要性。暴饮暴食还处在那种动物性的感官取乐之下，因为它仅仅把感官当做消极的性状来役使，连想象力都不用，后者毕竟还是表象的一种**积极的**游戏，就像在前面提到的享受中就是这种情况一样；因此，它更接近牲畜的状态。

6〔428〕

决疑论问题

人们虽然不是作为赞颂者，但至少作为辩护者，能够因为对葡萄酒的使用毕竟使社交生气勃勃而话语滔滔不绝，并把襟怀坦荡与此相结合，就允许这种使用，一直达到近乎喝醉吗？——或者，人们可以把促成塞涅卡①关于卡托所赞颂的事情，即 virtus eius incaluit mero［他的勇气是用酒点燃的］，完全归功于这种使用吗？——把鸦片和烧酒当做享用品来使用更接近卑下，因为尽管梦想健康，它们却使人缄默不语、拘谨和难以沟通，因而也只是作为药品被许可的。——但是，一个正准备过渡到他对于**测度**来说不再有清晰眼光的状态之中的人，谁能够为他规定**尺度**呢？所以，完全禁酒的伊斯兰教很糟糕地作出了选择，允许鸦片取代酒。

盛宴，作为这两种享受中的无度的正式邀请，在纯然肉体的舒适生活之外，毕竟本身还具有某种旨在道德目的的东西，亦即聚集起许多人来长时间地彼此交流，但尽管如此，由于恰恰人群（如切斯特菲尔德所说，当人群超过了缪斯女神的数目②）只准许一种小型的交流（与最邻近的同席），因而集会仍与那个道德目的相抵触，所以，它始终还是诱导出不道德的东西，亦即诱导出无度、违背对自己的义务；即便不考虑过量饮食对身体的危害，这些危害也许可以由医生来消除。听命于对无度的这些邀请的道德权限有多大呢？

① 毋宁说是贺拉斯：《歌集》，Ⅲ，21，15～16。参见《实用人类学》（《康德全集》，第Ⅶ卷，171页13［参见《康德著作全集》，第7卷，164页。——译者注］），那里犯了同样的错误。——科学院版编者注

② 我无法找到康德也在《实用人类学》（《康德全集》，第Ⅶ卷，278页12［参见《康德著作全集》，第7卷，272页。——译者注］）中引用过的这个格言，屈尔佩［《实用人类学》的科学院编者，参见《实用人类学》（注释本）。——译者注］在该处也一样不能。原始出处是格利乌斯：《阿提卡之夜》，13，11。——科学院版编者注

第二篇
人对纯然作为一个道德存在者的自己的义务

这些义务与下述恶习相对立：**说谎**、**吝啬**和**假谦卑**（阿谀奉承）。

一、说谎 6〔429〕

第9节

就人对于纯然作为道德存在者来看（其人格中的人性）的自己的义务来说，最严重的侵犯就是诚实的对立面：说谎（aliud lingua promtum，aliud pectore inclusum gerere［口若悬河是一回事，封闭心灵是另一回事］①）。在表达自己的思想时任何刻意的不真实，在不从无害得出任何权限的伦理学中，都无法拒斥这个刺耳的名称（在法权论中，只有当它侵犯其他人的法权时，它才使用这一名称），这是不言自明的。因为伴随着说谎的坏名声（是道德蔑视的一个对象），也如影随形地伴随着说谎者。说谎可能是一种外在的说谎（mendacium externum），或者也可能是一种内在的说谎。——由于前者，他使自己在别人眼里成为蔑视的对象，但由于后者，他使自己更为严重地在他自己的眼里成了蔑视的对象，并且伤害了其人格中的人性的尊严；此时，从中可能对他人产生的损害并不涉及这种恶习的独特之处（因为那样的话，这种独特之处就会仅仅在于侵犯了对他人的义务），因而这里不予考虑，甚至也不考虑他自己给自己招致的损害；因为那样的话，恶习就会仅仅作为精明的错误而与实用的准则相抵触，而不是与道德的准则相抵触，而且根本不能被视为对义务的侵犯。——说谎就是丢弃，仿佛就是毁掉其人的尊严。一个人自己都不相信他对另一个人（哪怕是一个纯然观念上的人格）所说的话，所具有的价值，甚至比他纯然是物品所具有的价值还要小；因为对于它的这种利用某种东西的属性，另一个人毕竟可以作某种应用，因为它是某种现实的、给定的东西；但是，通过毕竟（有意地）包含着说话人此时所

① 萨鲁斯特：《喀提林阴谋》，10，5：aliud elausum in pectore，aliud in lingua promtum habere［敞开心灵是一回事，口若悬河是另一回事］。参见《康德全集》，第Ⅻ卷，［397］371页。——科学院版编者注

想的东西的反面的语词，来把自己的思想传达给某人，是一个与他的传达其思想的能力之自然合目的性截然相反的目的，因此是对其人格性的放弃，是人的一个纯然欺骗性的显象，而不是人本身。——在解释时的**诚实**也被称为**真诚**，而且当这些解释同时是承诺时，就被称为**可靠**，但一般被称为**正直**。

6〔430〕 说谎（在该词的伦理学意义上）作为一般而言蓄意的不真实，也不需要对别人**有害**才能被宣布为卑鄙的。因为那样的话，它就会是对他人的法权的侵犯。说谎的原因，也可能只是轻率，或者完全是好心，甚至可能是旨在一个真正善的目的，但是，致力于这一目的的方式却由于纯然的形式而是人对他自己人格的一种犯罪，而且是一种必定使人在他自己的眼中变得可鄙的无耻行径。

证明人们所犯的某些**内在**说谎的现实性并不难，但解释其可能性似乎要困难得多，因为为此需要一个人们有意要欺骗的第二人格，但存心欺骗自己，看起来自身包含着一个矛盾。

作为道德存在者的人（homo nonmenon [作为本体的人]）不能把作为自然存在者的自己（homo phaenonmenon [作为现象的人]）当做纯然的手段（说话机器）来使用，这个手段不会受制于内在的目的（思想的传达），而是受制于与对前者的解释（declaratio）协调一致的条件，并且对自己承担起**诚实**的义务。——例如，如果他撒谎说信仰一个未来的世界审判者的话，因为他在心中实际上并没有发现这种信仰，但他说服自己，在思想中向知人心者表白自己的信仰，以便在任何情况下都骗取他的恩惠，这毕竟不可能有坏处，但却有好处。或者，即便他在这种情况下并不怀疑，但毕竟是在以对其法则的内心崇敬阿谀奉承，因为除了害怕惩罚的动机之外，他在自身毕竟没有感到别的任何动机。

不正直纯然是缺乏**认真**，就是说，缺乏在他被设想为另一个人格的**内心**审判者面前作表白的纯洁性，如果这个人格就其最高的严厉来看的话，在这里，一个愿望（出于自爱）就被当做行为，因为愿望自身就有一个本来就善的目的；而内在的说谎，即便它并不违背人对自己的义务，在这里也获得了一种缺陷的名称，就像一个情人的愿望纯粹就是发现他所爱的人身上的优良品质，这使他对爱人的明显缺点视而不见。——然而，人们对自己本身所犯的这种解释中的不纯洁，却算得上是最严肃认真的谎言，因为从这样一种道德败坏的地方（虚伪，它似乎是根植于人的本性）出发，一旦最高的诚实原理受到侵犯之后，不诚实这种恶习就 6〔431〕
也在与他人的关系中蔓延。

附　释

值得注意的是：《圣经》记下的恶借以来到世间的第一次犯罪不是（该隐的）**谋杀兄弟**，而是第一次**说谎**（因为本性毕竟是反对谋杀的），并且把它当做一切恶的始作俑者，称为元始的说谎者和谎言之父；虽然理性不能对人那毕竟必须是先行的伪善倾向（esprit fourbe）作出进一步的说明，因为自由的一个行为不能（像一个自然结果一样）按照全都是显象的结果和其原因的联系这一自然法则来演绎和解释。

决疑论问题

出于纯然的客套的不真实（例如写在一封信末尾的“**最顺从的仆人**”）可以被视为说谎吗？没有人会因此上当。——一个作者问他的一个读者：您喜欢我的作品吗？给予回答虽然可能是徒劳的，因为人们讥笑这样一种问题令人难堪；但是，谁手边总是有幽默呢？稍稍迟疑作出回答，就已经是对作者的伤害；因此，读者可以顺着这位作者说话吗？

在现实的事务中，重要的是“我的”和“你的”，如果我这时说假话，我就必须为可能由此产生的所有后果负责吗？例如，一个家长吩咐过：如果某个人问到他，他就应当拒绝这个人。佣人这样做了，但却由此使得家长溜走并且犯下重罪，这种罪行通常会由被派来监督家长的看守阻止的。在这里，谁来承担罪责（根据伦理学的原理）呢？当然，佣人也有责任，他在这里由于撒谎而侵犯了对自己的义务；撒谎的后果通过他自己的良知被归责于他。

二、吝啬 6〔432〕

第 10 节

这里，我把这个名称并不理解为**贪婪的吝啬**（把自己对舒适生活手段的获得扩展到真正需要的界限之外），因为这种吝啬也可以被视为仅仅侵犯了对他人的义务（善行）；也不理解为**抠唆的吝啬**，这种吝啬如果是该骂的，就被称为**小气**或者**守财**，但毕竟可能仅仅是疏忽了自己对他人的爱的义务；而是把他自己对舒适生活手段的享受压缩到自己真正的需要的尺度之下；这种吝啬真正是这里所指的吝啬，它与**对自己**的义务相抵触。

在对这种恶习的斥责上，人们可以澄清所有通过纯然的**程度**对德性和恶习的解释的不正当性的一个例子，同时阐明**亚里士多德的**如下原理的不适用性：德性在于两种恶习之间的中道。

因为如果我在浪费和吝啬之间把**好的家政**视为中道，而中道应当是程度的中道，那么，一种恶习就只会通过德性而过渡到相反的（contrarie）恶习，而这样，德性就会无非是一种减少了的，或者毋宁说正在消逝的恶习，而在当前的场合里结论就会是：对舒适生活的手段根本不予利用就是真正的德性。

如果应当把一种恶习与德性区别开来，那么，必须作为不同的东西来认识和讲述的，就不是道德准则的执行**尺度**，而是这些准则的客观**原则**。——**贪婪**的吝啬（作为浪费者）的**准则**是：**以享受的意图**搞到并且保持舒适生活的一切手段。——反之，**抠唆的**吝啬的准则是获得并且保持舒适生活的一切手段，但**没有享受的意图**（也就是说，目的不是享受，而仅仅是占有）。

因此，后一种恶习的特有标志是占有达成各种目的的手段这一原理，
6〔433〕但保留条件是，不想把这些手段的任何一个用于自己，并剥夺自己舒适的生活享受，这在目的上与对自己的义务截然相反。① 因此，浪费和抠唆

① “人们做任何事都不应当过头或者不及”，这个命题等于什么也没说；因为它是同义反复。什么叫做得过头？**回答**是：比正好更多。什么叫做得不及？**回答**是，比正好做得更少。什么叫做“**我应当**（做某事或不做某事）”？**回答**是：所做的比正好**更多**或者更少，就**不是正好**（与义务相悖）。如果这就是我们应当追溯到古人（亚里士多德*）那里来研究的智慧，好像这样一些古人更接近源泉，即：virtus consistit in medio，medium tenuere beati，est modus in rebus，sunt certi denique fines，quos ultra citraque nequit consistere rectum [德性在于中道，持守中道有福，万事有限度，归根结底有一定的界限，在这些界限之外和之前不可能有正当的东西]，那么，我们就作出了糟糕的选择，转向了古人的神谕。——在诚实和说谎（作为 contradictorie oppositis [矛盾地对立的东西]）之间没有中道，但是在坦率和矜持（作为 contrarie oppositis [相反地对立的东西]）之间却可能有中道，因为就解释自己的见解的人而言，他说的**一切**都是真的，但他并

并不是通过程度，而是在类别上通过相反的准则彼此区别开来。

决疑论问题

既然这里只谈对自己的义务，为了浪费而贪婪（在赢利方面贪得无厌），与守财（在花销方面斤斤计较）一样以**自私自利**（唯我主义）为基础，而且无论是浪费还是抠唆，二者之所以看起来是应予谴责的，乃是 6〔434〕
因为它们的结果都是贫穷，在一个人那里是意料之外的贫穷，在另一个人那里是随意的贫穷（愿意贫穷地生活），——这样问题就是：无论是这一种还是那一种，两种贫穷是否应当被完全称为恶习，而不是毋宁被称为两种纯然的不精明，因此可能不完全处于对自己的义务的界限之外。但是，抠唆不单单是被误解了的节俭，而是使自己本人奴役般地屈从于物质财富，不是物质财富的主人，这是侵犯对自己的义务。它与一般思维方式的**豁达**（liberalitas moralis［道德上的豁达］）相对立，不与慷慨（liberalitas sumptuosa［花销上的豁达］）相对立，后者只是前者在一个特殊情况上的应用，也就是说，与除了法则之外不依赖其他任何东西的原则相对立，而且是主体对自己犯下的诈骗。然而，这是一个什么样的法则，其内在的立法者本身居然不知道，它可以在什么地方运用？我是

没有说出**全部的真理**。于是，要求德性导师向我指出这个中道，这是完全自然而然的事情。但他做不到这一点；因为两种德性义务都有一个运用的回旋余地（latitudinem），而应当做的事情只能由判断力按照精明的规则（实用的规则），而非道德性的规则（道德的规则），亦即不是作为**狭义的**义务（officium strictum），而只是作为**广义的**义务（officium latum）来裁决。因此，遵循德性原理的人，虽然在执行时在比理性所规定的或多或少方面犯错（peccatum），但却不在他严格地忠实于这些原理方面实施一种恶习（vitium），而且贺拉斯的诗句**：insani sapiens nomen habeat aequus iniqui，ultra quam satis est virtutem si petat ipsam［智者有狂名，直者有枉名，超出这种德性获得德性本身就够了］，在字面上来看，是根本错误的。Sapiens［智者］在此可能仅仅意味着一个**聪颖的**人（prudens），他并非以幻想的方式来设想德性的完善，德性的完善作为理想虽然要求接近这一目的，但并不要求完成，这样的要求超越了人的力量，并且把荒唐的东西（幻想）带入了其原则。因为**绝对有德性**，亦即绝对忠实于其义务，就会差不多等于是说：使一个圆绝对圆，使一条直线绝对直。

* 德性就是两个极端之间的中道的著名学说［《尼可马克伦理学》，Ⅱ，c. 5 以下以及他处］。——关于以下的拉丁语格言，就第一句 Virtus consistit in medio 而言，可以把上文 404 页$_{28}$以下引用的贺拉斯诗句［《书札》，Ⅰ，18，9］置前；其余的均同该处。——科学院版编者注

** 参见上文 404 页$_{29}$。——科学院版编者注

应当住口不吃不喝，还是只应当停止外在的挥霍？是到年老时还是在年轻时就做？或者，节约从根本上说就是一种德性？

三、阿谀奉承

第11节

自然系统中的人（homo phaenomenon，animal rationale［作为现象的人、有理性的动物］）是一种意义不大的存在者，与其余作为大地产品的动物具有共同的价值（pretium vulgare）。即便他领先这些动物而具有理智，并且能够自己给自己设定目的，这给予他的毕竟只是其可用性的一种**外在**价值（pretium usus），亦即一个人在另一个人面前的外在价值，也就是说，作为一个商品在与这些作为物品的动物的交换中的一个**价格**，在此他所具有的价值毕竟还低于一般交换物，即货币，因此，货币的价值被称为优等的（pretium eminens）。

人惟有作为**人格**来看，亦即作为一种道德实践理性的主体，才超越于一切价格之上；因为作为这样一种人（homo noumenon［作为本体的
6〔435〕人］），他不可以仅仅被评价为达成其他人的目的的手段，哪怕是达成他自己的目的的手段，而是应当被评价为目的自身，也就是说，他拥有一种**尊严**（一种绝对的内在价值），借此他迫使所有其他有理性的世间存在者**敬重**他，与同类的任何其他人媲美，在平等的基础上评价自己。

其人格中的人性就是他可以向任何别的人要求敬重的客体；但是，他也必须不使自己失去敬重。因此，他能够而且应当按照一个既小又大的标准来评价自己，这要看他把自己视为感官存在者（按照其动物本性），还是视为理知存在者（根据其道德禀赋）。但是，既然他必须把自己不仅视为一般人格，而且视为人，也就是说，视为一个肩负着他自己的理性赋予他的义务的人，所以，他作为**动物人**的低能不能损害他作为**理性人**的尊严的意识，而且他不应当在考虑到后者时否认道德上的自我评价，也就是说，他不应当阿谀奉承、卑躬屈膝（animo servili）地，就好像谋求恩惠一般，去谋求他那就自身而言是义务的目的，他不应当否定自己的尊严，而应当始终意识到其道德禀赋的崇高（这种意识已经包含在德性概念中），而这种**自我评价**就是人对自己的义务。

人的道德价值与**法则相比较**的低能意识和情感就是**谦卑**（humilitas moralis［道德上的谦卑］）。关于他的这种价值之大的臆信，但只是出自缺乏与法则的比较，可以被称为**德性的骄傲**（arrogantia moralis［道德骄傲］）。——在臆信中放弃对自己的某种道德价值的所有要求，正是由此而获得一种借来的价值，这就是道德上虚伪的阿谀奉承（humilitas spuria［不正当的谦卑］）。

与他人相比较的谦卑（甚至一般地与任意一个有限的存在者相比较，而且哪怕这会是一个撒拉弗）根本不是义务；毋宁说，在这种关系中与其他人平起平坐或者超过他们的努力，因由此也使自己获得一种更大的内在价值的臆信而是傲慢（ambitio），这种价值恰恰是与对他人的义务相悖的。但是，仅仅作为获取一个他人（无论是谁）的恩惠的手段而想出 6〔436〕
的对其自己道德价值的降低（虚伪和谄媚[①]），是假的（捏造的）谦卑，而且作为对其人格性的贬低而与对自己的义务相悖。

从我们与道德法则（其神圣性和严格性）的真诚而又精确的比较中，必然不可避免地得出真正的谦卑，但从我们能够作出这样一种内在的立法，（自然）人感到有崇拜其人格中的（道德）人的要求中，同时得出**升华**和最高的自我评价，作为一种对其内在价值（valor）的情感，依照这种情感，他不为任何价格（pretium）所收买，而且拥有一种不会失去的尊严（dignitas interna［永恒的尊严］），这种尊严引起了人对自己的敬重（reverentia）。

第 12 节

或多或少，人们可以在如下例子中说明与我们里面的人性的尊严相关的，因而也是对我们自己的义务。

不要成为人们的奴仆；——不要被他人不受惩罚地践踏你们的法权。——不要欠你们没有充分把握偿还的债务。——不要接受你们可能缺少的善行，而且不要做寄生虫或者谄媚者，或者根本不要做乞讨者

① **虚伪**（heucheln，本来是 häucheln）似乎派生自呻吟的、打断语言的吐气（Hauch，短促的叹息）；反之，**谄媚**（Schmeicheln）似乎源自**偎依**（Schmiegen），偎依作为仪表被称为 Schmiegeln，最终被高地德语称为 Schmeicheln。

(这当然只是在程度上与前者有别)。因此要精打细算，以便不穷到要饭的地步。——抱怨、哀求、哪怕仅仅是在肉体疼痛时喊叫，都与你们不般配，如果你们意识到是自己招致了这种痛苦，那就最不般配了，因此，一个违法犯罪的人由于视死如归，他的死就变得高贵（防止羞辱）。——下跪或者匍匐在地，即便是为了由此使对上天对象的崇拜感性化，也有悖于人的尊严，就像在当下的景象中要呼唤尊严那样；因为如果这样做
6〔437〕了，你们就不是在一个你们自己的理性为你们树立的**理想**之下，而是在一个本是你们自己的造物的偶像之下卑躬屈膝。

决疑论问题

在人里面，其使命的崇高感情，亦即作为对其自己的评价的**心灵升华**（elatio animi），是不是与那种同真正的**谦卑**（humalitas moralis［道德上的谦卑］）截然对立的自负（arrogantia）太过关系密切，以至于不宜鼓励那种真正的谦卑，哪怕是在与其他人的比较中，不仅是与法则的比较中？或者，这种自我否定岂不是更加助长了他人的要求，直至低估我们的人格，并且因此与对我们自己的义务（敬重）相悖吗？在一个人面前俯首帖耳，在任何情况下都显得有失一个人的尊严。

在公民宪政中用语词和文风本身对一个并不颐指气使的人表示特别的敬重——敬意、鞠躬（致敬）、高雅的——以心细入微的准确来表示地位区别的套话，——它们与礼貌（它对于自己就像对敬重者一样是必要的）完全不同——称呼中的你、他、你们和您，或者阁下、尊贵的、极尊贵的、至为尊贵的、高贵的（ohe，iam satis est［哦，已经够了］！①）——在这种拘泥死板方面，德国人在世界上的所有民族中间（印度的种姓也许是个例外）做到了极致，这难道不是一个在人们中间蔓延的阿谀奉承癖好的证明吗？当然，谁使自己成为蠕虫，事后就不能抱怨自己被人用脚踩。

① 贺拉斯：《讽刺诗集》，Ⅰ，5，12～13。——科学院版编者注

第一章　人对天生是自己的审判者的自己的义务

第 13 节

任何一个义务概念都包含因法则（作为道德的、限制我们自由的命令式）而来的客观强制，并且属于给予规则的实践知性；但是，一个行为，作为一个受法则支配的事例，其内在的**归责**（in meritum aut demeritum [惩罚或者赦免]）属于**判断力**（iudicium），它作为行动归责之主观原则，无论是否作为行为（受一个法则支配的行动）发生，都在作出有法权效力的判断；因为理性推论（判决），即法权结果和行动的联结（宣判或者赦免）就跟随在这后面，这一切都是在审判人员面前（coram indicio）进行的，后者作为一个使法律产生效果的道德人格，被称为**法庭**。——在人身上，一个**内在审判**（在它面前，人的思想彼此起诉或者辩护[①]）的意识就是**良知**。 6〔438〕

每个人都有良知，发现自己由于一个内在的审判者而受到监视、威胁，并且一般而言受到尊重（和畏惧结合在一起的敬重），而这种守护着他心中的法则的力量不是某种他自己给自己（任意地）**造就**的东西，而是被并入他的本质的。当他打算逃脱时，良知就如影随形地跟随着他。人虽然可能通过种种愉快和消遣来麻醉自己，或者让自己进入梦乡，但却无法避免时时回归自我或者醒悟，在这种情况下他就会听见良知可怕的声音。他在自己最严重的堕落中也许能够做到根本不再把良知的声音放在心上，但他毕竟不能避免对它的**倾听**。

这种源始的禀赋、理智的禀赋和（因为它是义务的表象）道德的禀赋，被称为良知，自身包含着独特之处：尽管这种良知的事是人与自己的事，但人却毕竟发现被自己的理性所迫使，做这事是**按照另一个人格**的指令。因为争执在这里就是在法庭面前进行一场诉讼（causa）。但是，把被良知**控告**的人与审判者表象为**同一个人格**，这是对一个法庭的一种荒唐的表象方式；因为这样的话，控告方在任何时候都会败诉的。——因此，人的良知在一切义务那里都将必须设想一个（与一般的人，亦即）

① 参见保罗的《圣经新约·罗马书》二章 15 节。——科学院版编者注

与自己不同的**他者**，作为他的行动的审判者，如果良知不应当处在与自己的矛盾之中的话。这个他者可以是一个现实的人格，或者是理性为自
6〔439〕 己造就的纯然理想的人格。①

这样一种理想的人格（已授权的良知审判者）必须是一个知人心者；因为法庭就建于人的**内心**。——但同时，他必须也是**最能赋予义务的**，也就是说，他必须是这样一个人格，或者被设想为这样一个人格，在与他的关系中一切义务都完全应当被视为他的命令，因为良知对于一切自由行为来说就是内在的审判者。——现在，既然这样一个道德存在者同时必须具有（天上和地上的）一切权力，因为若不然他就不能使其法则产生与之相应的效果（这毕竟是审判者的职务必然需要的），但这样一个对一切都握有权力的道德存在者就叫做**上帝**，所以，良知就必须被设想为在上帝面前应当为其行为承担责任的主观原则，的确，后一个概念（尽管仅仅是模糊地）将在任何时候都包含在那种道德的自我意识之中。

这要说的无非是：**人**通过他的良知不可避免地把他引向的理念而有资格，但再少说一点，人通过他的良知而**有责任**把自身之外的这样一个最高存在者当做**现实的**来**接受**；因为这个理念不是**客观地**，通过理论理
6〔440〕 性被给予他的，而仅仅是**主观地**，通过实践的、自己赋予自己义务的、遵从理念而行动的理性被给予他的；而且人借助这种理性，**仅仅根据**与一切有理性的世间存在者的一个立法者的**类似性**，就得到一个纯然的指引，把有良知（它也被称为 religio［宗教］）想象成在一个与我们自己有别、但却对我们来说最亲密地临在的神圣存在者（道德上立法的理性）

① 在双重的人格性中，在良知中被控诉和审判的人不得不想到：这个双重的自我，一方面不得不站在一个毕竟是被交托给他自己的法庭的门槛前颤抖，但另一方面自己手中掌握着出自生而具有的权威的审判者职务，这种双重的人格性需要一种解释，以便理性不与自身陷入矛盾之中。——自我，既是原告但也是被告，是同一个人（numero idem［数目上是同一个］），但是，作为道德的、从自由概念出发的立法的主体，其中人服从于一种他自己为自己立的法则（homo noumenon［作为本体的人］），他应当被视为一个不同于赋有理性的感性人的他者（specie diversus［在类属上不同的］），不过只是在实践的方面看。——因为关于理知的东西与感性的东西的因果关系，不存在任何理论，——而且这种类属的不同就是人的表现其特征的能力（高级能力和低级能力）的不同。前者是原告，针对原告，被告也被准许有一种法律支援（被告的诉讼代理人）。案件结束之后，内在的审判者作为掌权的**人格**，作出幸福或者不幸的判决，来作为行为的道德后果；在这种品质中，我们不能通过自己的理性进一步谋求这个人格（作为世界统治者）的权力，而是只能崇拜那无条件的 iubeo［命令］或者 veto［禁令］。

面前负责任，并且使自己的意志服从正义的规则。一般宗教的概念在此对人来说，纯然是“把人的所有义务评判为神的诫命的一个原则”。

1. 在一场良知的诉讼（causa conscientiam tangens）中，人在决断之前就想到一个**告诫性的**良知（praemonens）；此时，如果涉及一个义务概念（某种本身就是道德性的东西），在良知是惟一的审判者的那些案件中（casibus conscientiae），最极端的疑心（scrupulositas）不能被评判为小题大做（事无巨细），一种真正的违背不能被评判为小过错（peccatillum），并（根据 minima non curat praetor［大人不管小事］的原理）被托付给一个独断专行的良知顾问。因此，把一个广义的良知归于某人，就等于把他称为**无良知的**。

2. 如果行为已经结束，那么，在良知中首先出场的是**原告**，但同时和他一起出场的还有一个**律师**（辩护人）；这时，辩论必定不是心平气和地（per amicabilem compositionem［通过友好的协商］）进行的，而是按照严格的法权作出判决；然后就是：

3. 良知对人作出有法权效力的判决，即**宣布他无罪**或者**谴责**他，就此结束诉讼；这时应当注意的是：前者绝不可能包含一种**奖赏**（praemium），作为某种以前没有存在过的东西的收获，而仅仅包含一种摆脱了被认定应受惩罚的危险的愉悦，因此在其良知那满怀安慰的允诺中，幸福不是**积极的**（作为快乐），而只是**消极的**（在先前的担心之后的安心），这种情形只能被赋予作为与人心中的恶的原则的影响进行斗争的德性。

第二章　一切对自己的义务的第一命令 6〔441〕

第 14 节

这个命令就是：**认识**（研究、探索）**你自己**，不是按照你的自然完善（对各种你随意的或者也是规定给你的目的的适宜性或者不适宜性），而是按照与你的义务——你的心灵——相关的道德完善——，无论这心灵是善的还是恶的，无论你的行动的源泉是纯洁的还是不纯洁的，而且这一命令可以要么作为源始的而属于人的**实体**，要么作为派生的（获得的或诱发的）而被归于人自身，而且能够属于道德的**状态**。

要求深入到更加难以探究的心灵深处（深渊）的道德上的自我认识，是所有人类智慧的开端。因为这种在于一个存在者的意志与终极目的的协调一致的智慧，在人这里首先需要清除内在的障碍（一个在人心中丛生的恶的意志），然后需要发展在他心中的一个善良意志的那种永远不会失去的源始的禀赋（只有自我认识的地狱之行才开辟出一条神化之路①）。

第 15 节

这种道德的自我认识将首先排除对作为（其整个族类的）一般人的自己的**狂热**蔑视；因为这种蔑视是自相矛盾的。——甚至惟有通过存在于我们心中的美好的、使人配得上敬重的向善禀赋，才能使他认为违背这种禀赋而行动的人（自己，但不是其心中的人性）是应当受到轻视的。——但这样一来，它也就与如下**自爱的**自我评价相悖，即认为纯然的愿望如果是以还如此强烈的渴望发生的，在它们就自身而言毕竟没有付诸行动的时候，就是一个善良心灵的证明（**祈祷**也只不过是在一个知人心者面前内心许下的愿望）。在与法则的比较中评判我们自己时的不偏不倚和自我承认其内心的道德价值或者无价值时的正直，都是对自己的
6〔442〕义务，这些义务就是从自我认识那个第一命令中直接得出的。

插入章　道德的反思概念的双关性：把本是人对自己的义务的东西视为对他人的义务

第 16 节

按照纯然的理性来判断，人仅仅对人（自己或者他人）才有义务；因为他对任何一个主体的义务都是通过其意志作出的道德强制。因此，作出强制的（赋予义务的）主体**首先**必须是一个人格，**其次**这个人格必须是作为经验对象被给予的，因为人应当对其意志的目的产生影响，这

① 语出哈曼的《阿伯拉尔的维尔比乌斯的怪念头》，劳特编：《哈曼著作集》，第Ⅱ卷，198页；参见第Ⅶ卷，55页$_{29、30}$。——科学院版编者注

只有在两个实存的存在者的相互关系中才能做到（因为一个纯然的思想物不可能按照目的成为某个结果的原因）。但现在，除了人之外，我们凭借我们所有的经验不知道别的存在者能够赋予义务（无论是主动地还是被动地）。因此，人除了对人的义务之外，对任何一种存在者都没有义务，而如果他仍然想象自己有这样一种义务，那是由于一种**反思概念的双关性**使然，而他想当然地对其他存在者的义务只不过是对自身的义务罢了；他之所以被诱导产生这种误解，乃是因为他把自己**就**其他存在者**而言**的义务混同为**对**这些存在者的义务了。

这种想当然的义务可能与**无人格的**，或者虽然是有人格但却绝对**不可见的**（无法向外感官显现的）对象有关。——前者（**非人的**对象）可能是纯然的自然物，或者是为繁衍而有机化，但却无感觉的自然物，或者是自然界赋有感觉和任性的部分（矿物质、植物、动物）；第二种对象（**超人的**对象）可以被设想为精神的存在者（天使、上帝）。——这两种存在者和人之间是否有一种义务关系以及有什么义务关系，是现在要问的。

第 17 节 6〔443〕

就自然界中的**美的**、虽然无生命的东西而言，一种纯然毁坏的癖好（spiritus destructionis）与人对自己的义务是相悖的；因为这种毁坏削弱或者根绝了人的这样一种情感，这种情感虽然并非独自就已经是道德的，但毕竟至少为此准备了感性的那种对道德性有很大促进作用的情调，亦即甚至没有使用的意图也喜爱某种东西（例如美丽的晶体、植物界无法描绘的美）。

就造物的有生命、虽然无理性的部分而言，放弃粗暴地、同时残酷地对待动物这种义务被更加深切得多地与人对自己的义务对立起来，因为这种对待使人心中对动物苦难的同情变得麻木，而且一种在与他人的关系中非常有利于道德性的自然禀赋就被削弱了，并且被逐渐地根除；虽然利落的（没有痛苦地进行的）屠宰，或者还有它们的只要不一直紧张得超出能力的劳役（这类事情也必定是人所不能忍受的），也隶属在人的权限之下；因为与此相反，纯然为了观察而进行的折磨重重的自然实验，应当遭到憎恶，即便没有这些实验，目的也能实现。——哪怕对一匹老马或者老狗的长期效劳心存感激（就好像它们是家庭一员似的），都**间接地**都属于人的义务，亦即**就**这些动物**而言**，但**直接地**来看，这种感激往往只是人**对**自己的义务。

第 18 节

就完全处于我们的经验界限之外，但根据其可能性却在我们的理念中，例如在关于上帝的理念中发现的东西而言，我们同样也有一种义务，它被称为**宗教义务**，亦即“认识我们所有的义务都是（instar［类似于］）神的诫命”的义务。但是，这不是一种**对上帝**的义务的意识。因为既然这个理念完全是从我们自己的理性中产生的，是由我们或者是以理论的意图，即为了解释世界整体的合目的性，或者也是为了在我们的行为中
6〔444〕 用于动机，而自己**制作**的，所以在这里，我们在自己面前就没有一个被给予的、我们对之必须承担义务的存在者；因为那样的话，这个存在者的现实性就必须首先通过经验得到证明（启示）；相反，这是人对自己的义务，即把这个不可避免地要呈现给理性的理念运用到我们心中的道德法则上去，在此这一点具有极大的道德效益。所以，在这种（**实践的**）意义上就可以说：拥有宗教是人对自己的义务。

第二卷
人对自己的不完全义务（就其目的而言）

第一章
在发展和增强自己的自然完善性方面，亦即在实用意图上对自己的义务

第 19 节

培植（cultura）自己作为达成各种可能目的的手段的自然力量（精神的、灵魂的和肉体的力量），是人对自己的义务。——人对自己（作为

一个有理性的存在者）负有责任的是：不让自己的理性有朝一日可以利用的自然禀赋和能力不被利用，仿佛让它们生锈似的，而是假设他也能够满足他的能力对于自然需要来说生而具有的分量，这样就必定是他的理性向他指出对其能力的微小分量的这种**满足**首先是通过原理使然，因为他作为一个能够有目的（使对象成为自己的目的）的存在者，必须把自己的能力的使用不单单归功于自然本能，而是归功于他借以规定这种分量的自由。所以，这并不是顾及其（达成各种目的的）能力的培养能够带来的**好处**，因为这种好处也许会（按照卢梭式的原理）结果对自然 6〔445〕
需要的粗野性有利；相反，道德实践理性的命令和人对自己的**义务**是：培养自己的能力（在这些能力当中，根据其目的的不同培养一种能力比培养另一种能力更多），并且在实用方面做一个与自己的生存目的相适合的人。

精神的力量就是其实施惟独通过理性才有可能的力量。就它们的使用不是汲取自经验，而是先天地派生自原理来说，它们是创造性的。这类力量是数学、逻辑学和自然形而上学，后两者也被列入哲学，即理论哲学，在这种情况下理论哲学虽然并不像字面意思那样意味着智慧的学问，而是只意味着科学，但毕竟能够有助于智慧的学问达到其目的。

灵魂的力量就是供人为了满足随意的意图而使用的知性和规则来支配，并就此而言被按照经验的导线来引导的力量。这类力量是记忆、想象力等诸如此类的东西，在这上面就能够建立起博学、鉴赏（内在的和外在的美化）等等，它们为各种各样的意图提供工具。

最后，**肉体的力量**的培养（真正的体操）就是照料在人身上构成材料（质料）的东西，没有这些东西，人的目的就会依然是未付诸实施的；因此，持续不断地、有意识地活跃人身上的动物性，就是人对自身的目的。

第 20 节

这些自然的完善中哪一种是**优先的**，在相互的比较中以什么样的比例使它们成为自己的目的而是人对自己的义务，这一点依然听凭在对某种生活方式的愉快方面对它们自己的理性思考和同时对人为此所必需的力量的评价，以便从中作出选择（例如，它应当是手工业，还是商业，

6〔446〕还是学问）。因为且不说自身不能建立任何义务的自保的需要，人对自己的义务就是做一个对世界有用的成员，因为这也属于其自己人格中的人性的价值，因而他不应当贬低这种人性。

但是，人在其**自然**完善性方面对自己的义务仅仅是广义的和不完全的义务，因为它虽然包含着行动的准则的一个法则，但就行动本身而言却在其方式和程度上没有规定任何东西，而是准许自由的人性有一个活动空间。

第二章
在提高其道德完善性方面，亦即在单纯道德的意图中人对自己的义务

第 21 节

首先，它主观上在于义务意向的**纯洁性**（puritas moralis［道德上的纯洁性］）：也就是说，这里也不掺杂从感性中取得的意图，法则独自就是动机，而行动不仅是合乎义务地，而且是**出自义务**作出的。——“你们要圣洁”① 在这里就是诫命。**其次**，客观上就涉及完善性，亦即涉及他的全部义务和他自己这方面道德目的的完备性之实现的整个道德目的而言，“你们要完善”② 就是诫命，但追求这个目标，在人这里却永远只是从**一种**完善向另一种完善的前进，这“也许是一种德性，也许是人们追求的一种称赞”③。

第 22 节

这种对自己的义务是一种在性质上**狭义的**和完全的义务，尽管在程度上是一种广义的和不完全的义务，这是由于人性的脆弱（fragilitas）。

---

① 参见《圣经旧约·利未记》十九章 2 节，《圣经新约·彼得前书》一章 16 节。——科学院版编者注

② 参见《圣经新约·马太福音》五章 48 节。——科学院版编者注

③ 参见《圣经新约·腓立比书》四章 8 节。——科学院版编者注

因为义务是**追求**这种完善性，而不是（在此生）**实现**这种完善性，因而对这种义务的遵循只能在于不断的进步，所以这种完善性在客体（人们应当使其实施成为自己目的的理念）**方面**虽然是对自己的狭义的和完全的义务，但**考虑**到主体却是对自己的广义的，仅仅是不完全的义务。

人的心灵的深度是无法探究的。谁感觉到自己遵循义务的动机，他 6〔447〕
就充分地了解自己，这种遵循究竟是不是完全出自法则的表象，或者是否另一些着眼于好处（或者为了防止一种害处），并且借其他机会也完全可能为恶习所利用的感性冲动在同时起作用。但是，说到作为道德目的的完善性，虽然在理念上（在客观上）只有**一种**德性（作为准则的道德力量），但在事实上（在主观上）却有大量具有异质性状的德性，在它们中间，如果人们想寻找的话，不可能不发现某种非德性（尽管它们正是因为德性而通常不使用恶习的名称）。但是，自我认识永远不使我们充分了解种种德性的总和是完备的还是有欠缺的，它可以说明只有不完全的义务才是完全的。

※　　※　　※

因此，就我们自己人格中的人性这一目的而言对自己的一切义务都只是不完全的义务。

第二部分 6〔448〕

对他人的德性义务

第一篇

对纯然作为人的他者的义务

第一章

对他人的爱的义务

划　分

第 23 节

最高的划分可以是这样的划分：就你通过履行义务而同时使他人承

担责任而言对这些他人的义务，和其遵循并不以他人的责任为后果的对这些他人的义务。第一种履行是（鉴于他人）**有功德的**，第二种履行是**应尽的**义务。——**爱**和**敬重**就是伴随着这些义务的执行的情感。它们可以分开（每一种独自）来考虑，也可以这样存在（对邻人的**爱**，尽管这位邻人可能很少值得**敬重**；同样，对每个人必要的**敬重**，尽管他会被评判为几乎不配得到爱）。但是，它们在根本上按照法则来看是任何时候都彼此结合在一个义务之中的；只不过是，时而这种义务，时而那种义务构成了主体心中的原则，另一种义务以附属的方式与之相联结。——于是，我们将认识到，我们有义务对一个穷人行善；但是，由于这种恩惠却也包含着他的幸福对我的慷慨的依赖性，而慷慨毕竟是对他人的贬抑，
6〔449〕所以，通过一种把这种善行要么表现为纯然本分，要么表现为微不足道的帮助，来免除接受者的自卑，并且维护他的自尊心，就是义务。

第 24 节

如果谈的是义务法则（而不是自然法则），确切地说，是在人们彼此间的外在关系上谈论的，那么，我们就是在一个道德的（理知的）世界中考察我们，在这个世界中，按照与自然世界的类比，有理性的存在者们（在尘世）的结合是通过**吸引**和**排斥**造成的。凭借**互爱**的原则，他们被安排得彼此之间不断接近，而通过他们彼此间应有的**敬重**的原则，他们被安排得彼此间保持距离；而且如果这些强大的道德力量中的一个下降，那么，“虚无（无道德性）就会张开（道德的）存在者的大嘴，像喝掉一滴水一样吞噬整个王国”①（如果我在这里可以使用哈勒的语词的话，只不过是在另一种关系中使用）。

---

① 哈勒的诗句（出自康德多次引用的诗《论永恒》，Ⅴ，76～85，1736）是：
哦，上帝！惟有你是万物的根基！……
是的，惟有在你这里，坚强的力量才降落。
于是很快，张开大嘴，
存在者的一种普遍的虚无吞噬整个王国，
同时还有时间和永恒，
就像大洋吞噬一滴水。
——科学院版编者注

第 25 节

然而，**爱**在这里并不是被理解为**情感**（审美的），即理解为对他人的完善性的愉快，不是被理解为对**愉悦**的爱（因为不可能由别人赋予义务来具有这种情感），而是必须被设想为**善意**（作为实践的）的准则，它以善行为结果。

关于对他人应予表明的**敬重**，也必须说同样的话，也就是说，这里所理解的不仅是出自我们自己的价值与他人的价值相比较的情感（这类情感是一个孩子对他的长辈，一个学生对他的老师，一个一般而言的下属对他的上司出自纯然的习惯所感到的），而仅仅是通过一个他人的人格中的人性之尊严来限制我们的自我评价的一个**准则**，从而是在实践意义上的敬重（observantia aliis praestanda［显示对他人的敬重］）。

对他人的自由敬重的义务，由于真正说来只是消极的（不把自己抬高到他人之上），而且与不减少任何人的“他的”的法权义务相似，尽管被视为纯然的德性义务，但与爱的义务相比却被视为狭义的义务，爱的 6〔450〕
义务因此被视为广义的义务。

因此，爱邻人的义务也可以这样来表述：它是使他人的目的（只要这些目的不是不道德的）成为我自己的目的的义务；敬重我的邻人的义务包含在下述准则之中：不要把他人贬低为仅仅是达成我的目的的手段（不要求他人为了醉心于我的目的而放弃自己）。

通过我对某人实施第一种义务，我同时使一个他人承担义务；我为他作出了贡献。但是，通过遵循后一种义务，我只是使我自己承担义务，限制我自己，以便不从他人作为人有权设定在自己本身中的价值夺走任何东西。

爱的义务专论

第 26 节

人类之爱（博爱）由于在这里被设想为实践的，从而不是被设想为对人身上的愉悦的爱，所以必须被设定在实际的善意中，并因此涉及行动的准则。——就其把人们纯然视为这样的人而言以人们的福乐（salus）

为乐的人，当其他所有人都康乐时就有福乐了，这样的人一般来说叫做**以人为友者**（博爱主义者）。只有当别人倒霉的时候才有福乐的人，叫做**以人为敌者**（实践意义上的厌恶人类者）。只要自己有福乐，他人境况如何对他来说无关紧要的人，是**自私自利者**（solipsista）。——但是，即便愿意所有人**有福乐**，却由于无法在人们身上感受到**愉悦**而逃避人们的人，可以被称为**遇人胆怯**（审美的厌恶人类者），而他对人们的回避可以被称为恐人症。

第 27 节

善意的准则（实践上的以人为友）是所有人们彼此间的义务，不论人们认为这些人是否值得爱，所依据的是伦理学的完善法则：爱你的邻人如爱你自己。——因为对人们的一切道德实践关系都是人们在纯粹理性的表象中的一种关系，亦即遵循准则的自由行动的一种关系，这些准
6〔451〕 则获得了普遍立法的资格，所以不可能是利己主义的（ex solipsismo prodeuntes [从自私自利中表现出来的]）。我愿意任何他人都对我有善意（benevolentiam），因此，我也应当对每个他人有善意。但是，既然在我之外的所有**他人**不会是**所有**人，因此准则不会具有一个法则自身的普遍性，而这种普遍性对承担义务来说毕竟是必要的，所以，善意的义务法则也将在实践理性的命令中把我一同理解为这一法则的客体：并不是好像我由此就会有责任爱我自己（因为即使没有义务法则，这种情况照样不可避免地发生，对此并不存在任何义务的承担），而是在其一般人性的理念中包括整个族类（因此也一起包括我）的立法理性，而不是人，作为普遍立法者，将我和我之外的所有他人一起，按照平等的原则包括在交互善意的义务之中，并且**允许**你自己对自己有善意，其条件是：你也对任何他人有善意，因为只有这样，你的准则（行善的准则）才获得普遍立法的资格，一切义务法则都建立在这上面。

第 28 节

现在，普遍的人类之爱中的善意虽然从**范围**上看是最广博的，但从

程度上看却是最小的，而且如果我说：我只是根据普遍的人类之爱关心这个人的福乐，那么，我在这里所有的关切只是可能有的最小的关切。就这种关切而言，我只是不漠然而已。

但是，一个人对我来说毕竟比另一个人更近，而我在善意中是我自己最近的人。现在，“把你的邻人（你的同类）当做你自己来爱”这个公式如何是正确的呢？如果一个人对我来说（在善意的义务中）比他人更近，因而我有责任对一个人比对他人有更大的善意，但对我来说我自己承认（即便按照义务）比任何他人都更近，那么，看来我要不与自己相矛盾就不能说：我应当爱每个人如同爱我自己；因为自爱的标准不会准许有程度上的差别。——人们马上就看到：这里所说的不单是**愿望**中的 6〔452〕
善意，这种善意真正说来就是对任何他人的福乐的纯然愉悦，甚至为此可以不作出某种贡献（每一个人为自己，上帝为我们），而是一种实际的、实践的善意，亦即使他人的福乐和得救成为自己的**目的**（行善）。因为在愿望中，我对所有人**同样**有善意，但在行善时，程度却按照被爱者的不同（他们中的一个人与我的关系比他人更近）而毕竟很为不同，这并不侵犯准则的普遍性。

爱的义务的划分

它们是：一、行善的义务；二、感激的义务；三、同情的义务。

一、行善的义务

第 29 节

善待自己，就其单是以生活为乐（保养自己的肉体，但不至于到柔弱的地步）就有必要而言，属于对自己的义务；它的反面是：出自**吝啬**而（奴隶般地）剥夺自己愉快的生活享受所必需的东西，或者出自对自己的自然偏好过分的**管束**而（狂热地）剥夺自己对生活乐趣的享受，——这两者都与人对自己的义务相冲突。

但是，在就别的人而言的愿望的**善意**（这不费我们什么事）之外，人们怎么还能作为义务来要求这种善意是实践的，亦即要求每个有这种能力的人就有需要者而言**行善**？——善意就是以他人的幸福（福乐）为乐；但行善却是把这种善意当做目的的准则，而且这方面的义务就是通过理性强制主体把这种准则当做普遍法则来接受。

并非自动地引人注目的是：这样一种法则完全蕴涵在理性之中；毋宁说，“每一个人为自己，上帝（命运）为我们所有人”这一准则看起来是最自然的准则。

6〔453〕

第30节

行善，即尽自己的能力帮助身处困境的其他人得到他们的幸福，对此并不希冀某种东西，这是每个人的义务。

因为每个身处困境的人都期望自己能得到其他人的帮助。但是，如果他让自己的准则，即不想在其他人身处困境时又向他们提供援助，声张出去，也就是说，不使它成为普遍的准许法则，那么，当他本人身处困境时，每个人都同样会拒绝给他以自己的援助，或者至少有权拒绝他。所以，如果自私自利的准则会成为普遍的法则，它本身就将自相矛盾，也就是说，它是有悖义务的，进而对有需要的人行善这一公益性准则就是人们的普遍义务，确切地说是因为这些人就应当被看做同类，即看做是有需要的、在一个居住地由自然为了互相帮助而联合起来的理性存在者。

第31节

行善对于**富有的**人（多余地，亦即超过其自己的需要拥有达成他人幸福的**手段**的人）来说，几乎根本不应当被看做行善者有功德的义务；虽然他由此同时使他人承担责任。因此，他以此自己给自己造成的、不用他作出任何牺牲的欢乐，是一种沉浸于道德情感的方式。他也必须小心避免一切假象，好像他想借此让他人承担责任似的，因为若不然，这就不是真正的行善了，他向他人显示这种善行，是通过他表示想要给后者强加一种责任（这在后者自己看来往往是对他的侮辱）。毋宁说，如果他不是（那样更好些）完全悄悄地从事其行善活动的话，他就必须表示通过他人的接受使自己承担责任，或者感到荣幸，因而义务仅仅是他的本分。——如果行善的能力受到限制，而行善者强大得足以默默地自己承担起他让他人免除的灾祸的话，这种德性就更伟大了，这样一来，他就确实应当被视为道德上**富有**了。

决疑论问题 6〔454〕

人们在行善时使用自己的能力应该到多大程度呢？毕竟不应当到最终自己也会需要他人行善的地步。人们在临终时（在通过遗嘱告别人世时）提供的善行有什么价值呢？——有人行使由国家法律准许他对另一个人拥有的最高权力，他剥夺了后者按照自己的选择来幸福生活的**自由**（这是他的一个庄园的世袭农奴），我要说，如果他按照**他**自己的幸福概念仿佛父亲那样照料后者，那么，这个人可以把自己视为行善者吗？或者毋宁说，剥夺一个人的自由这种不公正，岂不是某种与一般法权义务如此相悖的东西，以至于在这种条件下，依赖于主子的行善而委身，对于心甘情愿同意这样做的人来说，就会是对人性的最大放弃，而主人为后者的最大的预先关心根本就不会是什么善行吗？或者，兴许善行的功德能够如此之大，以至于能够抵消人权？——我不能按照**我**的幸福概念向某人行善（未成年的孩子和有障碍的人除外），而只能按照**那人**自己的概念去行善，不能打算通过强加给他一个礼物来向他提供一种善行。

行善的能力取决于物质财富，它多半是由于政府的不公正而从对不同的人们进行帮助产生的一个结果，政府提倡贫富不平等，而这就使得他人的行善成为必要。在这样的情况下，富人可能向身处困境的人们提供的援助，完全应当得到人们如此乐意当做功德而自鸣得意的慈善的名称吗？

二、感激的义务

感激是由于一种向我们提供的善行而对一个人格的**崇敬**。与这种评判结合在一起的情感是对（使他承担义务的）行善者的敬重情感，反之，行善者对接受者则只是在爱的关系中来看。——甚至他人的一种没有有

6〔455〕形后果的纯然由衷的**善意**也理应得到一种德性义务的名称；于是，这就说明了**实际**的感激和纯然**感情上的**感激之间的区别。

第32节

感激是一种义务，也就是说，不单单是一个**精明的准则**，即由于我曾经受惠于善行而表示我的责任，以鼓动他人多多行善（gratiarum actio est ad plus dandum invitatio［感激的举动是对更多给予的邀请］），因为在这时，我是把这种感激仅仅当做达成我的另外意图的手段来使用；相反，感激是由道德法则而来的直接强制，亦即是义务。

但是，感激也必须还被特别地视为**神圣的**义务，也就是说，视为这样一种义务，对它的侵犯甚至能够在原理中毁灭行善的道德动机（作为令人愤慨的例证）。因为"神圣的"是指这样的道德对象，就它而言，责任并不能通过遵循义务的行为被完全取消（在这方面，被赋予义务者始终还是负有义务的）。其他一切义务都是**普通的**义务。——但是，人们不能通过对一个被接受了的善行的酬谢来**回应**这种善行，因为接受者永远不能从这个施与者那里夺取施与者所拥有的功德的优先性，即曾是善意中的第一人。——但是，即便没有这种行为（行善），纯然由衷的善意就已经是承担感激义务的根据。——这样一种感激的意向就被称为**谢意**。

第33节

至于这种感激的**广度**，它并不单单涉及同时代人，而且还涉及祖先，甚至涉及人们无法肯定地说出名字的人。这也就是之所以不尽可能地为那些可以被视为我们老师的古人进行辩护，使他们免于一切攻击、指责和低估，被看做不高尚的原因；但同时，一个愚蠢的妄念是，为了古代的缘故而捏造说古人在才能和善良意志方面比近人占优势，好像世界正
6〔456〕在根据自然法则持续不断地降低其源始的完善性似的，与此相比轻视一切新事物。

但是，至于**强度**，亦即对这种德性的责任的程度，它可以根据被赋予义务者从善行中得到的利益，以及根据这种善行借以被给予他的那种

无私性来评价。最低的程度就是：向能够接受帮助的（还活着的）行善者提供**同样的**帮助，而如果行善者不能接受，就向他人提供帮助：不是把一个已经被接受的善行视为一个人们乐意摆脱的负担（因为如此受惠的人比他的施主低了一个等级，而且这伤害了他的自尊心）；而是甚至把行善的起因当做道德的善行来对待，也就是说，当做被给予的、使人承担人类之爱这种德性的责任并这样来培养人类之爱的机会来对待，这种德性以其善意意向的**热忱**同时就是善意的**细腻**（在义务的表象中对这种德行的最小程度的注意）。

三、同情的感受完全是义务

第 34 节

同甘和**共苦**（sympathia moralis［道德上的同情］）虽然是对他人的快乐和痛苦状况的一种（因此可被称为审美的）愉快或者不快的感性情感（同感、同情的感受），自然早已把对它们的易感性置入人心了。但是，把这种易感性作为促成实际的和理性的善意的手段来使用，还是以**人性**（humanitas）为名义的一种特殊的、虽然是有条件的义务？因为在这里人不只是被看做有理性的存在者，而且也被看做赋有理性的动物。现在，这种易感性可以被设定在就其**情感**而言互相**传达**的**能力**和**意志**之中，或者只是设定在对快乐或者痛苦的共同情感（humanitas aesthetica［审美的人性］）的易感性之中，这是自然本身所给予的。前一种情感是**自由的**，因此被称为同情性的（communio sentiendi liberalis［自由的感觉共联性］，基于实践理性；第二种情感是**不自由的**（communio sentien- 6〔457〕
di illiberalis，servilis［不自由的、奴性的感觉共联性］），可以叫做**传达性的**（例如热情或者传染性疾病的感觉），也叫共患难；因为它是以自然的方式在比邻而居的人们中间蔓延的。惟独对第一种情感才存在责任。

曾经有**智者**的一种崇高的表象方式，就像斯多亚派在听人说到智者时所设想的那样：我期望有一个朋友，不是在我贫穷、生病、被囚等等时给**我**提供帮助的朋友，而是为了我能够帮助**他**和救助一个人；而尽管如此，正是这个智者，当他的朋友无法救助时，却对自己说：这关我什么事？也就是说，他拒绝共患难。

事实上，当一个他人受苦，而且我也（借助想象力）让自己被他那我毕竟不能解除的痛苦所感染时，就是两个人在受苦了；尽管灾祸真正说来（在自然中）击中的只是一个人。但是，增加世界上的不幸，因而也不是出自**共苦**而行善，这不可能是义务；如果真的这样，这会也是一种侮辱性的行善，因为行善表达的是一种善意，它与不配得到的人相关，而且被称为**仁慈**，而在那些恰恰不可以自夸配享幸福的人们中间，相互之间根本不可能出现行善。

第 35 节

但是，虽然与他人共苦（而且因此也同甘）就自身而言并不是义务，但在我们心中培植共苦的自然（审美）情感，而且把它们当做如此之多的手段用于出自道德原理和遵循这些原理的情感的同情，毕竟是对他人命运的实际同情，因此归根结底是间接的义务。这样义务就是：不要回避那些缺乏最必需的东西的穷人所在的地方，而要寻找他们，不要为了逃避人们无法抵御的极痛苦的同感而躲开病房或者犯人的监狱等等诸如此类的东西；因为这种同感毕竟是自然置入我们心中的冲动之一，去作出义务表象独自不会去完成的事情。

6〔458〕 决疑论问题

如果人的一切道德性都毕竟极认真地只限于法权义务，善意则被列入无关紧要的东西，那么，世界福乐的情况岂不是会更好一些吗？不那么容易看出的是，这会对人们的幸福有什么样的后果。但在这一场合，毕竟起码会缺少世界的一种伟大的道德光彩，亦即人类之爱，因此这种人类之爱甚至无须计较好处（幸福的好处），独自就是把世界看做处于其全部完善性之中的一个美的道德整体。

感激真正说来并不是被赋予义务者对行善者的回报之爱，而是对他的**敬重**。因为能够而且必须把义务的相等作为普遍的邻人之爱的基础；但在感激中，被赋予义务者比他的行善者低了一个等级。这不该是有些忘恩负义的原因，亦即看着一个人胜过自己的自尊，无法置身于与他

（就义务关系而言）的完全平等之中的反感吗？

与人类之爱截然（contrarie）对立的人类之恨的恶习

第 36 节

这些恶习构成了**妒忌、忘恩负义**和**幸灾乐祸**的丑恶家族。——但是，仇恨在此不是公然的和残暴的，而是隐蔽的和遮遮掩掩的，这给对邻人的义务遗忘还增添了卑鄙，同时侵害了对自己的义务。

1. 妒忌（livor），作为一种痛苦地感知他人福乐的癖好，虽然并没有因此损害他人的福乐，但如果导致了行为（减损那种福乐），就叫做**情节严重的妒忌**，否则就只叫做嫉妒（invidentia），但毕竟只是一种间接邪恶的意向，亦即不情愿看到我们自己福乐由于他人的福乐而黯然失色，因为我们懂得不是在福乐的内在价值中，而是仅仅在与他人福乐的比较 6〔459〕
中评价福乐的标准，并使这种评价直观化。——所以，人们也可能会说一个婚姻或者家庭中的**值得嫉妒的**和睦和幸福等等；就好像在某些情况下允许妒忌某人似的。因此，妒忌这种冲动就在人的本性之中，惟有它们的爆发才使之成为一种怨恨的、自我折磨的并且至少在愿望上指向破坏他人幸福的情欲的丑恶恶习，因而既与人对自己的义务相对立，又与人对他人的义务相对立。

2. 对其行善者（恩人）的**忘恩负义**，如果甚至发展到了恨自己的行善者的地步，就叫做**情节严重的忘恩负义**，否则就只叫做**无谢意**，是一种虽然在公共判断中极其让人讨厌的恶习，尽管如此人却由于它而如此声名狼藉，以至于说人们会由于已经显示出来的善行甚至给自己树一个敌人，被认为不是不可能的。——这样一种恶习的可能性的根据在于误解了对自己的义务，即由于他人的善行强加给我们对他人的责任，所以不需要和鼓励这种善行，而是宁愿自己承受生活的艰辛，也不给他人增加负担，因而在他人那里欠账（承担义务），因为这样一来，我们就担心会陷落到受保护者对其保护者的卑微级别；这与真正的自我珍重（为其自己人格中的人性的尊严而自豪）是相悖的。因此，对那些在行善上**不可避免地**必定抢在我们之前的人的感激（在怀念中对祖先，或者对父母的感激）是慷慨的，但对那些同时代人的感激却只是微弱的，甚至为了掩盖这种不平等的关系，显示出来的将完全是感觉的反面。——但这样一来，这就是一种引起人类公愤的恶习，不只因为这样一个例子必然给一般人带来的损失使人不敢再行善（因为他们可能以真正道德的意向正是在对所有这样的酬报的鄙弃中，为行善设定一种更大的内在道德价值），而是因为人类之爱在这里被头脚倒置了，爱的缺乏被庸俗化为仇视爱者的权限。

3. **幸灾乐祸**，恰恰是同情的反面，对人的本性来说也不陌生；尽管如此，当它太过分地有助于甚至造成灾祸或者恶时，它就作为**情节严重**
6〔460〕**的幸灾乐祸**显示出对人类的仇恨，而且以其恐怖的面目出现。当他人骇人听闻的不幸或者堕落宛如背景一般被配给我们自己的安康，以便更清楚地显出这种安康时，更强烈地感到自己的福乐，甚至自己的得体行为，这按照想象力的法则，亦即对比的法则，无疑是人的本性使然。但是，直接对这种毁灭普遍的世界福利的**怪物**的存在感到高兴，因而甚至期望看到这类东西，这是一种秘密的人类之恨，是我们应当作为义务的人类之爱的截然反面。——他人在不间断的安康中的**傲慢**和得体行为中的**自负**（但真正说来只是在于还往往避开了公共恶习的诱惑的幸运），自爱的人把这两者都算做自己的功德，它们产生了这种敌意的快乐，这种快乐与按照（太伦斯那里真诚的克勒摩斯①的）同情原则的义务，即“我是人，凡是人所遭遇的也都与我相关”，截然相反。

这种幸灾乐祸中最惹人喜爱的是**复仇欲**，它为此还具有最大的法权，甚至责任（作为法权欲）的假象，即甚至无须自己的好处也使伤害他人成为自己的目的。

任何伤害一个人的法权的行为都理应受到惩罚，由此犯罪在肇事者身上得到**复仇**（不是仅仅加给损失以补偿）。但现在，惩罚不是受害者的私人权威的一个行为，而是一个与他有别的法庭的行为，法庭使高踞于所有臣服它的人之上的一个**上峰**的法则产生效果，而且如果我们（如在伦理学中必要的那样）在一个法权状况中，但**按照纯然的理性法则**（不是公民法则）看待人，那么，任何人都无权施加惩罚，并报复人们遭受的伤害，除非他也是最高的道德立法者，而惟有这个立法者（亦即上帝）

① 《自责者》，Ⅰ，1，25。——科学院版编者注

才能说："复仇在我，我要报应"。因此，不仅仅自身纯然出自复仇的德性义务，是不以仇恨回应他人的敌意，而且甚至也不要求世界审判者进行报复；这一方面是因为人受够了自己的罪，以至于非常需要宽恕本身；另一方面是因为，确切地说主要是因为，任何惩罚，无论由谁来施加， 6〔461〕
都不可以出自仇恨。——所以，和解（placabilitas）是人的义务；但绝不能把它与对伤害的温和忍让（mitis iniuriarum patientia［对不义的温和忍让］）相混同，后者是为了防止他人的继续伤害而对强硬手段的放弃；因为如果那样的话，就是把自己的法权抛在他人脚下，是对人对自己的义务的侵犯。

附释：一切甚至使人的本性变得可恨的恶习，如果要在原理的意义上对待它们（作为情节严重的），客观上看都是**非人的**，但主观上考虑却毕竟是**属人的**，也就是说，就像经验使我们认识到我们的族类那样。因此，尽管人们极其厌恶地想把其中一些恶习称为**魔鬼般的**，就像其反面可以被称为**天使德性**一样，但两个概念却毕竟只是关于一个最大值的理念，被设想为用于比较道德性程度的标准，因为人们给人指定出其在**天堂**或者**地狱**的位置，并没有使他成为一个既不占据其中一个位置，又不占据另一位置的中间存在者。哈勒以其"天使和牲畜的模糊中间物"① 中说得是否更准确，这里依然不能澄清。但是，在异质事物的一种组合中进行二分，根本得不出一个确定的概念，而且在存在者的秩序中，按照它们不为我们所知的等级差异，没有任何东西能够把我们引向这一概念。前一种对立（天使德性与魔鬼恶习的对立）是夸张。第二种对立，尽管人真是遗憾地也堕入了**牲畜的恶习**，却毕竟没有资格给人添加这方面的一种**属于其物种的**禀赋，就像林中一些树木的畸形很难是使它们成为植物的一个特殊种类的一个理由一样。

① 《论灾祸的起源》，Ⅱ，107。——科学院版编者注

第二章

6〔462〕 出于他人应得的敬重而对他人的德性义务

第 37 节

一般而言在要求上**有节制**，亦即一个人的自爱自愿受他人的自爱的限制，叫做**谦虚**；在配被他人**爱**这方面缺乏**这种节制**（不谦虚），叫做**自爱**（philautia）。但是，要求被他人**敬重**的不谦虚，就叫**自负**（arrogantia）。因此，我对别人怀有的，或者一个他人能够要求于我的**敬重**（observantia aliis praestanda［对他人表示敬重］），就是对其他人身上的一种**尊严**（dignitas）的承认，亦即对一种无价的、没有可以用价值评估（aestimii）的客体与之交换的等价物的价值的承认。——把一个事物评判为没有价值的东西，就是蔑视。

第 38 节

每个人都有权要求其邻人的敬重，而且他也**交互地**对任何他人有这方面的责任。

人性本身就是一种尊严；因为人不能被任何人（既不能被他人，也甚至不能被自己）纯然当做手段来使用，而是在任何时候都必须同时当做目的来使用，而且他的尊严（人格性）正在于此，由此他使自己高于一切其他不是人、但可能被使用的世间存在者，因而高于一切事物。所以，就像他不能以任何价格出卖自己（这会与自我珍重的义务相抵触）一样，他也不能与他人作为人同样必要的自我珍重相悖而行动，也就是说，他有责任在实践上承认任何其他人的人性的尊严，因此，他肩负着一种与必然要向每个他人表示的敬重相关的义务。

6〔463〕

第 39 节

蔑视（contemnere）他人，也就是说，拒绝给他人一般人应得的敬重，在任何情况下都是违背义务的；因为他们是人。与他人相对而言在内心**轻视**（despicatui）他们，虽然有时是不可避免的，但把这种轻视外在地表现出来却毕竟是一种伤害。——**危险的**东西并不是蔑视的对象，而且也不是有恶习的人；如果对此人的攻击占有的优势使我有资格说：我蔑视他，那么，这只是意味着，即使我对他根本不作出防卫，此时也没有危险，因为他暴露出了自己的堕落。但我自己仍然不能拒绝给予这位作为人的有恶习者以任何敬重，起码在一个人的品质上，人们本来不能剥夺他这种敬重；即便他因为自己的行为而使自己不配敬重。这样，就可能有一些侮辱人的、有辱人性本身的惩罚（例如四马分尸、让狗撕咬、割掉鼻子和耳朵），它们不单对那些爱荣誉的人（要求他人的敬重，这是每个人必须做的）来说比丧失财富和性命更加痛苦，而且剥夺了旁观者为属于一个人们居然可以如此对待的族类而感到的羞愧。

附释：在其理性的逻辑使用上对人自身的敬重的义务就建立在这上面：不是以荒谬、无聊的判断等等名义来指斥理性的失足，而毋宁说预设在这判断中毕竟必定有某种真实的东西，并找出这种东西；但同时也揭示骗人的假象（判断的规定根据的主观因素，它由于一种疏忽而被视为客观的），并且通过解释出错的可能性而保持对他的理智的敬重。因为如果人们在某个判断中通过那些表述否定其对手有任何理智，那么，人们要怎样才能使他明白是他犯错误了呢？——对恶习的指责也同样是这种情况，指责必须永远不以完全蔑视和否定有恶习者的一切道德价值为结果，因为如果按照这种假说，他永远也不能被改造好；这与一个本身（作为道德存在者）永远不会失去一切向善禀赋的**人**的理念是无法统 6〔464〕
一的。

第40节

主观上被描述为道德情感的对法则的敬重，与对人的义务的意识是一回事。正因为如此，显示对作为道德的（极为高看其义务的）存在者的人的敬重，本身也是他人对他拥有的一项义务，是他不能放弃其要求的一项法权。——人们把这种要求称为**爱名誉**，其在外在的举止中的现象叫做**可敬**（honestas externa［外在的可敬］），而对它的违背则叫做**丑闻**；是不敬重义务的一个能够造成效仿的榜样，**给出**这样一个榜样虽然极其违背义务，但在纯然荒谬的（paradoxon）、否则就在自身善的东西上**获取**榜样，则是一个妄念（既然人们也把不可使用的东西视为不允许的），一个对德性来说是危险的、有害的错误。——因为对其他给出榜样的人的应有敬重不可能一直蜕变为盲目的模仿（既然使用，亦即 mos［习俗］，被提升到一个法则的尊严）；对民间道德的这种专制会与人对自己的义务相悖。

第 41 节

不履行纯然爱的义务，就是**无德性**（peccatum［过失］）。但是，不履行从对每个人一般而言应有的**敬重**中产生的义务，就是**恶习**（vitium［恶］）。因为对第一种义务的疏忽并没有伤害任何人；但是，不履行第二种义务，就在人的合法要求方面损害了他。——第一种违背是**对立面**的有悖义务的东西（contrarie oppositum virtutis［德性的相反对立面］）。但是，不仅不是道德补充，而且甚至取消通常对主体会有益的道德补充之价值的东西，则是**恶习**。

正因为如此，就连对邻人的出自其应得的敬重的义务也只是得到否
6〔465〕 定的表述，也就是说，这种德性义务只是被间接地（通过对立面的禁止）表述出来。

伤害对他人的敬重之义务的恶习

这类恶习是：一、**傲慢**；二、**毁谤**；三、**嘲讽**。

一、傲慢
第 42 节

傲慢（superbia，正如这个词所表述的那样，是一种总是**向上**浮的倾向）是一种**虚荣**（ambitio），我们按照这种虚荣要求其他人在与我们相比

时贬低自己，因而是一种与每个人都可以合法要求的敬重相违背的恶习。

它与作为**爱名誉**的**骄傲**（animus elatus），亦即在与别人相比时一点也不错过其人的尊严的那种谨慎（因此，它通常也被配上“高贵的”这个形容词）不同；因为傲慢要求别人敬重，自己却不敬重别人。——但是，这种骄傲本身却毕竟成为错误和伤害，尽管它只是要求别人关注自己的重要性。

傲慢仿佛是贪图名誉者对追随者的一种谋求，并相信自己有权蔑视地对待他们，它是**不义的**，而且与对人应有的尊重完全相抵触；傲慢是**愚蠢**，亦即在使用种种手段以达成在某种关系中完全没有充当目的的价值的东西时的虚荣心；它甚至就是**白痴**，亦即一种冒犯性的不理智，使用一些在他人那里必定恰恰产生其目的的反面的手段（因为傲慢者越是表现出这种追求，每个人就越是拒绝敬重他），——这一切都是不言自明的。但毕竟要稍加说明的是：傲慢者任何时候在内心深处都是**卑鄙的**。 6〔466〕
因为如果他不是在自身发现，当幸福对他来说逆转时，他根本不会认为自己这方面现在也阿谀奉承，并且放弃他人的一切尊重是难以接受的，那么，他就不会要求他人在与他比较时轻视自己了。

二、毁谤

第 43 节

恶意的议论（obtrectatio）或者毁谤，我并不把它理解为**中伤**（contumelia）、一种**错误的**、应当诉诸法权的议论，而是仅仅理解为直接的、不怀任何特殊意图的偏好，即散布某种不利于对他人的敬重的流言飞语，它与对人性应有的敬重完全相悖，因为任何给出的丑闻都会削弱这种敬重，而且尽可能地使人怀疑它，而向着道德上的善的动力毕竟是基于这种敬重的。

有损他人名誉的东西哪怕是真的，也不归公共的司法权管辖，故意**散布**（propalatio）这种东西，就是在降低对一般人性的敬重，以至于最终给我们的族类本身投上卑鄙无耻的阴影，使厌恶人类（遇人胆怯）或者蔑视成为主流的思维方式，或者使其道德情感由于这种思维方式屡见不鲜而变得麻木不仁，对此习以为常。因此德性义务是，不要对暴露他人的错误幸灾乐祸，以便由此确保自己的意见是正确的，至少不比其他所有人差，而是不仅通过缓和我们的判断，而且通过隐瞒这些判断来给他人的错误蒙上人类之爱的面纱；因为他人给予我们的敬重的榜样也能够使得在同样的程度上配享这种敬重的努力活跃起来。——因此之故，对他人的道德的窥视癖（allotrio-episcopia［不良的暴露］）本身就已经是人类学的一种侮辱性的多管闲事，每一个人都可以正当地把它当做对自己应得的敬重的侵犯来反抗。

6〔467〕

三、嘲讽

第 44 节

轻率的责难欲和纯然使他人成为笑柄的癖好，为了使他人的错误成为自己取乐的直接对象的**嘲弄欲**，都是恶意，与朋友间只是表面上当做错误，但其实却是当做有勇气偶尔也在时尚的规则之外的长处来取笑的那种**玩笑**、亲密完全不同（这时它就不是**嘲笑**了）。但是，使真实的错误成为笑柄，或者就好像它们是真实的似的而使虚构出来的、旨在剥夺人格应得的敬重的错误成为笑柄，以及这方面的癖好，即尖刻的**嘲弄欲**（spiritus causticus），本身就具有某种残酷的喜悦，并因此而恰恰是对敬重他人的义务的一种更为严重的伤害。

不过，以蔑视而对一个对手的侮辱性攻击给予戏谑的，尽管是嘲弄性的回击（retorsio iocosa），则与此不同，由此，嘲弄者（或者一般而言一个幸灾乐祸的、但却没有力量的对手）受到同等程度的嘲弄，而且这是对他可以向前者要求的敬重的合法捍卫。但是，如果对象真正说来不是幽默的对象，而是理性必然对之有一种道德关切的对象，那么，即便对手发出如此之多的嘲弄，同时自己却如此之多地出丑招人发笑，但对于对象的尊严和对人性的敬重来说，更加适当的却是：对攻击要么根本不作任何防卫，要么作出有尊严的和严肃的防卫。

附释：人们将发觉：在前面的标题下不是那么赞颂德性，反倒是在谴责与德性相对立的恶习；但这已经蕴涵在敬重的概念之中了；就像我们有责任对他人表示敬重一样，敬重只是一种**消极的**义务。——我没有责任**崇敬**他人（只是作为人来看），也就是说，对他人表示**积极的**尊重。我天生对之有责任的所有敬重，一般而言都是对法则的敬重（reverere legem），而这却不是一般而言崇敬他人（reverentia adversus hominem），或者在其中为他们提供某种东西，这是对他人的普遍的、无条件的人类义务，这种义务作为他们原本应得的敬重，可以要求于每一个人。 6〔468〕

根据人们性状的不同，或者根据其部分地是基于任意的安排的偶然关系的不同，亦即年龄、性别、出身、强弱的不同，或者干脆是地位和身份的不同，而向他人表示的不同敬重，不可以在德性论的**形而上学**初始根据中详细陈述并加以分类，因为这里要讨论的只是德性论的纯粹理性原则。

第二篇
人们相互之间就其状态而言的伦理义务

第 45 节

这些义务（德性义务）虽然在纯粹伦理学中不能提供理由形成其体系中的一个特殊篇章；因为它们不包含人们作为人彼此之间承担义务的原则，因此真正说来不能充当德性论的**形而上学**初始根据的一个部分，而仅仅是按照把德性原则（依据形式的东西）**运用**于经验中出现的事例（质料的东西）的主体之不同而变化的规则，因此它们也与一切经验性的划分一样不允许有可靠完备的分类。然而，就像要求自然形而上学对物理学有一种具有其特殊规则的跨越一样，也有理由要求道德形而上学作出一个类似的跨越，亦即通过把纯粹的义务原则运用到经验事例上而仿佛使道德形而上学**图型化**，并阐明其已可以作道德实践的使用。——因此，对待人，例如在其状态的道德纯洁性中或者在其堕落中，采取什么态度是适宜的；在开化的或者粗野的状态中什么是适宜的；对于有学识的人或者无学识的人，以及对于在使用其科学时作为会处事的（精炼的） 6〔469〕学者或者在自己的专业中不会处事的学者（书呆子）、务实的学者或者更多地旨在精神和鉴赏的学者的那些人来说，什么是适宜的；按照地位、年龄、性别、健康状况、富裕或者贫穷等等的差异，什么是适宜的：这并不是如此多种多样的在伦理上**承担义务**的**方式**（因为只有**一种**，亦即一般德性的承担义务），而仅仅是**运用**的种种方式（附论）；因此这些方式不能作为伦理学的章节和一个体系之**划分**的环节（体系必须先天地从一个理性概念出发）被提及，而只能是附带提到。——但是，恰恰这种应用却属于体系阐述的完备性。

要素论的结束语：爱与敬重在友谊中最紧密的结合

第 46 节

友谊（在其完善性上来看）就是两个人格通过相同的彼此的爱和敬重而结合。——不难看出，它是分享和传达这两个通过道德上善的意志而结合起来的人格任何一方的福乐的一个理想，而且即使它并不造就出生活的全部幸福，把它接纳入他们双方的意向也是配享幸福的，因此，人们之间的友谊是人们的义务。——但是，友谊是一个纯然的（但毕竟是实践上必要的）理念，是虽然在实施时无法达到、但却由理性托付去追求的（作为彼此间善良意向的一种最高境界）、绝非普通的、而是十分光荣的义务，这一点很容易就可以看出来。因为对于处在与邻人的关系之中的人来说，怎么可能查明一个人身上同一种义务为此所需的各部分中的一个（例如交互的善意）同他人身上的同一个意向是**相同**的？不过更有甚者，在同一个人格中出自一种义务的情感与出自另一种义务的情感（例如出自善意的情感与出自敬重的情感）具有什么关系？而且，如
6〔470〕果一个人在**爱**上更热烈，那么，他是否并不恰恰因此而在**敬重**他人上失去某种东西，以至于爱和敬重两方面在主观上很难达到平衡均匀？什么对于友谊来说毕竟是不可缺少的呢？——因为人们可以把前者视为吸引，把后者视为排斥，而且如果吸引的原则要求接近，排斥的原则要求彼此间保持恰当的距离，那么，由“即便最好的朋友相互间也不应当**不分彼此**”这一规则所表达的对亲密的这种限制就包含着一个准则，这个准则不仅适用于地位高的人对地位低的人，而且反过来也一样适用。因为地位高的人转眼之间就感到自己的自豪感被伤害了，并且想知道地位低的人的敬重也许一时被推迟了，但并没有被取消；不过，敬重一旦被伤害，在内心就无法挽回地失去了；即使它的外在标志（礼节）又依然如故地

进行。

友谊就其纯洁性或者完备性而言，把它设想为可达到的（在俄瑞斯忒斯和皮拉得斯之间、忒修斯和珀里托俄斯之间的友谊），是小说家的癖好；与此相反，亚里士多德说：我亲爱的朋友，其实没有任何朋友！[①] 下面的说明可以使人注意到友谊的困难。

在道德上考虑，一个朋友让另一个人觉察到自己的错误，无疑是义务；因为这是为他好，所以是爱的义务。但是，他的伙伴却把这看做自己指望从他那里得到的敬重的一种缺乏，确切地说，他要么在这一点上已经栽了，要么由于受到他人的监视和暗地的批评而常常冒着丧失其敬重的危险；甚至，他被监视和控制，这本身就已经让他觉得是侮辱了。

一个处在困境中的朋友，他是多么不受欢迎啊（好好想想，如果他是一个积极的、乐于自己花费而助人的朋友的话）！但是，感到自己与他人的命运紧密相连，肩负着他人的需要，这毕竟也是一个巨大的负担。——所以，友谊不能是一种旨在彼此得到好处的结合，而必须是纯粹道德的，而且，双方中任何一方在紧急情况下都可以指望对方给予的支援，必须不是指友谊的目的和规定根据——那样的话他就会失去另一方的敬重——而只能是指发自肺腑的善意的外在标志，并不使事情取决 6〔471〕
于总是有危险的试验，因为任何一方都考虑要慷慨地解除他人的这种负担，一个人独自承担它，甚至对他完全隐瞒这负担，但毕竟总是可能自夸说，在紧急情况下他将能指望他人的支援。但是，当一个人从他人那里接受一个**善行**时，他所能够指望的是爱上的平等，而不是敬重上的平等。因为他清楚地看到自己低一个等级，负有责任而不能相互赋予责任。——尽管相互接近直至融为一个人格的这种交互拥有是甜蜜的，友谊却毕竟同时是某种如此**娇柔**的东西（teneritas amicitiae），以至于如果人们让它基于情感，不给这种彼此的倾诉和顺从配上原理或者防止不分彼此并且通过敬重的要求来限制交互之爱的规则，就一刻也不能保证它免于**中断；这类事情在不开化的人那里是司空见惯的，尽管他们并不因**

① “哦，朋友，其实没有任何朋友”被法波里诺斯（拉尔修：《名哲言行录》：V，1，21）视为亚里士多德的名言（那里继续说，这句话也在《伦理学》第7卷中，这似乎是指1245b20，但这里说的毋宁是：说有许多朋友的人可能没有朋友）。参见《康德全集》，第Ⅶ卷，145页［参见《康德著作全集》，第7卷，145页。——译者注］；第Ⅺ卷，［319］332页［参见《康德书信百封》，180页。——译者注］。——科学院版编者注

此总是导致破裂（因为群氓互相斗殴，群氓又互相容忍）；他们可能并不分道扬镳，但也并不相互一致，因为吵架本身就是他们的需要，为的是在和解中品尝和睦的甜蜜。——但无论如何，友谊中的爱不能是**冲动**：因为冲动在选择上是盲目的，在延续时将灰飞烟灭。

第 47 节

道德的友谊（与审美的友谊有别）是两个人格在彼此坦承其隐秘判断和感受时的完全信赖，只要它能够与双方的彼此敬重共存。

人是一种注定要有社会的存在者（虽然毕竟也是非社会的存在者），而且在社会状态的培植中，他强烈地感到有向他人**开放**自己的需要（甚至不以某种东西为目的）；但另一方面，也由于害怕他人可以滥用他的想法的这种袒露而变得狭隘和受到警告，他发现自己不得不把他的一大部
6〔472〕分想法（尤其是关于其他人的）**封闭**在自己心中。他喜欢与某个人聊一聊自己对与之打交道的人有什么想法，对政府、宗教等等有什么想法；但他不可以冒险这样做，部分是因为小心翼翼地不说出自己的判断的他人会利用这来伤害他；部分是因为如果他完全开诚布公地对他人呈现自己的话，就公开他自己的错误而言，他人会隐瞒其自己的错误，这样他就会在他人的敬重上有所损失。

因此，如果他发现一个有理智的人，他在这个人那里就那种危险而言根本不必担心，相反他能够完全信任地对他开放自己，此外这个人自身也具有一种与他自己相一致的评判事物的方式，那么，他就可以倾诉自己的看法；他在其思想上就不像在监狱中那样是完全是**孤独的**，并且享受着一种自由，他在人群中就缺乏这种自由，在那里他必须封闭自己。每一个人都有秘密，不可以盲目地信赖他人；这部分是因为大多数人不高尚的思维方式，对此作了有害于他的利用，部分是因为一些人在评判和区别这种招人议论的事情时不理智，或者不是这样（轻率），这样一些品质很难发现共存于一个主体中（rara avis in terris et nigro simillima cygno［世间罕有极像黑天鹅的鸟］①）；尤其是因为最亲密的友谊要求这

① 尤维纳利斯：《讽刺诗集》，Ⅱ，6，165。——科学院版编者注

个有理智的、可以信赖的朋友同时有责任，没有前者明确的许可，不得把同一个托付给他的秘密告诉另一个被认为同样可靠的人。

这种友谊（纯然道德的友谊）不是理想，而是（黑天鹅）时而以其完善性现实地存在着；但那种虽然出自爱，但却被他人的目的所拖累的（实用的）友谊既不可能有纯洁性，也不可能有所要求的完备性，而这种完备性是一个作精确规定的准则所不可缺少的，而且它是一个愿望的理想，这个理想在理性概念中没有边界，但在经验中却必然是始终受限制的。

但是，一个一般的**人类之友**（亦即整个族类之友）是这样一个人，他在审美上分享着所有人的福乐（同乐），而且绝不会没有内在惋惜地去干扰这种福乐。不过，一个人类之**友**这个表述与纯然爱人类者（**博爱主义者**）这个表述相比更是狭义的。因为在前者中，也包含着人与人之间 6〔473〕
平等的表象和忠告，因而包含着由此而被赋予责任的理念，因为人们有责任向他人行善；就好像属于一个愿所有人幸福的共同父亲的众兄弟似的。——因为作为行善者的保护人与作为有感激义务者的被保护人的关系虽然是一种互爱的关系，但却不是友谊，因为二者相互之间应得的敬重不是一样的。作为朋友对人有善意（一种必要的降尊纡贵）这种义务以及铭记这种义务，有助于抵制那些拥有行善能力的幸运之人常有的骄傲。

附录

交往的德性（virtutes homileticae）

第 48 节

以其道德的完善性彼此间推进交往（officium commercii，sociabilitas［交往的义务，社会性］），不把自己孤立起来（separatistam agree［离群索居］），不仅是对自己的义务，而且是对他人的义务；虽然不是给自己制作一个其原理的不动的中心，但却毕竟也把这个围绕自己划出的圆圈视为构成世界公民意向的一个无所不包的圆圈之部分的圆圈；不是为了恰恰把世界福利当做目的来促成，而只是培养间接地导致世界福利的相互意向，培养这意向中的安逸、容易相处、互相的爱和敬重（平易近人和举止得体，humanitas aesthetica et decorum [审美的和文雅的人性]），并给德行添加光彩；做到这一点，本身就是德性义务。

这虽然只是些**外围的东西**或者**附属的东西**（parerga），它们给人一种美的、类似于德性的外表，但这外表也不骗人，因为每个人都知道，他必须把这外表当做什么来对待。虽然这只是小事情，但却毕竟通过努力使这种外表尽可能接近真实，在**易于交往、健谈、礼貌、好客、婉转**

6〔474〕（在反驳而不吵架时）中，把它们全都当做与表现出来的责任打交道的方式，促成了德性情感本身，由此人们同时使其他毕竟致力于德性意向的他人承担责任，因为它们至少使得德性变得**可爱**。

但这里的问题是：人们是否也可以习惯于同有恶习者交往。人们不能避免与他们会面，若不然，人们就必须离开世界；而且甚至我们对他们的判断也是没有权威的。——但是，在恶习是一种丑闻，亦即是蔑视严格的义务法则的一个公然给出的实例，因而本身带有寡廉鲜耻的地方，即便国家法律不惩罚它，直到那时还存在的交往也将被中断，或者被尽可能地回避，因为继续交往会使德性丧失一切名誉，并把它出卖给每一个富裕得足以用奢侈享乐来向寄生虫行贿的人。

伦理方法论 6〔477〕

第一章 伦理教学法

第 49 节

德性必须被获得（不是生而具有的），无须可以援引从经验中获得的人类学知识，这一点已经蕴涵在德性的概念之中了。因为人的道德能力倘若不是通过决心的力量在与强大的相反偏好的冲突中产生的，它就会不是德性了。德性是出自纯粹实践理性的产品，这是就后者在意识到自己对前者（出自自由）的优越性时获得了支配权而言的。

德性能够并且必须被教授，这是从它并非生而具有得出的；因此，德性论是一种**教义**。但是，由于仅仅通过人们为了适合德性概念而应当如何行事的学说，还没有获得实施规则的力量，于是，斯多亚派就只是认为，德性不可能通过纯然的义务表象、通过告诫（以敦促的方式）来**教授**，而是必须通过尝试与人心中的内在敌人进行斗争（以修行的方式）来培养，来练习；因为如果人们不事先尝试和练习自己的力量，他就不**能**马上做到他想做的一切，但这方面的**决定**却无疑必须一下子完全作出，因为若不然，意向（animus）由于为了逐渐地抛弃恶习而与之妥协，本身就可能是不纯洁的，甚至是有恶习的，因此也不可能产生德性（因为德性以一个惟一的原则为依据）。

第 50 节 6〔478〕

现在，就教义的方法（因为每一个科学学说都必须是**有方法的**，否则，陈述就是**混乱不堪的**）而言，如果德性论应当表现一门科学，这方法就也不能是**残缺不全的**，而必须是**系统的**。——不过，陈述可能要么是**讲授的**，因为它所遇到的所有他人都纯然是听众，要么是**询问的**，在报告中教师问他的学生他想教给他们的东西，而且这种询问的方法又要么是教师向学生们的**理性**提问，是**对话的**教学方式，要么只向他们的**记忆**提问，是**问答的**教学方式。因为如果有人想向他人的理性提问某种东西，那就只能以对话的方式进行，亦即通过教师和学生互相**交替**提问和回答来进行。教师通过提问，通过提出事例来仅仅开发学生心中对某些概念的禀赋，而引导着学生的思想进程（他是学生思想的助产士）；此时认识到自己有能力思考的学生，通过其反问（关于晦暗不明的东西或者与已被认可的原理对立的怀疑）促使**教师**按照 docendo discimus［在教中学］来自己**学习**他必须如何恰当地提问〔因为一个给逻辑学提出的、还没有被充分铭记的要求是：逻辑也要提供人们应当如何合目的地**探索**的规则，也就是说，并非总是仅仅为**规定性**的判断，而且也为先行的判断（iudicia praevia）提供规则，人们就是通过后者产生思想的；这是一种甚至对数学家也能够是发明的指导，并且也经常被数学家运用的学说〕。

第 51 节

德性论对还稚嫩的学生来说首要的和最必要的**学说**工具是一部道德**问答手册**。这种手册必须先行于宗教问答手册，并且不能只作为插入物被一起织入宗教学说，而是必须单独地、作为一个独立自存的整体来阐述，因为只有通过纯粹道德的原理，才能实施从德性论向宗教的跨越，因为若不然，这种宗教的认信就会是不纯正的。——所以，恰恰是那些
6〔479〕最可尊敬的和最伟大的神学家，都对为章程性的宗教学说写一个问答手册（同时为它担保）表示反感；因为人们毕竟应当相信，这会是人们从他们的博学的巨大宝藏中有权期待的最无关紧要的东西。

反之，一部纯粹**道德的**问答手册，作为德性义务的启蒙教师，就不具有任何这样的疑虑或者困难，因为它（按照其内容）可以从普通的人类理性中开发出来，并且（按照形式）只可以与第一种传授的教学规则相适应。但为了这个目的，这样一种课程的形式原则就不允许苏格拉底式的对话的教学方式，因为学生就连他应当如何提问也不知道；因此，惟有教师才是提问者。但是，教师有条理地从学生的理性中诱导出的回答必须以确定的、不易改变的表述来措辞和保存，因此必须相信他的记忆：在这一点上，**问答的教学方式**不仅与**独断的教学方式**（这里惟有教

师在说话）有别，而且与**对话的教学方式**（这里双方相互问和答）有别。

第 52 节

德性教育的**实验**手段（技术手段）是以教师本人为**模范**实例（具有示范性的表现），以他人为**告诫**实例；因为仿效对于还未受教育的人来说是接受他今后采取的准则的第一次意志规定。——养成习惯或者戒除习惯就是通过频繁地满足一个偏好来确立这个没有任何准则的固执偏好；而且它是感官方式的一种机械作用，而不是思维方式的一个原则（在这方面，后来的**荒废**要比**学会**更难）。——但是，就显露给癖好供仿效或者告诫的**样板**的力量（无论是为善还是为恶）而言①，他人给予我们的东西，不能确立德性准则。因为这种准则恰恰在于每个人的实践理性的主观自律，因此不是其他人的举止，而是法则必须充当我们的动机。6〔480〕所以教育者不会对他养成坏习气的学生说：以那个好少年（规矩的、勤奋的少年）为榜样！这只会成为学生憎恨这少年的原因，因为学生由于这少年而暴露出其弱点。好的样板（示范性的转变）不应当充当典范，而只应当充当合乎义务的东西的可行性的证明。因此，并非与某个他人的比较（他是怎样的），而是与他应当怎样的理念（人性）的比较，因此是与法则的比较，必须给教师提供其教育的绝不可少的准绳。

附释　一部道德问答手册的片段

教师向他的学生的理性询问他要教给学生的东西，如果学生不会回答该问题，教师就提示他（引导他的理性）。

1. 教师：什么是你生活中最大的，甚至是全部的要求？学生：不知道。——教师：是对你来说一切事情依照愿望和意志进行，并且始终这样。

① **“实例”**是一个德文词，通常人们将它用于与它同样适用的“样板”，但它与后者涵义并不相同。以某事为样板，与为了理解一个表述而举出实例，这是完全不同的概念。样板是一个**实践**规则的特殊情况，如果这个规则表现的是一个行为的可行性或者不可行性的话。反之，一个实例只是殊相（concretum［具体的东西］），被表现为按照概念（abstractum［抽象的东西］）包含在共相之下，并且只是对一个概念的理论展示。

2. 教师：人们如何称呼这样一种状态？学生：不知道。教师：人们把它称为**幸福**（持久的康乐、快乐的生活、对自己状态的完全满意）。

3. 教师：如果你现在手中拥有（世界上可能有的）一切幸福，你会独自保有所有这些幸福，还是也把它们传达给你的邻人？——学生：我会传达它们，使他人也幸福和满足。

4. 教师：这清楚地表明，你差不多还有一颗善良的**心**；但且看一看，你在这里是否也表现出健全的**理智**。——你会使懒汉获得软和的枕
6〔481〕头，让他能够在甜蜜的无所事事中过日子；或者使酒鬼不缺酒喝，而通常这属于麻醉品；使骗子有讨人喜欢的仪表和举止，以便施计骗他人；或者使暴徒有勇敢和铁拳，以便能够制服他人吗？这肯定是每个人所期望的一些手段，以便按照自己的方式幸福。学生：不，不是这样。

5. 教师：因此你发现：如果你手中也拥有一切幸福，并为此拥有最善良的意志，你毕竟不会不假思索地把那幸福送给每一个抓取的人，而是首先要检查一下，每一个人在多大程度上**配享**幸福。——教师：但对你本人而言，你毕竟会毫不犹豫地拿你列入自己幸福的一切首先供给自己？学生：是的。教师：但这样一来，你思想中不也就出现了一个问题：你本人是否也能配享幸福呢？学生：当然。教师：现在，在你心中仅仅追求幸福的，就是**偏好**；但把你的偏好限制在首先配享幸福的条件上的，是你的**理性**，而你能够通过自己的理性限制、制服你的偏好；这就是你的意志的自由。

6. 教师：现在，为了知道你怎样开始，以便分享幸福而又毕竟不变得不配幸福，这方面的规则和指导就完全只在你的**理性**中；这就等于是说：你没有必要从经验中，或者从他人那里通过其传授来学会你的行止的规则；你自己的理性将直截了当地教导你并命令你，什么是你应当做的。例如，当你遇到一个案件，由于你能够通过一个精心编造的谎言给你或者你的朋友谋得一个很大的好处，肯定还不会因此而损害任何其他人，那么，你的理性对此将说什么呢？学生：我不该撒谎；好处对我和我的朋友而言会与他一直想要的一样大。撒谎是**卑鄙的**，并且使人**不配**幸福。——这里有一种因一个理性命令（或者禁令）而来的无条件的强制，我必须服从这个命令：反之，我的所有偏好都必须默不作声。教师：
6〔482〕人们怎样称呼这种直接由理性加给人的、按照理性的一种法则来行动的

必然性呢？学生：它叫做**义务**。教师：因此，对人来说，遵循自己的义务就是配享幸福的普遍的和惟一的条件，而且后者与前者就是同一个东西。

7. 教师：但是，如果我们也意识到这种善良的和积极的意志，由于它我们认为自己配享（至少不是不配）幸福，那么，我们能够也把分享这种幸福的可靠希望建立在这上面吗？学生：不！不能仅仅建立在这上面；因为谋求这种幸福并非总是取决于我们的能力。而且自然的进程也不是如此自动地依据功德，相反，生活的幸福（我们一般而言的福利）取决于一些远远不是人都能控制的情况。因此，我们的幸福永远都只是一个愿望，除非有某种别的力量加入，这种愿望在那时才能成为希望。

8. 教师：理性自己有充足的理由认为这样一种根据人的功过来分配幸福、掌管整个自然、并以至高的智慧统治世界的力量是现实的，亦即信仰上帝吗？学生：是的；因为我们在我们能够评判的自然的作品上看到如此广博而且深刻的智慧，我们只能用一个世界创造者的一种无以名状的伟大的艺术来解释这种智慧，这样，就世界最高的光彩所在的道德秩序而言，我们也有理由期望世界创造者有同样睿智的治理，亦即如果我们没有通过违背我们的义务而使我们自己**不配幸福**，那么，我们就也能够希望**分享**幸福。

在这部必须通过德性和恶习的一切条款来实施的问答讲义中，最大的注意力集中在：义务命令肯定不是被建立在从遵循该命令中为该命令应当使之承担责任的人产生的好处或者害处之上，甚至也根本不是被建立在对他人产生的好处或者害处之上，而是完全纯粹地建立在道德原则之上，提及这些好处或者害处只是附带的，是作为就自身而言可有可无的，但对于天生软弱的人的口味来说充当纯然工具的补充。在任何地方 6〔483〕
都必须重点描述的，是恶习的**可耻**，而不是它（对当事人自己）的**危害**。因为如果德性的尊严在行动中不是被提高到一切之上，那么，义务概念本身就会消失，并化为纯然实用的规定；因为在那种情况下，人在其自己的意识中的高贵就会消失，而人就会待价而沽，把自己出售给对他来说有诱惑力的偏好。

如果这是聪明地和认真地根据人逐渐踏上的年龄、性别和地位的不同阶段而从人自己的理性中展现出来的，那么，就还有某种东西必须作出决定，内在地打动灵魂，将人置于这样一种境地，在这里他只能怀着对自己固有的源始禀赋的极大惊赞来看待自己，而且对此的印象永不消失。——也就是说，如果他在结束自己的课程时依序再一次扼要陈述（重述）自己的义务，如果他在每一次课程中都被提请注意，一切灾祸、烦恼和生活的苦难，甚至在他忠诚地服从其义务时可能击中他的死亡威胁，都毕竟不能夺去他高于这一切，并且是它们的主人的意识，那么，他就极为容易想到如下问题了：在你心中那敢于以自然的一切力量在你里面和你周围投入战斗，并且在它们与你的道德原理发生冲突时战胜它们的东西是什么呢？这个问题的解决完全超出了思辨理性的能力，尽管如此它还是自行出现了，如果它引起人们的关注，那么，就连灵魂的这种自我认识中的不可理解性也必定提供一种升华，灵魂受到的诱惑越多，这种升华就只会越强烈地鼓舞灵魂去尊崇自己的义务。

在这种问答的道德课程中，对道德教化来说具有很大用处的会是：在每次剖析义务时拟出一些决疑论问题，并且让孩子们聚集起来尝试自己的理智，看他们中的每一个人打算如何解决摆在他面前的棘手课
6〔484〕题。——不只是因为这是对**理性**的一种与未受教育者的能力最相适宜的培养（因为这种培养在涉及什么是义务的问题上能够比就思辨问题而言远为容易得多地作出决定），并且是一般而言使青年的理智更加敏锐的最适当的方式，而主要是因为人的本性就爱这么做，在这件事中和在对它的处理中，人一直形成了一门科学（借此他如今就明白了），而这样，学生就通过这类练习不知不觉地被引入到对道德事务的关切之中。

但是，教育中最重要的事情是：不要把道德问答手册与宗教问答手册混同起来陈述（融合），也不要让它跟在后者后面；而是在任何时候都要对前者作出最清晰的说明，确切地说要以最大的勤奋和详尽做这件事。因为不这样做，以后从宗教中产生的就无非是伪善，即出自恐惧而认信义务，并撒谎说对那些并不放在心上的人有一种关切。

第二章　伦理的修行法

第53节

德性中的练习（exercitiorum virtutis）的规则旨在两种心灵情调，即

在遵循其义务时顽强的和愉快的心情（animus strenuus et hilaris）。因为德性必须与障碍进行斗争，为了克服这些障碍，它必须集中自己的力量，同时牺牲一些生活乐趣，失去这些乐趣有时可能使心情变得沮丧和闷闷不乐；但是，人们并非愉快地，而只是当做劳役做的事情，对于在此服从其义务的人来说，就没有任何内在的价值，并且不受欢迎，而是尽可能地逃避实施它的机会。

德性的培养，亦即道德的**修行法**，就精力充沛的、顽强的和勇敢的德性练习的原则而言，拥有**斯多亚派**的格言："你要习惯于**忍受**偶然的生活灾难和缺少同样多余的闲情逸致（assuesce incommodis et desuesce commoditatibus vitae）。"对于人来说，保持道德健康是一种饮食学。但 6〔485〕
健康只是一种消极的康乐，它本身不能被感觉到。必须附加某种东西，来保障一种舒适的生活享受，而且毕竟是纯然道德的。这就是有德性的**伊壁鸠鲁**的理念中任何时候都快乐的心灵。因为谁应当比没有意识到任何故意的违背并由于堕落而被固定在这样一种违背中的人有更多的理由去拥有愉快的心情，并且不把置身于一种愉快的情调并使之成为习惯甚至视为一种义务呢（hic murus aheneus esto etc. ［你就应当是这堵铜墙……］——贺拉斯[①]）？——反之，僧侣的修行法出自迷信的畏惧或者对自己虚伪的厌恶，以自我折磨和肉身钉上十字架为业，也不是旨在德性，而是旨在狂热的涤罪，自己给自己施加惩罚，而且不是在道德上（亦即怀着改善的意图）**悔罪**，而是要**赎罪**，即便自己选择并且执行了惩罚，这（因为惩罚必须是他人施加的）也是一个矛盾，而且也不能造成伴随着德性的愉悦感，而毋宁说不可能没有对德性命令的隐秘仇恨。——所以，伦理的训练只在于与自然冲动作斗争，这种斗争要达到的程度就是在出现威胁着道德性的情况时能够制服自然冲动；因此它使人顽强，并在意识到重获自由时快乐。为某事**悔恨**（这在回忆从前的违背时是不可避免的，在这方面不让这种记忆消失甚至就是义务），以及加给自己一种**忏悔**（例如斋期），不是出于饮食学的考虑，而是出于虔诚的考虑，这是两种十分不同的、有道德意义的防护措施，其中后者是不愉快的、阴沉的和闷闷不乐的，它使得德性甚至成为可恨的，并且使其信

① 《书札》，Ⅰ，1，60。——科学院版编者注

徒望而却步。因此，人自己加给自己的管束（纪律）只能通过伴随管束的愉悦感成为值得称赞的和示范性的。

6〔486〕
结束语
宗教学说作为对上帝的义务的学说，处于纯粹道德哲学的界限之外

阿布德拉的**普罗泰戈拉**在他的书中开篇写下这样的词句：“**诸神存在还是不存在，对此我不知道说什么。**”① 所以，他被雅典人从城里和他的地产上驱逐出去，他的书被当着公众聚会焚烧（昆提利安：《论修辞学》，第3卷，第1章）②。——在这一点上，雅典法官作为人虽然对他所行很**不义**；但是作为**国家官员**和法官，他们对待他的方式完全是**合法的**和一贯的；因为如果不是公开和合法地**以高层当局的名义**（de par le Senat［以元老院的名义］）来命令，人们怎么能够发誓说：有诸神存在？③

6〔487〕但是，承认这种信仰并且认可**宗教学说**是一种普遍的**义务学说**的一个不可缺少的部分，现在关于它所属的**学科**的界限规定的问题却是：宗教学说是必须被视为伦理学的一个部分（因为在这里谈不上人们相互的法权），还是完全处在一种纯粹哲学的道德的界限之外。

一切宗教，如果人们这样来解释它，说它是“一切**作为**（instar［类

---

① “De diis，neque ut sint，neque ut non sint，habeo dicere.”

② 在昆提利安那里，关于普罗泰戈拉仅仅触及修辞学的东西。所指的毋宁说是西塞罗的《论诸神本性》，Ⅰ，23，63。“从他的地产”是错误的翻译；urbe atquo agro exterminatus：“从城市和农村驱逐出去”（普罗泰戈拉没有在阿提卡定居，而是旅行到此）。——科学院版编者注

③ 虽然后来一个伟大的道德上立法的智者把这种誓言当做愚蠢的、同时近乎于渎神的，而予以完全禁止；但出于政治的考虑，人们还总是相信绝对不能缺少这种机械的、用于公共正义的管理手段，并且想出了一些温和的解释，以便回避那种禁令。——既然认真地发誓说有一个神存在是荒唐的（因为人们哪怕只是为了能够发誓，就必须已经公设了这个神），那么，还留下的问题就是：一个誓言是不是可能以及有效，因为人们只是对有一个神存在**这种情况**（无须像普罗泰戈拉那样澄清某种东西）发誓的。——事实上，一切真诚地、同时深思熟虑地发出的誓言都不是在任何其他意义上发出的。——因为一个人完全自愿地发誓说有一个神存在，这虽然看起来不是一个可疑的提议，不管他信神还是不信神。如果有一个神存在（骗子将说），那我就说对了；如果没有一个神存在，那么，也没有任何人使我承担责任，我通过这样一个誓言没有使自己陷入任何危险。——但在这种情况下，**如果这样一个神存在**，就不因蓄意的，甚至为了欺骗神而作出的谎言而遇到任何危险吗？

似]）神的诫命的义务的总和”，那么，其**形式的东西**就属于哲学道德，因为由此所表达的只是理性与神的**理念**的关系，这种理念是理性自己给自己制作的，而在这种情况下，一种宗教义务还没有成为**对**（erga）作为一个在我们的理念之外实存的存在者的神的义务，因为我们在这里还不考虑神的实存。——所有人类义务都应当按照这种**形式的东西**（这些义务与一个属神的、先天地被给予的意志的关系）来思想，这样做的根据只是主观的和逻辑的。也就是说，不在这里设想一个**他者**及其意志（普遍立法的理性只是他的代言人），亦即神，我们就不能完全使义务的承担（道德的强制）对我们直观化。——只有这种**就**神（真正说来是我们给自己制作的关于这样一个存在者的理念）**而言**的义务才是人对自己的义务，也就是说，不是客观的、对一个他者提供某种服务的责任，而只是主观的、在我们自己的立法理性中强化道德动机的责任。

但是，说到宗教的**质料的东西、对**（erga）神的义务的总和，亦即应当为神提供的服务（ad praestandum），宗教就会能够包含特殊的、不是仅仅从普遍立法的理性出发的、因而不能被我们先天地认识而是只能经验性地认识的、从而只是属于启示宗教的、作为神的诫命的义务；因此，宗教也不能任意地预设这种存在者的存在，并不仅仅是实践意图中关于这种存在者的理念，而是当做直接地（或者间接地）在经验中被给予的来阐释。但这样一种宗教，无论它怎样有根有据，都毕竟不能构成**纯粹哲学的道德**的一个部分。

因此**宗教**，作为**对**神的义务的学说，处在纯粹哲学的伦理学的一切界限之外，而且这权充是本书作者的辩护，即他没有像通常习惯的那样，为了伦理学的完整性而把在那种意义上设想的宗教拉入到伦理学中。 6〔488〕

虽然可以说有一种“纯然理性**界限内**的宗教”，但这宗教并不是从纯然理性中派生出来的，而是同时建立在历史学说和启示学说之上的，而且仅仅包含着纯粹实践理性与这些学说的**一致**（即它不与这些学说相冲突）。但在这种情况下，它也就不是**纯粹的**，而是**运用于**一种现有历史的宗教学说，对它来说，在一种作为纯粹实践哲学的**伦理学**中就没有位置了。

最后的附释

理性存在者的一切包含着一个人的意志与另一个人的意志相一致的原则的道德关系，都可以归溯到**爱**和**敬重**，而且就这个原则是实践的而言，意志就爱而言的规定根据可以归溯到**目的**，就敬重而言的规定根据可以归溯到他人的**法权**。——如果这些存在者中的一个是对别的存在者只有法权而没有义务的存在者（上帝），因而别的存在者对前者就只有义务而没有法权，那么，他们之间的道德关系的原则就是**超验的**（反之，人们的意志是彼此交互限制的，人与人的道德关系具有一种**内在的**原则）。

就人类而言的属神目的（人类的创造与引导），人们只能把它设想为仅仅出自**爱**，也就是说，它就是人的**幸福**。但是，上帝的意志就限制着爱的作用的应有敬重（敬畏）而言的原则，亦即属神法权的原则，只能是**正义**的原则。人们也可以（按照人的方式）这样表述：上帝创造了理性存在者，仿佛是出自在自身之外拥有某种东西的需要，他可以爱这东西，或者他也被这东西所爱。

6〔489〕但是，属神的正义在我们自己的理性的判断中，确切地说作为**惩罚的**正义，向我们提出的要求就不仅同样高，而且要更高（因为原则是限制性的）。——因为**酬报**（praemium，remuneratio gratuita［酬报、白白的奖赏］）根本不与对那些对别的存在者只有义务而没有权利的存在者的正义相关，而仅仅与爱和行善（benignitas）相关；在这样一个存在者那里更不可能有报酬（merces）的要求，而一种**酬报的**正义（iustitia brabeutica）在上帝对人的关系中就是一个矛盾。

但是，一个不容对其目的有任何损害的存在者，在其正义之实施的理念中，毕竟有某种不太能与人对上帝的关系统一的东西，亦即可能施加于不受限制的和不可企及的世界统治者的一种**伤害**的概念；因为这里说的不是人们彼此间施加的、并且由上帝作为审判者来裁决的对法权的侵犯，而是据说上帝本身及其法权遭到的侵犯，这种侵犯的概念是**超验的**，也就是说，完全处在我们能够为之举出某个实例的一切惩罚正义的概念（亦即在人们中间的概念）之外，而且包含着越界的原则，这些原则根本不能与我们在经验情况中会使用的原则相一致，因而对我们的实践理性来说是完全空洞的。

一种属神的惩罚正义的理念在此被人格化了；不是一个特殊的进行审判的存在者在实施这种正义（因为那样的话，就会出现这个存在者与法权原则的矛盾），而是**正义**就像是如同古代的哲理诗人的命运（厄运）一样还在朱庇特之上的实体（通常被称为**永恒的**正义），按照铁一般的、不可扭转的、对我们来说无法进一步探究的必然性作出判决。——现在举一些这方面的实例。

惩罚（按照贺拉斯的说法①）没有无视在它面前趾高气扬的罪犯，而是不停地紧跟着他，直至逮住他。——无辜地流出的血呼喊着复仇。——犯罪不能不受到报复；如果罪犯不受到惩罚，那么，其后代就必将付出代价；或者如果这不在他活着时发生，那就必然在他死后的一 6〔490〕
种生活②中发生，明确地接受并且乐于相信这些，为的是弥补永恒正义的要求。——"我不愿意让任何血债发生在我的国家，因为我赦免了一个变得邪恶的、你们为之求情的决斗者"，一位明智的君主曾经这样说道。——罪债必须偿还，而且就连一个完全无辜的人也应当献身作赎罪的牺牲品（无疑，这时他所承受的苦难真正说来不能叫做惩罚——因为他自己没有犯任何罪）；从这一切可以看出，不是有一个掌管正义的**人格**，人们赋予它这种判决权（因为它会不能如此宣判而不对他人行不义），而是纯然的正义，作为越界的、设想给一个超感性主体的原则，在规定着这个存在者的法权；这虽然符合这个原则的**形式的东西**，但却与它的质料的东西，亦即总是作为人的幸福的目的相冲突。——因为如果总是这样续写其债务登记簿的罪犯出其意料地多，那么，惩罚的正义就不会把创造的**目的**设定在世界创造者的**爱**中（就像人们必然设想的那样），而是设定在对**法权**的严格遵循中（使法权本身成为被设定在上帝的

① 《歌集》，Ⅲ，2，31-32：raro antecedentem scalestum deseruit pede Poena claudo［惩罚女神柏鄂娜尽管瘸脚也不放过前面的罪犯］。——科学院版编者注

② 在这里，就连为了把那种威胁着的惩罚表现为在实施中完备的，也不可以掺入关于一种来世生活的假说。因为人就其道德性来看，被评判为不遵循时间条件在一个超感性的审判者面前的超感性对象；这说的只是他的实存。他的尘世生活不论短暂还是长久，哪怕是永恒的，都只是他在显象中的此在，而正义概念不需要任何更详细的规定；就像真正说来也无须对一种来世生活的信仰先行，以便让惩罚正义在它上面看到自己的作用一样，而是毋宁说反过来，从惩罚的必然性推论到一种来世的生活。

荣耀中的**目的**)，而既然后者（正义）只是前者（有效性）的限制性条
6〔491〕件，这就显得与实践理性的原则相矛盾，按照这些原则，一种提供一个与创造者的只能以爱为根据的意图相冲突的产品的创世就必定不会发生。

由此可见：在作为内在立法的纯粹实践哲学的伦理学中，只有**人**对**人**的道德关系对我们来说才是可理解的：但在上帝与人之间这方面存在怎样一种关系，却完全超出了伦理学的界限，而且对我们来说是绝对无法理解的；这就证实了上面所主张的：伦理学不能扩展到相互的人类义务的界限之外。

原文收入李秋零主编《康德著作全集》第6卷，作于1797年。

相关论述

试对乐观主义作若干考察

科学院版编者导言

库尔德·拉斯维茨（Kurd Lasswitz）

这部作品用于康德1759—1760年冬季学期讲演的邀请。主题的选择与关于乐观主义和诸世界中的最好世界的争执有联系，这场争执因柏林科学院（1753年）为1755年提出的有奖征答题“征求对蒲柏体系的考察：‘一切皆善’这个命题的内容”而变得特别活跃。课题的提出，尤其是奖金颁发给A. F. 赖因哈德的论文（参见《康德全集》，第Ⅱ卷，31页），招致了各种各样的反对作品，其中就也有门德尔松的、莱辛的、瓦泽的和维兰德的（A.哈纳克：《普鲁士王家科学院的历史》，第Ⅰ卷，404页以下）。对于这些作品，1759年10月又增添了3部作品，其中2部以丹尼尔·魏曼①为作者，1部以康德为作者。10月6日，魏曼以一篇答辩论文《论非最好的世界》取得大学执教资格。10月5日，康德把他自己的作品递交审查，它发表的日期是10月7日。对此，魏曼撰写了一部新的作品：《答试对乐观主义作若干考察》，它于10月13日呈交审查当局，于10月14日发表，出版商全都是哥尼斯贝格的J. F. 德里斯特。

最后所说的这部作品的标题和内容清楚地表明，魏曼相信必须把康德的作品视为对他的答辩论文的一种攻击。但是，他的观点并不与实际

① 魏曼（Daniel Weymann）于1732年生于布里格，于1795年卒于哥尼斯贝格。参见默勒（Möller）：《哥尼斯贝格老城中学的历史》，第Ⅱ部分，第2章，11页，哥尼斯贝格，1849。——科学院版编者注

的进程相一致，康德在1759年10月28日致林德奈的一封未刊印的信[①]中描述了这个进程[②]："这里，学术界最近冒出一个暴发户。魏曼硕士试图用一篇写得相当混乱和无法理解的反乐观主义的答辩论文，来庆贺他初次登上黑尔夫丁[③]的小丑也同样占有的这个舞台。由于他那种尽人皆知的骄矜态度，我拒绝对他提出反驳，但在他答辩的次日，我让人散发了一份提纲，贝伦斯先生会把它连同另一些短文一起交给您。在这份提纲中，我为乐观主义作了简短的辩护。我是针对克鲁修斯的，没有考虑魏曼。但他依然大动肝火。到了星期日，他发表了一个印张，其中针对我的所谓攻击，他为自己作了辩解。我手头还没有这个印张，以后会给您寄去的，其中完全是一派骄矜、歪曲，以及诸如此类的东西。公众对此自有公断，而且，与一个独眼巨人斗拳也是一种明显的不体面行为，甚至仅仅为了省下在他的辩解出笼时就已被人忘却的一个印张，都要求我采取最体面的方式，即用沉默来回答。这就是我们的大事，使我们这些小人物感到惊奇的是，外面已经不再谈论这件事了。"这段信同时说明了在魏曼那里那种错误的理解为什么能够产生的根据。康德在他的作品中与克鲁修斯争辩，而魏曼却与克鲁修斯紧密相连；因此，他可能把针对克鲁修斯的攻击与他自己联系起来。

刊印：1.《伊曼努尔·康德的试对乐观主义作若干考察，他同时借此预告他明年的讲演》，哥尼斯贝格，1759年10月7日，约翰·弗里德里希·德里斯特刊印。

2.《伊曼努尔·康德杂文集》，第Ⅳ卷，351～361页，哥尼斯贝格，1807。

2〔29〕 自从人们对上帝有一个恰当的概念以来，也许没有任何思想比认为

① 由格莱图伊森告知给本版。——科学院版编者注

② 参见《康德全集》，第Ⅹ卷，［22～23］24～25页。——科学院版编者注（拉斯维茨这里注出的页码实为林德奈于1759年12月15/26日致康德的信，当然也与本主题相关，但正文所说康德致林德奈的信却在该书18～19页。参见李秋零编译：《康德书信百封》，8页。——译者注）

③ 黑尔夫丁（Hilferding），意大利裔人，剧团老板，并于1740年和1742—1743年在哥尼斯贝格演出。参见哈根（A. Hagen）：《普鲁士戏剧史》，载《新普鲁士省报》，第Ⅹ期，423页以下，1850。——科学院版编者注

他在选择时只选择最好的这种思想更自然的了。如果人们在谈到亚历山大时说，他认为只要自己还有什么事情没有做，就等于什么事情也没有做，那么，关于所有存在者中那个最仁慈、最强大的存在者，可以用一种无限更大的正确性来说这些话。当莱布尼茨说，这个世界是所有可能的世界中最好的世界，或者换个说法也一样，上帝在他自身之外创造的一切事物的总和是可能创造的最好的东西时，他认为自己由此也没有讲出什么新东西。相反，新东西仅仅在于运用，以便鉴于人们就恶的起源而制造的困难，砍开那个如此难以解开的死结。一个如此简单、如此自然、人们如此经常说出的、以致最终变得平庸并且使那些鉴赏力精巧的人们感到厌烦的思想，不可能长久地保持住自己的声誉。这样一来，与大众想法一致，维护一个如此容易证明的原理，又有什么光彩呢？难以理解的谬误对于自负来说是一种刺激，而自负则很喜欢感觉到自己的强大。相比之下，明显的真理变得如此简单，被一种如此平凡的知性所认识，以至于它们的境遇最终就像那些一旦从下等人口中唱出就令人无法忍受的曲调。总而言之，人们之所以高度评价某些认识，经常并不是因为它们是正确的，而是因为它们对我们来说要花费点力气。人们并不喜欢廉价的真理。因此，人们认为，断言上帝之所以愿意在所有可能的世界中选择了这个世界，并不是因为这个世界比在他控制下的其他世界更好，而是因为他就愿意这样做，这首先是不同凡响的，其次是悦耳动听 2〔30〕
的，最后是正确无误的。我谦恭地问：永恒者，比起较好者来说，你为什么更愿意要较坏者呢？而人们借至高无上者之口回答说：我喜欢这样，而这就够了。

如今，我有点鲁莽地提出一些说明，它们可以使人们更容易对在这个问题上提出的争议作出判断。也许我的听众先生们将认为，它们有益于在其联系中更好地理解我就此题目在课堂上所作的报告。因此，我就此开始推论。

如果不能设想有一个世界，在它之上再也不能设想一个更好的世界，那么，最高的理智就不可能认识所有可能的世界。如今后件是错误的，那么，前件也是错误的。因此，大前提的正确性说明，如果我在谈到每一个人们仅仅就一个世界而形成的个别理念时都可以说一个更好的世界的表象是可能的，那么，在谈到神的理智中的众多世界的所有理念时也可以说这些话。因此，比上帝所认识的所有世界还更好的世界是可能的，上帝并不具有对所有可能世界的认识。我认为，小前提将得到任何具有正统信仰的人的承认。我由此推论，断言不能设想一个世界，在它之上不可能设想一个更好的世界，或者换个说法也一样，断言一个在它之上不能设想一个更好的世界的世界是可能的，这都是错误的。虽然由此并不能得出，所有可能的世界中必有一个是最完善的世界。因为如果这些世界中有两个或者多个世界在完善性方面相同，那么，尽管不能设想一个比这两个中的一个更好的世界，却也没有一个是最好的世界，因为两个世界好的程度是同样的。

为了能够进行这第二个推论，我开始着手进行以下的考察。我觉得，这种考察是新颖的。请允许我首先把一个事物的绝对完善性①（如果人们不带有自身的任何意图来考察它的话）置入实在性的程度之中。在这个
2〔31〕 前提条件中，大多数哲人的规定是站在我这一边的，我可以很容易地证明这个概念是有道理的。现在我断言，实在性与实在性不能被作为实在性区别开来。因为如果诸事物彼此有别，那么，这是由于那种在一事物中存在而在另一事物中不存在的东西。但是，如果实在性被作为实在性来考察，那么，它们中的任何一种特征就都是积极的。如果这些实在性作为实在性而彼此有别，那么，就必然有某种积极的东西在一种实在性中存在，而在另一种实在性中却不存在，在一种实在性中就可以设想某种消极的东西，这种实在性由此而同其他实在性区别开来。也就是说，它们不是作为实在性而互相比较，但这正是所要求的。因此，实在性与实在性相互之间仅仅是通过与二者中的某一个相联系的否定、阙如、界限而区别开来，也就是说，不是就其性质（qualitate），而是就其大小（gradu）来说的。

因此，如果事物彼此之间有区别，那么，它们在任何时候都仅仅是通过它们的实在性的程度区别开来的。有区别的事物从来不能具有同样程度的实在性。因此，决不可能有两个有区别的世界具有同样程度的实

① 因关系而定的知性中的完善性就是使杂多一致，成为某种规则，这规则可以是它愿意是的任何一种规则。这样一来，有些欺诈、有些强盗团伙，都能够以自己的方式是完善的。然而，在绝对的知性中，某种东西只是就它里面的杂多在自身中包含着一种实在性的理由来说才是完善的。这种实在性的大小决定着完善性的程度。由于上帝是最高的实在性，这个概念也就与上帝一致。因为人们说，某种东西，就它与神的属性一致而言，是完善的。

在性。也就是说，不可能有两个世界同样好、同样完善。赖因哈德①先生在他关于乐观主义的获奖文章中说，一个世界也许具有各种实在性的总和，但它所具有的却是与其他世界所具有的不同的实在性，因此，有各种不同的世界，但它们具有相同的完善性。然而，他在这一思想上的失误是，似乎具有同等程度的实在性，却可以在其性质（qualitate）上彼此不同。因为再说一遍，如果人们假定它们是这样的，那么，在一个世界中存在的某种东西就将在另一个世界中不存在，因而它们将是通过 A 与非 A 的规定相互区别开来，其中的一个始终是真正的否定，因而它们也就是通过否定的界限和程度，但却不是通过自己的性质区别开来的。因为否定决不能被算做一种实在性的质，而是否定限制着实在性，决定着实在性的程度。这一考察是抽象的，也许还需要再作一些阐释，但我把它留待其他机会再作。

我们已经非常透彻地了解到，在所有可能的世界中有一个世界是最 2〔32〕
完善的，既没有一个世界在优越性上超过它，也没有另一个世界能够与它媲美。至于这是否就是现实的世界，我们很快就会予以考察。现在我们想尝试把讨论过的东西弄得更清楚些。

有一些量，它们中间没有一个可以让人再设想出一个更大的量。所有数字中的最大数字，所有运动中的最快运动，就是这样一种量。即便是神的理智也设想不出它们，因为它们是骗人的概念（notiones deceptrices）。就它们来说，似乎人们通过它们想象出某种东西，但事实上它们什么也不表现。于是，乐观主义的反对者们②就说，所有世界中的一个最完善的世界就像所有数字中的最大数字一样，是一个自相矛盾的概念。因为就像可以给一个数字中单位的总和添加其他单位，但每次都不会产生某种最大的东西一样，人们同样可以给一个世界中的实在性的总和添加许许多多的实在性。

这里且不说人们没有理由可以把一个事物的实在性与较小实在性相比的程度看做是一个与其单位相比较的数字，为了指出所援引的事例不

① 赖因哈德（Adolf Friedrich Reinhard，1728—1783）学习法学和神学，最终他成为韦茨拉尔帝国高等法院的陪审推事。获奖作品与其他为得奖而送达的作品一起以《普鲁士王家科学与文学院关于乐观主义的获奖论文》为题刊印，柏林，1755。关于康德的引文，参见上书 32 页。赖因哈德是克鲁修斯的一个追随者。——科学院版编者注

② 参见克鲁修斯：《必然理性真理纲要》，第 2 版，第 386 节，1753。——科学院版编者注

大合适，我只诉诸以下的东西。根本不可能有最大的数字，但却可能有最大程度的实在性，它就存在于上帝之中。请看人们在这里为什么错误地使用数字概念的最主要理由。一个最大的有限数字的概念是不折不扣的复多的一个抽象概念。复多是有限的，但尽管如此，仍然可以考虑给它添加许多东西，却不会使它不再是有限的。在复多中，量的有限性不设立固定的界限，而只设立一般的界限。因此，这样的数字中没有一个可以拥有最大数字的谓词。因为人们尽可以随意设想出某一个量，这个量可以通过添加来使任何一个有限数字增大，却无损于它的有限性。相比之下，一个世界的实在性的程度是某种被普遍规定的东西。为一个世界的可能最大的完善性所设置的界限不完全是一般地、而是通过一个它必然缺乏的程度来确立的。独立自主、自给自足、无处不在、创造的力
2〔33〕量等等，这些都是任何一个世界也不可能具备的东西。这里并不像数学的无限性那样，有限者按照连续律通过不断继续的、始终可能的增加与无限者相连接。在这里，无限的实在性与有限的实在性的间隙是通过构成它们的差别的某一种量确立的。可以说，在存在者的阶梯上，处在那个包含着无法估量的完善性程度的鸿沟由以开始的那一层上的世界，就是一切有限事物中的最完善者。那种无法估量的完善性程度把永恒者提高到任何造物之上。

我觉得，人们现在能够以一种反对者至少不能提出任何更大的东西与之对立的确定性认识到，在所有可能的有限事物中，一个具有最大的优越性的世界就是最高的有限的善。惟有它才配得上被至高无上者在所有存在者中选中，以便与无限者一起构成可能存在的最大总和。

如果人们承认我在上面所证明的东西，如果人们和我一致认为，在所有可能的世界中有一个必然是最完善的世界，那么，我在此之外并不希望有争论。并非所有见解上的离经叛道都能够使我们有义务花费力气去小心谨慎地回答它们。倘若有人①自以为是地断言，最高的智慧可能认为较坏者比较好者更好，或者最高的美善比起同样受它支配的较大的善来说更喜欢较小的善，那么，我就再也抑制不住自己了。如果有人使用世俗智慧来颠倒健康理性的基本原理，那么，这种使用是很糟糕的。而

① 克鲁修斯：《必然理性真理纲要》，第 388 节。——科学院版编者注

如果有人为了反驳这样的努力而认为还有必要使用它的武器，则毕竟还给它带来少许荣誉。

认为逐个地研究我们迄今为止提出和答复的所有那些精细的问题过于详尽的那种人，虽然少一点书生气，但也许能够被以一种正确的知性的同样令人信服的判断说服，确信这同样的真理。他将作出这样的推论：一个最完善的世界是可能的，因为它是现实的；它是现实的，因为它是通过最睿智、最仁慈的决定创造的。或者我根本不能形成一种选择的概念，或者人们是按照喜好作出选择的。不过，喜好的东西也就是满意的东西。但在我看来，满意、认为好、特别喜好、特别满意、认为特别好， 2〔34〕
这只是用词的区别。由于上帝在他所认识的所有可能的世界中仅仅选择了这一个世界，因此，他必然认为这个世界是最好的世界。由于他的判断决不会犯错误，这个世界事实上也就是最好的世界。虽然最高的存在者有可能按照一些人引入轨道的那种虚构的自由方式，以一种谁知道是怎么样的无条件的喜好进行选择，在许多较好者中偏偏更喜欢较坏者，但是，他却从未这样做过。关于虚构故事中的任何一种低级神癨，人们可以让自己幻想这种东西，但是，对于众神之神来说，除了那个配得上的作品之外，即除了那个在所有可能的作品中最好的作品之外，没有任何作品适合于他。也许，与神的属性的更大一致，就是不考虑其特殊的内在优点就赋予这一世界以存在的那个决定的理由。于是，而且这也是肯定的，它比其他所有可能的世界都更完善。这是因为，由于从结果中可以看出，所有其他的世界与上帝的意志的属性较少一致，但是，在上帝之中一切都是实在性，除了在其自身中就可发现一种更大的实在性的东西之外，没有任何东西能够与这种实在性处于更大的和谐之中；所以，除了在当前的世界之外，能够属于一个世界的那种最大的实在性不在任何世界之中。此外，不得不选择人们清晰地、正确地认做最好者的那种东西，这也许是意志的一种强制，是一种扬弃自由的必然性。毫无疑问，如果它的对立面是自由，如果这里在一个困难的迷宫中有两条岔路，我应当冒着迷途的危险决定走其中一条岔路，那么，我就不再加以思索。为了不顾智慧的一切表现而要求恶是某种东西，多亏有这样一种在可能创造的东西里面把最好者放逐到永恒的虚无之中的自由。如果我一定要在谬误中间作出选择，那么，我倒宁愿要那种亲切友好的必然性。人们处身在这种必然性中感觉舒适，从这种必然性中也只会产生出最好的东西。因此，我确信，我也很乐意作为一个公民生活在一个不可能更好的世界中，也许我的一部分读者会同意我的意见。从一切存在者中的最好者到一切可能的设计中最完善的设计，作为一个微不足道的、我不配享有的、为整体起见选出的环节，我由于自己被选中在最好的计划中占有
2〔35〕一个位置而更高地评价自己的存在。我向一切不使自己变得不配享有的造物大声疾呼：让我们解脱，让我们存在！造物主对我们是满意的。无法度量的空间和永恒也许只有在全知者的眼前才会全面展示创造的财富。但是，从我所处的角度出发，用赋予我的软弱知性的认识武装起来，我将尽我所能地环视周围，并且学会越来越多地理解：**整体是最好的东西，所有的一切都由于整体而是好的。**

※　　※　　※

下半年，我将按照自己的习惯根据迈耶尔讲授逻辑学，根据鲍姆嘉登讲授形而上学，还根据鲍姆嘉登讲授伦理学，根据我自己的手稿讲授自然地理学，在一个专题讲座中讲授我所开始的纯粹数学，在另一个讲座中讲授力学各科，后两者都根据沃尔夫。课时的分配将另行通知。人们已经知道，这几门学科中的每一门我都将在半年内结束。如果这段时间太局促，剩余的部分将在下半年用一些时间补齐。

原文收入李秋零主编《康德著作全集》第2卷，作于1759年。

因尊贵的
约翰·弗里德里希·冯·丰克先生的夭亡
而产生的一些想法

致高贵的夫人
阿格内斯·伊丽莎白、
孀居的冯·丰克骑兵上尉夫人、
库兰的凯文庄园和卡伦庄园的女继承人、
逝者极为悲伤的母亲
的一封信

科学院版编者导言

保罗·门采尔

关于这部作品的起因，它的内容给出了充分的说明。它于1760年6月4日被呈交给哲学院院长供审查（哲学院档案，第V卷，338页）。

在最后时刻，多谢枢密宫廷顾问迪德里希先生费心帮助，本版能够使用出自米陶的库尔兰省立博物馆拥有的一份原版。①

这部作品包括8张四开纸。在标题页上康德的署名之下有一个死人头颅的花边，花边下面则是出版社说明：哥尼斯贝格，约翰·弗里德里希·德里斯特刊印。一个重印本出现在Fr. Th. 林克的《伊曼努尔·康德的一些迄今尚不为人知的短小作品集》中，(24～33页，哥尼斯贝格，1800)。

① 编者感谢A. 瓦尔达的指点。——科学院版编者注

2〔39〕 **尊贵的骑兵上尉夫人**

慈和的夫人：

倘若人们习惯于在其事务和娱乐的喧闹中掺入一些进行有益的考察的严肃时刻，在他们的国人的命运中，我们的意图的虚荣的日常实例要求他们如此做，那么，他们的欢乐也许就会不那么绚丽多彩，但是，取而代之的将是灵魂的一种平静的喜悦。对它来说，任何偶然的事件都将不再是出乎意料之外的。甚至淡淡的忧伤，这种从中涌现出一颗高贵心灵的温柔的情感，如果它在孤寂的平静中考虑到那在我们这里通常被看做是伟大重要的事情的无关紧要性，也将比轻浮的人的纵情玩乐和愚人的放声大笑包含有更多真正的幸福。

但是，大批大批的人们却涌入那熙熙攘攘的人群。他们在那神意于永恒深渊的一部分之上架起的、我们称之为生活的桥梁上追逐着水泡，却不花费任何精力去注意那使他们身旁一个人接着一个人沉沦入广阔无垠的深渊的跳板，他们自己最终也在狂烈的奔跑中被这深渊所吞没。某位古代的诗人①通过对即将出生的人的描述，把一种感人的特征纳入了人类生活的画面。婴儿悲楚的哭声回荡在空中，一个要进入有如此之多的苦难等待着他的世界的人有权利这样哭。然而年复一年，这个人还把使自己不幸的艺术与借助自己置于生活的悲苦对象之上的罩子而使自己对
2〔40〕 此视而不见的艺术结合起来，努力学会不顾围绕着自己的、最终仍然不可阻挡地使自己回到一种远为痛苦得多的情感的大量灾难，而采取一种无忧无虑的漫不经心态度。尽管在所有的灾难中，最使他恐惧的是面临死亡，然而，他似乎在自己的国人中间极少留意死亡的实例，除非更为亲近的关系首先唤起他的注意。当毁灭性的战争打开了黑色深渊的门闩，以便让所有的痛苦都降临在人类头上的时刻，人们就会看到，危难和死亡的惯常外貌使自身感受到这二者威胁的人们产生一种冷漠的无所谓态度，他们很少注意自己同胞的命运。然而，当在公民生活安详的平静中，从或者与我们关系密切或者为我们所爱、与我们具有同样或者更多可靠

---

① 参见卢克莱修：《物性论》，布里格（Brieger）编，第223～224行，莱比锡，1899。——科学院版编者注

的希望、像我们做事那样以同样的热情沉浸在其意图和计划之中的那些人的圈子出发时，当这些人——我要说——按照全权对一切发号施令者的决定在其奋斗的中途受到侵袭时，当死亡庄严肃穆地逼近病人的病床时，当大自然战战兢兢地面对的这个庞然大物迈着缓慢的步伐走近、用其铁臂拥抱他时，那些通常沉溺于娱乐之中的人们的情感也就苏醒了。一种忧伤的情感从心灵深处说出了那句由于如此符合我们的普遍感受而曾经在一次罗马人的集会上赢得了如此之多掌声的话：**我是一个人，凡是人所经受的东西，我都可能遇到。**朋友或者亲戚自言自语地说：我处在纷乱扰攘的事务和拥挤不堪的生活义务之中，我的朋友不久前也处在这些东西之中，我平静地、无忧无虑地享受着自己的生活，但谁知道这能有多久？我与自己的朋友们嬉戏，在那些人中间寻找他，

> 但是，永恒以其强有力的双臂，
> 把他强留在那
> 什么也不让留下的严肃的地方。
>
> ——哈勒①

慈和的夫人，您那可敬的儿子的夭亡使我上升到这些真挚的想法。
您现在正为他的夭亡而悲哭，这是合情合理的。作为他过去的老师之一， 2〔41〕
我感受到了这一损失，并致以沉痛的哀悼，虽然，我很难表达与**这位前途无量的年轻人**关系密切的人们都必然感到的那种巨大的悲伤。夫人，请允许我在用来力图表达对自己这位昔日的学生的敬意的这几行字之外，再附上鉴于我目前的心情状况而在我心中浮现的一些想法。

每一个人都为自己在这个世界上的使命制订一个独特的计划。他想获得的技巧、他由此期望在未来得到的荣誉和安适、婚姻生活中的持久幸福和一长串娱乐或者活动，构成了他富有意义地勾画出并在其想象中生动地相继映现出的幻灯片。那结束了这一幻灯剧的死亡，仅仅出现在阴暗的远方，并且被倾洒在更令人愉快的地方的光线弄得模糊不清、无法识别。而在作出这些梦幻期间，我们真正的命运却把我们引导到迥然

① 参见《论永恒之未完成诗》，第14～16行。——科学院版编者注

不同的道路上去。我们现实地分摊到的命运，难得与我们期望的东西相似。在我们迈出的每一步上，我们都发现自己的期望成了泡影。但尽管如此，想象依然追求着自己的事业，不知疲倦地勾勒着新的计划，直到似乎总是那么遥远的死亡突然结束了这整个表演。借助于想象力，人就是这个虚构世界的创造者，他十分乐意逗留在这个世界中。如果他被理智从这个世界带回到神意把他现实地置入的那个世界中，他就会被一种他在那里遇到的、完全摧毁了他的计划的奇特矛盾置入混乱中，因为这矛盾给他的洞察力提出了无法解破的谜。一个前途无量的年轻人新萌生的功绩常常很早就枯萎在重病的负担之下，不期而遇的死亡抹去了人们寄托希望的全部计划。拥有技巧、功绩、财富的人并不总是神意为他设定最远大的生活目标以便他公正地享有这一切的果实的人。最亲切的友谊、许诺了大多数幸福的婚姻，经常由于夭亡而被无情地撕裂。然而，
2〔42〕贫穷和不幸通常却在命运女神的纺锤上牵了一根长线，许多人好像只是为自己或者为他人而辛苦劳累地长寿。在这种表面上的矛盾中，那最高统治者仍然用智慧的手分配给每一个人自己命运的份额。他把我们在这个世界上的使命的终点隐藏在无法探明的晦暗之中，使我们由于欲望而忙忙碌碌，由于希望而信心十足，由于对未来事物幸运的无知而努力地寻思各种意图和计划，尽管早在我们还仅仅处在它们的开端时，它们就可能已经都结束了。

每一个人都在完成上天为他选定的圆圈。

——蒲柏①

在这些观点中间，智者（但是一个这样的智者是多么罕见啊!）把注意力首先对准自己在死亡彼岸的伟大使命。他并没有忽视神意在此为他设定的地位所赋予他的职责。他在自己的计划中头脑冷静，但并不固执己见；对自己的希望的实现信心十足，但并非没有耐心；在愿望方面性情淡泊，不预先规定；值得信赖，不夸夸其谈；他孜孜不倦地履行着自己的义务，但也准备着以一种基督教的听天由命精神服从至高无上者的

---

① 参见蒲柏：《试论人》，布洛克斯（B. H. Brokes）译自英文，11页，1740。——科学院版编者注。

命令，只要至高无上者乐意在所有这些努力中间把他从置身其中的舞台上召回。我们始终认为，在我们还可以说能够洞察的事物中，神意的道路是睿智的、值得崇拜的。倘若它们在这里不是远远不仅如此，我们又在哪里能够这样做呢？我们曾寄予了许多言过其实的希望的人的夭亡使我们感到惊恐，但有多少次，这岂不正是上天最大的恩宠！难道某种人的不幸不是首先就在于拖延死亡，在生命极光彩地诞生之后，简直过于拖拖拉拉地不及时中断吗？

前途无量的年轻人去世了，鉴于如此早的损失，我们多少人不为幸福被打断而深感惋惜呢？然而，命运之书中所说的也许是另外一回事。从老远的地方就已经出现、要毁掉一种尚未充分表现出来的德性的诱骗，那威胁着未来的悲伤和厌恶，这一切都已经被夭亡在一个受祝福的时刻带走的这位幸福的人避开了。然而，由于对未来事物的无知，朋友和亲 2〔43〕
戚们为想象中有朝一日将使自己亲人的生命充满荣耀的年华的损失而痛哭。在结束这短短几行字之前，我想先就逝者的生平和性格作一番简短的描述。我所列举的，乃是我从正在为他痛哭的他那忠实的家庭教师提供的消息中、从我自己的认识中得知的。难道不是还有那么多良好的品性，只有那位看透心灵深处的，才能认识它们；而且，它们越是不追求闻达于世，就越是高贵！

约翰·弗里德里希·冯·丰克先生于1738年10月4日出生在库兰的一个有教养的贵族家庭。从童年时代开始，他就从未享有过一种完全的健康。他受到了精心的教育，在学习中表现得勤奋努力，具有一颗生来注定要培养出高贵品性的心灵。1759年6月15日，他与自己的弟弟①一起，由他们的家庭教师带领，来到这里的学院。他以充分的准备通过了当时的院长先生的考试，为自己的勤奋和家庭教师的传授争了光。他听过教会监理会成员、现任大学校长阁下泰斯克②教授先生的讲座，此外还有法学博士冯克③先生和我的讲座，其孜孜不倦的精神堪称楷模。他生活

① 威廉·恩斯特·冯·丰克（Wilhelm Ernst von Funk，1739—1794）。——科学院版编者注

② 泰斯克（Johann Gottfried Teske，1704—1772），自1729年始任哥尼斯贝格物理学教授。——科学院版编者注

③ 冯克（Johann Daniel Funk，1721—1764），自1749年始任哥尼斯贝格法学教师，1763年任刑事顾问。参见皮桑斯基（Pisanski）：《普鲁士文学史》，602页，1876。——科学院版编者注

深居简出，安详宁静，由此他也还保持住了自己那日渐消瘦的身体的少许力量，直到今年2月底他逐渐地衰弱下去。无论是对他的精心照料，还是一位能干的医生的努力，都未能挽留住他。今年5月4日，在他以一个基督徒的坚强和火一般的虔诚为一种感人的终结作好准备之后，在他的忠实的牧师的帮助下，他安详愉快地告别了人世，被合乎身份地埋葬在这里的主教大教堂。

他具有温柔镇静的气质，对任何人都和蔼可亲、谦虚恭谨、与人为善、乐善好施；他勤奋好学，以使自己为光宗耀祖、报效祖国而受到应
2〔44〕有的教育。除了他的**死亡**之外，他从未以某种方式使任何人感到忧伤。他努力保持着一种异乎寻常的虔诚。他成为尘世的一个正直的公民，然而，至高无上者的决定却是要他成为天国的一员。他的生命是一部未完成的作品，它使我们期望着余下的部分，但夭亡却从我们这里夺走了它。

与那些其虚荣心仅仅以德性的假象为目标、却不关心德性之本质的人的虚假闪光的品性的所作所为相比，如果一种默默的功绩对轻浮的心灵造成了竭力仿效的印象，那么，他理应被看做是那些打算光彩地度过受教育年华和青年时期的人们的楷模。他的亲人们、他的朋友们以及所有认识他的人，都对他深感惋惜。

慈和的夫人，这就是您过去在生活中有理由如此**疼爱的儿子**的性格的特征。虽然对它们的勾画是如此模糊不清，它们还是足以引起您因失去他而感到的悲伤。然而，正是这些令人惋惜的品性，为失去他而带来不小的安慰。因为只有对于那些轻率地忽视所有意图中的最重要意图的人来说，在什么状态下把自己的亲人送交给永恒，才可能是无所谓的。我就不再致力于为夫人您在这种悲伤中阐述值得安慰的详细理由了。如果最智慧的神意乐意作出别的决定，就谦恭地放弃我们自己的渴望，以及基督教对别人在我们之前已经达到的那个极乐目的地的向往，这比一种枯燥乏味、软弱无力的辞令更能够抚慰心灵。

荣幸地向您

尊贵的夫人

慈和的骑兵上尉夫人

致以最崇高的敬意

您恭顺的仆人伊·康德

1760年6月6日

于哥尼斯贝格

原文收入李秋零主编《康德著作全集》第2卷，作于1760年。

论人身上崇高和美的品性

2〔211〕 知性是崇高的，机智则是美的。勇敢是崇高的、伟大的，狡黠则是渺小的，但却是美的。克伦威尔说过，审慎乃是市长的德性。真诚和正直是淳朴的、高贵的，戏谑和讨人喜欢的恭维是文雅的、美的。彬彬有礼是德性之美。无私的工作热情是高贵的，礼貌（Politesse）和客气则是美的。崇高的品性引起敬重，美的品性则引起爱。情感主要关涉美的人们，只有在困窘中才去寻找自己正直的、忠诚的、真挚的朋友；但他们却挑选风趣的、彬彬有礼的、客气的伙伴交往。人们过于尊重有些人了，以至于无法去爱他。他引起惊赞，但却太高居于我们之上了，以至于我们不敢以亲密无间的爱去接近他。

把这两种情感在自身结合起来的人们将会发现：崇高引起的激动要比美引起的激动更为强有力，只不过没有后者的交替或者伴随，前者就会疲倦，不能长久地享受。① 在人选良好的社交中谈话有时达到的高尚感受，必须在这期间消解为活泼的玩笑，而笑逐颜开的欢乐应当与激动的、严肃的神态形成美的对照，这对照使两类感受无拘无束地交替出现。**友谊**主要有崇高的特征，而**性爱**则在自身包含着美的特征。不过，柔情和深刻的敬重却给予后者某种尊严和崇高，与此相反，妙趣横生的笑话和
2〔212〕 亲密无间则提高了这种感受中的美的色彩。在我看来，**悲剧**不同于**喜剧**，主要就在于前者激起**崇高**感，后者则激起**美**感。前者表现出为他人的福

① 崇高的感受更强有力地绷紧灵魂的力量，因而更易使人疲倦。人们连续读一首田园诗要比读弥尔顿的《失乐园》时间更长，读拉·波吕尔的作品要比读扬的作品时间更长。我甚至觉得，扬作为一个道德诗人的缺点就在于，他过于一贯地坚持崇高的格调；因为印象的强度只有通过与较为轻松的段落的对比才能重新获得力量。就美而言，再也没有比此间表现出来的竭力造作更令人疲倦了。致力于引人入胜，会使人感到难以接受和吃力。

祉而慷慨献身、在危险中的勇敢坚定和经受住考验的忠诚。爱在这里是忧郁的、温存的和充满敬意的；他人的不幸在旁观者的胸中激起了同情的感受，使他慷慨的心房为他人的困窘而跳动。他被温柔地打动，感受到他自己的本性的尊严。与此相反，喜剧表现的是精妙的诡谲、奇特的混乱和善于脱身的诙谐人物、让人愚弄自己的傻瓜、各种笑料和可笑的角色。爱在这里不是那么忧郁，而是欢快和亲切的。不过，就像在其他场合一样，在这一场合高贵可以和美在某种程度上结合起来。

尽管如此，即便是罪恶和道德上的缺陷，也常依然带有崇高和美的一些特征；至少就像它们不经理性审核而表现给我们的感性情感那样。一个令人恐惧者的愤怒是崇高的，就像《伊利亚特》中阿基里斯的愤怒。一般来说，**荷马**的英雄是可怖地**崇高**，而与此相反，维吉尔的英雄则更文雅地**高贵**。蒙受奇耻大辱之后公然肆无忌惮地复仇，这本身就带有某种伟大的东西，而且无论怎样不被允许，它在叙述中都仍然以恐惧和圆满而打动人心。当纳迪尔王夜间在自己的帐篷中遭到几个密谋者的袭击时，他就像汉威①所叙述的那样，在身受数伤完全无望自卫之后喊道：**怜悯我吧！我会宽恕你们大家的**。其中一人高举起军刀答道：**你没有表现过怜悯，也不配得到怜悯。**一个流氓决心蛮干是极其危险的事，但它在叙述中却引人入胜，而且即使他被押上刑场可耻地处死，他也还在某种程度上通过无畏和轻蔑地对待死亡而使自己的死亡变得崇高。另一方面，一个狡黠地构想出来的计划即使意在恶行，本身还是包含着某种精巧且令人发笑的东西。用心良苦的娇媚（Coquetterie），即一种取悦人、吸引人的努力，在一个平时彬彬有礼的人身上也许是该受责备的，但却是美 2〔213〕
的，通常还比可敬的、严肃的礼仪更招人喜欢。

因其外表而讨人喜欢的人，其形象时而引起这一种情感，时而引起另一种情感。高大的身材引人瞩目和重视，短小的身材则更多地引起亲切感。甚至棕肤色和黑眼睛也更接近崇高，而蓝眼睛和白肤色则更接近于美。高龄更多地与崇高的品性相结合，年轻则更多地与美的品性相结合。地位的差别也是如此，而在所有这些提到的关系中，甚至衣着也必

---

① 汉威（Jonas Hanway，1712—1786）。参见《乔纳斯·汉威先生信得过的描述，连同伟大的征服者纳迪尔·库利或者库利汗的一部无偏见的历史》，第 2 部分，396 页，汉堡和莱比锡，1754。——科学院版编者注

定涉及这种情感的区别。声名显赫的大人物必须保持衣着淳朴，至多华丽，而小人物则可以修饰打扮。老人适合于较深的颜色，套服式样一致，年轻人则因明快的、对比鲜明的衣着而光彩照人。在各种地位中，尽管财富和社会等级一样，神职人员也必须表现得极为淳朴，而政治家则必须表现得极为华丽。贵妇人的面首则可以随心所欲地打扮自己。

就外在的机遇而言，也有某种东西至少按照人们的错觉引起这些感受。人们通常认为门第和头衔是倾向于受尊重的。即便是没有功德可言的财富，甚至也会受到无私的人们的尊敬，这也许是因为与财富的观念相结合的，是由此能够实施的伟大行动的规划。这种尊重偶尔也涉及一些富有的恶棍，他们绝不会作出这样一些行动，对于惟一能够使财富变得可贵的高贵情感，他们也没有任何概念。加重了贫穷的不幸的，乃是就连功德都不能完全克服的鄙视；至少在一般人眼前，如果不是等级和头衔欺蒙了这种愚蠢的情感，并在某种程度上骗人相信它们的优越性的话，是不能克服这种鄙视的。

在人的本性中，决不会有值得称赞的品性，同时其变种不通过无限的退化一直过渡到极度的缺点。**可怖的崇高**这种品性如果是完全不自然的，那就是**冒险性的**。[①] 不自然的事物如果被认为包含着崇高，即便它很
2〔214〕
少或者根本没有被发现，也都是**怪诞**。喜欢并且相信冒险性事情的人，是一个**幻想家**，对怪诞的爱好则造就**古怪的人**。另一方面，美的情感如果完全缺乏高贵，就会蜕化变质，人们将它称之为**愚昧可笑的**。具有这种品性的人，如果年轻就是一个**纨绔子弟**，如果人到中年就是**花花公子**。由于年纪较大的人最需要崇高，所以老花花公子就是大自然中最可鄙的造物了，就像年轻的怪人是最令人讨厌、最令人无法忍受的造物一样。玩笑与活泼引起美的情感。尽管如此，还有相当多的知性能够透射出来，就此而言它们可以或多或少地与崇高有缘。一个在活泼中让人觉察不到这种混合的人，就是在**胡扯**。经常胡扯的人是**愚蠢的**。人们很容易发现，即便聪明的人有时也胡扯，要使知性暂离职守而又不出什么错，是要耗费不少精神的。言谈举止既不逗人开心又不让人感动的人，就是**无聊的**。无聊的人如果仍然致力于逗人开心和让人感动，就是**乏味的**。乏味的人

① 如果崇高和美超越了众所周知的中道，人们习惯于把它称之为**传奇性的**。

如果再自吹自擂，就是一个**愚人**了。①

我想借助几个事例来使人类弱点的这一奇特草图更易于理解一点；因为缺乏荷加斯的刻刀的人，必须用描述来补偿图画在表达方面所欠缺的东西。为我们自己的、祖国的或者我们朋友的权利而勇敢地承担起危险，这是崇高的。十字军东征、古代的骑士精神是**冒险性**的；决斗这种从对荣誉的呼唤的错误概念出发的骑士精神，其可悲的残余则是**怪诞**。2〔215〕
出自一种合情合理的厌倦而忧郁地离开世界的喧嚣是**高贵的**。古代隐士离群索居的虔诚是**冒险性的**。用来禁闭活生生的圣徒们的修道院和诸如此类的坟墓是**怪诞**。用原则来战胜自己的激情是**崇高的**。苦行、发愿和其修士的其他德性更多的是**怪诞**。圣骨、圣木和所有诸如此类的废物，就连西藏大喇嘛的圣便也不例外，都是**怪诞**。在机智和情感文雅的作品中，维吉尔和克洛普施托克的叙事诗归为**高贵的**，荷马和弥尔顿的作品则归为**冒险性的**。奥维德的《变形记》是**怪诞**，法国式荒唐的仙女故事则是曾经杜撰出来的最可悲的怪诞。阿那克里翁的诗一般来说是非常接近于**愚蠢的**。

知性和洞察力的作品，就其对象也包括某种适用于情感的东西而言，同样分有了一些上述的差异。宇宙无穷大的数学观念，形而上学对永恒、天意和我们灵魂的不死的考察，都包含着某种崇高和尊严。与此相反，世俗智慧却也由于许多空洞的繁琐而被扭曲，缜密的外貌也阻止不了三段论的四个格被看做是学院式的怪诞。

在道德品性中，惟有真正的德性是崇高的。尽管如此，还是有一些好的道德品质是可爱的和美的，就它们与德性和谐一致而言，虽然它们本来并不能够被列为有德性的意念，但还是被视为高贵的。对此的判断是微妙而又复杂的。一种心境是这样一些行为的源泉，这些行为虽然也是德性所致力的，但却是出自一个只以偶然的方式与德性一致、就其本性来说却可能经常与德性的普遍规则相悖的根据，这样的心境无疑不能被称之为有德性的。某种很容易被置于一种温暖的同情感之中的软心肠

① 人们马上就可以发现，这个可敬的社会可以分为两个部分，即怪人和花花公子。一个有学问的怪人被简称为**迂夫子**。如果他作出一副固执的智慧神态，就像古代和近代的邓斯们那样，那么，缀有铃铛的帽子就同他的脸很相称了。大千世界中碰到的花花公子这类人就更多了。这种人也许比前者更好一些。人们在他们身上能够得到许多收获和许多欢笑。在这幅漫画中，还是一个人对另一个人噘着嘴，并且用自己空洞的脑袋去撞击自己兄弟的脑袋。

是美的和可爱的；因为它表现出对他人命运的一种善意同情，而德性的原则是同样致力于此的。然而，这种善良的热情毕竟是软弱的、任何时候都是盲目的。因为假定这种感受推动着你们自己花钱去帮助一个困苦
2〔216〕 的人，然而你们却欠另一个人的钱，并由此而使自己不能践履严格的正义义务，那么显而易见，这行为就不是出自有德性的意图，因为这样一种意图不可能鼓励你们为这个盲目的诱惑而去牺牲一种更高的责任。与此相反，如果对人类的普遍仁爱成了你们在任何时候都使自己的行为服从的原则，那么，对困苦者的爱在这种情况下依然存在，但它如今却从一种更高的立场出发被置于同你们的全部义务的正确关系之中了。普遍的仁爱是同情其不幸的根据，但同时也是正义的根据，按照正义的规定，你们现在必须放弃这一行为。一旦这种情感上升到其应有的普遍性，它也就是崇高的，但也更为冷漠。因为要我们的胸怀澎湃着对每一个人的温情脉脉的同情，对每一件他人的困苦都陷入伤痛，这是不可能的事情，若不然，有德性的人就会像赫拉克利特那样痛苦得不停地淌着同情的泪水，尽管有一切这样的善心，却无非是成为一个软心肠的闲人。①

第二种善意的情感虽然美且可爱，但却还不是一种真正的德性的基础，这就是**取悦**，它是一种借助友好、借助同意他人要求以及借助使我们的行为举止与他人意念一致来受他人欢迎的倾向。这种讨人喜欢的合群品性的根据是美的，而且这样一种心灵的柔顺性也是好的。然而，它
2〔217〕 根本不是德性，在没有更高的原则为它设置界限和削弱它的时候，一切罪恶都有可能从它产生。因为且不说对我们与之打交道的人们的取悦常常就是对处在这个小圈子之外的其他人的不义，一个这样的人仅就动机而论，就有可能犯下所有的罪恶，这并不是出自直接的倾向，而是因为他活着就喜欢取悦别人。他会由于热诚的取悦而成为一个说谎的人、一个闲人、一个酒鬼等等，因为他的行事所遵照的不是在根本上关涉普遍的良好行为的规则，而是一种自身虽美、但却由于没有控制和没有原则

① 人们更为仔细地考虑一番就会发现，无论同情的品性多么可爱，它都还不能自身具有德性的尊严。一个受苦的孩子、一个不幸而又规矩的女性，将会使我们的心灵充满这种伤痛，而在同一时间我们却漠然地听着一场大战的消息；很容易想象得到，在这场大战中必定有人类的一个相当大的部分无辜地陷入残酷的不幸之中。有些君王只要看到一个不幸的人就伤痛地转过脸去，但尽管如此却出自一种往往是虚荣心的理由下令进行战争。在这里，效果方面是根本不成比例的，人们怎么能说普遍的人类之爱是其原因呢？

而变得愚蠢的爱好。

据此，真正的德性只能植根于原则之上，原则越普遍，就越是崇高和高贵。这些原则不是思辨主义的规则，而是一种活在每个人心中并且远远不止扩展到同情和取悦的特殊根据之上的情感的意识。我相信，如果我说它是**人性的美感和尊严感**，也就概括了所有的东西。前者是普遍仁爱的根据，后者则是普遍尊重的根据；而当这种情感在某一个人的心中达到最大的完满时，这个人虽然还会爱并且看重自己，但只是就他乃是他那博大并且高贵的情感所扩及的一切人中间的一员而言的。只有当人使自己的特殊倾向服从一种如此博大的倾向的时候，我们善意的动机才能得到合比例的运用，并且实现是德性之美的那种高贵的礼仪。

就人性的弱点和普遍的道德情感对绝大多数人心所能施加的微薄力量而言，天意在我们身上置入了辅助性的动机，作为德性的补充；它们在推动着一些人即便是无原则地从事美的行动的同时，也能够给予另外一些被原则所支配的人们一种更大的推动和一种更强的动力去从事美的行动。同情和取悦是美的行动的也许会被更为粗鄙的自私自利的优势统统窒息的根据，但却如我们所看到的那样，它们不是德性的直接根据，尽管它们由于与德性的渊源关系而被高贵化，从而也博得了德性的名称。因此，我可以把它们称之为**嗣养的德性**，而把那些建立在原则之上的称之为**真实的德性**。前者是美且动人的，惟有后者才是崇高可敬的。前一 2〔218〕
些感受所支配的心灵，人们称之为一颗**善良的心**，而称这样一种人为**有善心的**；与此相反，人们有理由说从原则出发而有德性的人有一颗**高贵的心**，而称他本人为**正直的人**。尽管如此，这些嗣养的德性毕竟与真实的德性有很大的相似性，它们包含着对善意好心的行为的一种直接的兴趣。有善心的人无须其他的意图而从直接的取悦出发就和平有礼地与你们相处，并对别人的困苦感到由衷的同情。

然而，由于这种道德上的同情尽管如此仍不足以推动怠惰的人性去从事公益的行动，所以天意在我们里面还置入了某种情感；它是典雅的，并能够推动我们，或者平衡较为粗鄙的自私自利和平庸的享乐欲。这就是**荣誉感**，它的结果是**羞耻心**。别人对我们的价值可能拥有的意见以及他们对我们的行动的判断，是一种诱导我们作出许多牺牲的具有很大力量的动机；有些事情，一大部分人去做它，可能既不是出自直接升起的善心的激动，也不是出自原则，其发生经常是纯粹为了外在的表面，出自一种虽然自身浅薄但却很有用的幻觉，就好像是别人的判断决定着我们和我们的行动的价值似的。出自这种动力所发生的事情，一点也不是有德性的，因而每一个想被认为是有德性的人，都小心翼翼地掩饰起荣誉心的动机。这种爱好甚至也不如善心那么接近真正的德性，因为它不能直接由行为的美、而是由行为落入别人眼中的体面推动的。据此，由于荣誉感毕竟还是典雅的，我把它所引起的类似德性的东西称之为**德性的闪光**。

如果我们就这三类情感中的一类在人们里面占支配地位并决定道德上的性格而言来比较人们的各种性情的话，我们就会发现，它们中的每一种都与以通常的方式划分的气质中的某一种有更为接近的关系，除此
2〔219〕之外，黏液质的人被认为更缺乏道德情感。这并不是说，这些不同性情的特点的主要标志取决于上述特征，因为较粗鄙的情感，例如自私自利、平庸的享乐欲等等，我们在本文中根本不予考虑，通常的分类尽管如此还是首先着眼于诸如此类的爱好的；而是因为上述较为文雅的道德感受更为容易使人与这些气质中的这一种或者那一种相结合，而且确实绝大多数也是与之统一的。

对人性的美和尊严的一种内在情感以及心灵把其全部行动都与之作为普遍的根据相联系的自制与坚定，是严肃的，与轻浮的戏乐无缘，也与一个轻佻的人的反复无常无缘。它甚至接近于忧郁，就其建立在恐惧之上而言，这是一种温顺而且高贵的感受；一个受到限制的灵魂在满怀一个庞大的计划而看到自己必须战胜的种种危险，并面临自我克服的艰辛而又伟大的胜利时，就会感到这种恐惧。因此，从原则出发的真实的德性自身就具有某种看起来与温和意义上的**黑胆汁质**性情最为一致的东西。

善心，即心灵根据现存的原因而在种种个别场合里被同情和善意所打动的美和敏感性，非常服从于情景的变迁；而在灵魂的运动不以普遍的原则为基础的时候，它就很容易根据对象呈现的是这一面还是另一面而采取变化的形态。由于这种倾向是以美为目的的，所以它看起来极为自然地与我们称之为**多血质**的那种性情结合在一起。多血质的性情是轻浮的、屈从于享乐的。我们应当在这种气质中寻找我们称之为嗣养的德

性的那些可爱的品性。

荣誉感通常都被当做**胆汁质**性情的一个标志；因此，我们就有理由为描述这样一种性格而寻找这种文雅情感的绝大多数只是以炫耀为目的的道德结果了。 2〔220〕

从未有过一个人没有任何较文雅的感受的痕迹，但**黏液质**的人的性格更多地缺乏这些感受，这种缺乏相对而言也叫做冷漠无情；人们甚至还认为他不具有较粗鄙的动机，例如金钱欲等等，但我们还是可以把这些动机连同其他联系密切的爱好都留给他，因为它们根本不属于这一计划。

现在，让我们根据对气质所采用的分类来对崇高和美的感受主要就它们是道德的而言作出更详细的考察。

一个情感归入**黑胆汁质**的人，之所以被如此称呼，并不是因为他被剥夺了生活的快乐，而在阴沉的忧郁中忧心忡忡，而是因为他的感受在被扩大而超过一定的程度时，或者因为一些原因而走上一个错误的方向时，就容易进入这种状态，而不是另外一种状态。他首先有一种崇高感。即便是他同样有感受的美，也必定不仅吸引他，而且还由于美引起了他的惊赞而使他激动。愉悦的享受在他那里也更为严肃，但并不因此而更小。崇高的所有激动比美的那种故弄玄虚的魅力自身具有更多的令人着迷的东西。他的幸福与其说是快乐倒不如说是满意。他是坚贞不渝的。为此起见，他使自己的感受服从于原则。这些感受所服从的这种原则越是普遍，控制着低级情感的高级情感越是广泛，它们就越是不屈从于无常和变化。各种爱好的一切特殊根据，如果不是从这样一个高级根据推导出来的，就都要屈从于许多例外和变化。活泼可亲的阿尔赛斯特说过：我爱并且珍视我的妻子，因为她美、讨人喜欢并且聪明。但是，如果她由于疾病而变丑，由于年老而心情不好，而在最初的着迷消逝之后也并不让你们觉得比任何别的女人更聪明，那时会是什么情形呢？如果根据已经不复存在，爱慕会变成什么样子呢？与此相反，请看与人为善、老成持重的阿德拉斯特。他心里想：我将热诚地、尊重地对待这个人，因为她是我的妻子。这种意念是高贵的和慷慨的。此后，偶然的魅力可能发生变化，但尽管如此她却仍然是他的妻子。高贵的根据始终如一，不 2〔221〕
那么屈从于外部事物的无常。与仅仅由于个别的激发而澎湃的冲动相比，原则就具有这样的性质；这样，有原则的人就与偶尔产生善心的和热诚的运动的人处于对立之中。但是，如果甚至连他心灵中的隐秘声音也说道："我必须帮助那个人，因为他在受苦难；这并不是说，他是我的朋友或者伙伴，或者我认为他有能力终有一天投桃报李。现在没有时间仔细推究，耽搁在提问题上。他是一个人，而人所遭遇的，我也都会碰到。"那时又将如何呢？在这种情况下，他的行为方式所依据的就是人性中善意的最高根据，并且无论是就其不变性而言，还是为其运用的普遍性起见，都是崇高的。

我继续自己的说明。黑胆汁质性情的人很少关心别人作出什么判断，别人认为什么是善的或者真的，他在这种情况下依据的是他自己的见识。由于动机在他里面取得了原则的本性，所以他不会轻易地产生别的念头；他的坚贞不渝有时也会蜕变为固执己见。他漠然地看待时尚的变迁，对它们的闪烁不定嗤之以鼻。友谊是崇高的，因而适合他的情感。他也许会失去一个多变的朋友，但后者却不会那么快地失去他。甚至追忆已逝的友谊对他来说也还是可敬的。能言善辩是美的，而充满思想的沉默则是崇高的。他是他自己和他人的秘密的良好守护者。真诚是崇高的，他痛恨谎言和虚伪。他对人性的尊严有一种高度的情感。他尊重自己，认为一个人是一个应予尊敬的造物。他不能容忍任何下贱的卑躬屈膝，以一个高贵的胸怀呼吸着自由。从人们在宫廷中佩戴的镀金链，到橹船上船奴沉重的铁链，一切链环对他来说都是可憎的。他对自己和对别人都是一个铁面无私的法官，而且常常对自己和对世界都感到厌倦。

在这一性格的蜕变中，严肃倾向于忧郁，虔诚倾向于狂想，对自由的热爱倾向于狂热。侮辱和不公正在他心中点燃起复仇的欲望。在这种
2〔222〕情况下他是可怕的。他履险如夷，视死如归。如果他的情感颠倒错乱，并且缺乏一种清醒的理性，他就会陷入**冒险性**。灵感、显现、诱惑。如果知性更弱一些，他就会陷入**怪诞**、重要的梦、预感和奇迹。他有成为一个**幻想家**或者一个**怪人**的危险。

多血质性情的人**美感**占优势。因此他的快乐是笑逐颜开、生气勃勃的。如果他不快活，那他就会恼火，他很少懂得心满意足的宁静。丰富多彩是美的，他喜欢变化。他在自身之内和自身周围寻找快乐，使别人高兴，是一个好的社交伙伴。他富有道德上的同情心。别人的欢乐使他惬意，别人的痛苦则使他忧伤。他的道德感是美的，但却没有原则，在

任何时候都直接取决于对象给他造成的当下印象。他是所有人的朋友，或者换句话说也一样，他本来从不是一个朋友，尽管他心地善良，与人为善。他不作假。他今天会以自己的友谊和良好的方式为你们助兴，明天当你们生病或者陷入不幸的时候，他也会感到真正的毫不作假的同情，但却会悄然地离开，直到情况有了改变为止。他必定永远不是一个法官。法律通常对他来说过于严厉，他被眼泪所贿买。他是一个糟糕的圣徒，从来都不真正地善也不真正地恶。他经常出轨，放荡不羁，更多地是出自取悦而不是出自爱好。他慷慨好施，乐于行善，但却是自己所欠债务的一个糟糕的偿还者，因为他对于善颇有感受，但对正义却少有感受。没有人像他那样对他自己的心灵有如此好的见解。即使你们不高度评价他，你们也不得不爱他。如果他的性格进一步堕落，他就会沦为**愚蠢**，他是嬉戏成性的和孩子气的。如果不是年龄还减少一点活泼，或者造成更多的知性的话，他就有成为一个老花花公子的危险。

被人们认为属于**胆汁质**性情的人，对人们称之为**华丽**的那种崇高有一种占支配地位的情感。他本来只不过是崇高性的闪光，是一种绚丽夺目的色彩，掩盖了事物或者人物也许只是低劣和平庸的内在涵义，凭借 2〔223〕
外表来迷惑和感动人。就好像一座建筑物，靠表现石砌的粉刷来造成一种高贵的印象，就好像它确实是石头砌成的，并靠粘贴的横线脚和半露柱来给人以坚固的看法，尽管它们很少有支撑也不承托任何东西一样，掺假的德性、智慧的假金箔和刻意渲染的功德，却也是闪闪发光的。

胆汁质的人从落入人们眼中的仪表和外观出发考察他自己的价值和他的事业与行为的价值。至于对象自身所包含的内在性质和动机，他漠然视之，他既不被真正的善意所温暖，也不被尊敬所感动。① 他的举止行为是做作的。他不得不善于采取各种各样的立场，以便从旁观者们不同的态度出发判断自己的仪表；因为他很少问自己是什么，而是只问自己表现为什么。为此，他不得不清楚地知道他自己的行为举止在自身之外将拥有的对普遍鉴赏力的作用和各种各样的印象。既然他在这种狡谲的注意之中绝对需要冷血，必须不让自己被自己心灵的爱、恻隐和同情心所迷惑，他就也会避免一个多血质的人由于被自己直接的感受所迷惑而

① 他甚至只是就他猜测别人认为他幸福而言才认为自己是幸福的。

陷入的诸多愚蠢和不愉快。为此起见，他通常总是显得比实际上更为明智。他的善意乃是客气，他的敬意乃是礼仪，他的爱乃是有意的阿谀奉承。当他作出一个情人或者一个朋友的样子时，他在任何时候心中都充满了自己，他从来都既不是情人也不是朋友。他追求时尚是为了炫耀；但由于在他那里一切都是矫揉造作，所以他在这方面是死板笨拙的。他远比单纯被偶然的印象所推动的多血质的人更多地按照原则来行动；但这些原则却不是德性的原则，而是荣誉的原则，而且他也没有行动的美感和价值感，而是只重视世人可能对它们作出的判断。此外，由于他的行事方式就人们看不到其由以产生的源泉而言，几乎与德性自身同样是
2〔224〕公益的，所以他在一般人的眼中就赢得了敬重，就像是有德性的人，但在较为精明的人眼前，他小心翼翼地掩藏自己，因为他清楚地知道，荣誉欲的隐秘动机被揭破，就会使他失去尊敬。因此，他致力于伪装自己，在宗教上是假仁假义，在交往中阿谀奉承，在政治党派上随机应变。他乐意做伟人的奴隶，以便由此成为小人物们的暴君。**天真**这种带着自然的而不是做作的标记的高贵或者美的淳朴，对于他来说是全然陌生的。因此，如果他的审美发生蜕变，那么，他的炫耀就会成为**渲染的**，即以一种令人讨厌的方式自吹自擂。在这种情况下，无论是就作风还是就服饰来说，他都陷入了荒唐无稽（夸大过火），这是一种对华丽而言犹如冒险或者古怪对严肃的崇高而言的怪诞。这样，在受到侮辱时，他诉诸决斗或者诉讼，而在民事关系中则诉诸家世、特权和头衔。只要他还只不过是虚荣，也就是说，追求荣誉并力求引人注目，人们还可以容忍他，但如果他虽然全然缺乏真正的优点和才能，却还要自吹自擂，那么，他就成了他自己最不愿意被人当成的角色，亦即一个**蠢材**。

由于在**黏液质**的合成中，通常没有加入特别引人注目程度的崇高或者美的成分，所以这种心灵品性就不属于我们考虑的范围了。

无论我们迄今所讨论的这些较文雅的情感是哪一类的，是崇高的还是美的，它们都共有一种命运，即在对此没有情感的人的判断中，它们在任何时候都显得是错乱的和荒唐的。一个宁静而又自利地勤勉不息的人，可以说根本不具备各种官能来感受一首诗或者一种英雄德性里面的高贵特征，他爱读鲁滨孙甚于爱读格兰狄逊，把卡托看做是一个顽固不化的蠢材。同样，别人觉得引人入胜的东西，对于具有某种严肃性情的

人来说就显得是愚蠢幼稚的，而一部田园故事花样翻新的天真对他们来说也就是乏味的和童稚的。即便是心灵并不完全没有一致的较文雅的情感，心灵敏感性的程度也是极其不同的；人们可以看到，一个人认为高贵体面的东西，另一个人则觉得虽然伟大，但却是冒险性的。能有机会 2〔225〕
在非道德的事情上琢磨出别人情感方面的某种东西，也可以使我们有理由以相当大的可能性推论到他在较高的性情、甚至是心灵品性方面的感受。凡是对美妙的音乐感到无聊的人，使人强烈地猜测，文风的美和爱情的迷人对他来说也都将很少有什么力量。

有某种偏爱小东西的精神（esprit des bagatelles），它表现出一种文雅的情感，但这种情感却旨在崇高的对立面。那是对某种东西的情趣，因为那东西是非常**精工细作的**，是要付出辛劳的，例如可以顺着读和倒着读的诗句、谜语、戒指上的钟表、蚤链等等。那是对一切虽然没有用处、但却精打细算、刻意安排而**井然有序**的东西的情趣，例如在书橱中很讲究地排成长列的书和看着它们而兴高采烈的空洞大脑，装饰得像万花筒、刷洗得异常干净的房间连同一个居住它们的不好客的、闷闷不乐的房东。那是对一切罕见的东西的情趣，哪怕它也很少有内在的价值。爱比克泰德的灯、国王卡尔十二世的手套；硬币搜集也以某种方式属于这一类。这样的人很值得怀疑，他们在科学上是苦思冥想的人和怪人，但在道德上对一切以自由的方式美和高贵的东西都没有情感。

如果对于一个看不到感动或者吸引我们的东西的价值或者美的人，用说他**不理解**这种东西来打发他，那么人们相互对待就不公正了。这里的关键并不那么在于**知性**所认识的东西，而是在于情感感受到的东西。尽管如此，灵魂的各种能力却有一种如此巨大的联系，以至人们在大多数情况下都能够从感受的表现推论到认识的才能。因为对于一个具有诸多知性优点的人来说，如果他不同时对真正高贵或者美的东西具有强烈的感受，这种才能就是枉然赋予他的；对真正高贵或者美的东西的强烈感受必然是适当并且合规则地运用上述那些心灵禀赋的动力。①

① 人们也看到，情感的某种文雅性也被看做是一个人的成就。某人能够大吃肉食或者糕饼，此外他还能够无可比拟地酣睡，人们可以把这解释为他随意的标志，但不可解释为一种成就。与此相反，谁牺牲一部分用餐时间来听音乐，并能够因一幅绘画而进入一种惬意的消遣，或者喜欢读一些风趣的东西，即使只是一些小诗，那么，他就几乎在每一个人的眼中都有了一个较为文雅的人的体面，人们对这样的人有一种较为有利的、对他来说更值得称道的评价。

2〔226〕 仅仅把能够满足我们较粗鄙的感受的东西，把能够使我们饮食富足、衣着和居室用具奢侈、此外宴客挥霍的东西称之为**有用的**，这已经成为习惯；虽然我看不出，为什么不是所有只要符合我最活跃的情感的东西就都能同样地被列为有用的东西。然而，如果把一切都置于这个基础之上，那么，受**自利**所支配的人，就是人们必定无法与之理论较文雅的情感的一个人。从这样的观点来看，一只母鸡当然比一只鹦鹉更好，一口锅比一件瓷器更有用，世界上所有机智的头脑也抵不上一个农民的价值，而发现恒星距离的努力也可以搁置下来，直到人们就怎样能够最有效益地驾犁达成一致意见为止。然而，参与这样一场争论是何等的愚蠢！这里根本不可能彼此达到一致的感受，因为情感根本就不是一致的。尽管如此，一个感受最粗鄙、最平庸的人也能够觉察到：生活中看起来最非必需的魅力和安逸吸引着我们大多数的关注，而如果我们要排除掉它们，我们就剩不下多少动力去从事如此多种多样的努力了。此外，也没有一个人会如此粗鄙，以至于感受不到，一件道德行为至少是对另一个人来说，离自利越远，它里面的那些较为高贵的动机越突出，就越是感动人。

在我交替地说明人的高贵方面和薄弱方面的时候，我提请自己注意，我未能采取一种立场，由它出发这些对比就仍然以一种动人的形象展现出整个人性的壮丽画卷。因为我很高兴地满足于：就属于大自然的规划而言，这些怪诞的态度所能够提供的无非是一种高贵的表达，尽管人们
2〔227〕 过于短视，未能在这一关系中观察它们。然而，为了对此作出薄弱的考察，我相信能够作出如下的说明。在人们中间，按照原则行事的人**寥寥无几**，这也绝对是好事，因为人们就这些原则而言犯错误，是极容易发生的事情；在这种情况下，原则越普遍，为自己确立原则的人越坚定，由此产生的害处也就牵涉面越广。从**善心动机**出发行事的人，为数就**多得多**，这是极好的事情，尽管就个别而言这还不能被算作个人的特殊成就；因为这些有德性的本能有时也犯错误，但一般来说，就像其他如此合规则地推动动物世界的动机一样，它们同样能够执行自然的伟大意图。牢牢地盯视着自己最心爱的自我、把它作为自己各种努力的惟一关联点、并且致力于让一切都围绕**自利**像围绕一个大轴心那样旋转的人，为数**最多**，没有比这种情况更有利的了，因为这些人最勤勉、最讲秩序、最谨慎；由于他们也不自觉地成为公益的，并提供必要的需求和较为文雅的

灵魂传扬美与和谐的基础，他们也就为整体提供了支撑和稳定。最后，**对荣誉的爱**尽管是以不同的程度，但却分布在**所有**人的心中，这必定赋予整体一种引人入胜乃至令人惊赞的美。因为尽管荣誉欲就其成为人们令其他爱好服从的规则而言是愚蠢的幻觉，但它作为一种伴随的动力却是极为有利的。因为当每一个人在大舞台上按照自己占支配地位的爱好行动时，他都同时被一种隐秘的动力所推动，在思想上于自身之外采取一种立场，以便判断自己的举止所具有的体面，看它显得如何，在旁观者的眼中看来如何。这样，不同的群体就结合成为一幅色彩绚丽的画卷，其中在巨大的多样性中突显出统一性，而道德本性的整体则自身显示出美和尊严。

原文出自《关于美感和崇高感的考察》，收入李秋零主编《康德著作全集》第 2 卷，作于 1764 年。

论自然神学和道德的最初根据所能够获得的明晰性和确定性

第一节　自然神学的最初根据可以获得最大的哲学明晰性

如果一事物是它那个类的惟一可能的个体，那么，把它与其他事物区分开来也就是最容易、最清晰的。自然宗教的客体是惟一的最初原因，它的规定性使得它不可能被与其他事物混淆。然而，在这些或那些谓词绝对必然地属于一个事物的地方，最大的确信也就是可能的。因为就偶然的规定性来说，要找出一事物的谓词变化多端的条件，在大多数情况下是困难的。因此，绝对必然的存在者是这样一个客体，一旦人们发现了它的概念，显然也就可以指望比大多数其他这些认识有更多的可靠性。在论文的这一部分，我只能考虑关于上帝的可能的哲学认识。因为要检验世俗智者们关于这个对象现有的学说，委实是过于详尽了。这里呈现
2〔297〕给形而上学家的主要概念，就是一个存在者绝对必然的实存。为了达到这一点，他可以首先问：**根本没有任何东西实存是否是可能的**？如果他觉察到，在这种情况下就根本没有**存在**是给定的，也**没有任何东西可设想**，没有可能性出现，那么，他也就可以研究关于必然作为一切可能性之基础的那种东西存在的概念了。这一思想还将进一步展开，并规定着绝对必然的存在者的明确概念。然而，即使我不特别地探讨这样一个计划，一旦惟一最完美的和必然的存在者的存在被认识到，关于它的其余规定性的概念也会更准确得多，因为它们始终是最大的和最完美的；也会更确定无疑得多，因为只有在此是必然的那些概念才能被承认。例如，我应该规定神的**无所不在性**的概念。我轻而易举地认识到，其他一切事

物都依赖的这个存在者，由于自己是非依赖的，虽然通过自己的临在为世界上的其他一切事物规定了位置，但却未为自己在它们之中规定一个位置，因为那样的话它就会同属于这个世界。因此，上帝本来不在任何位置上，但它在**事物所在的一切位置**上对一切事物来说都是临在的。同样我也认识到，由于世界上前后相继的事物都处在它的支配之下，它由此却并未为自己在这序列中规定一个时刻，因而对它来说没有任何东西是过去的或未来的。因此，如果我说上帝预见到未来的东西，这并不意味着上帝见到**对它来说未来的**那些东西，而是见到对世界上某些事物来说未来的东西，即紧随着这些事物的一种状态的东西。由此可以认识到，就神的知性的行动来说，对未来的、过去的和现在的事物的认识并不是不同的东西，而是上帝把一切事物都作为宇宙的现实事物来认识；人们在上帝身上可以比同属于这个世界整体的一个事物身上更明确、更清晰得多地想象这种预见。

据此，在不能发现偶然性的一种类似物的所有地方，关于上帝的形而上学认识都可以是确定无疑的。然而，关于他的自由行动、关于天意、关于他的公正和慈爱的行事方式的判断，却由于甚至在我们从自己身上获得的关于这些规定性的概念中还有很不发达的东西，而在这门科学中只能有一种借助于逼近获得的确定性，或一种道德的确定性。

第二节　道德的最初根据依照其现在的性质还不能取得所要求的一切明晰性 2〔298〕

为了澄清这一点，我只打算指出，甚至责任这个第一概念也还鲜为人知，我们必须放弃在实践的世俗智慧中提供基本概念和原则的为自明性所必需的明晰性和可靠性。人们应该做这件事或那件事而放弃别的事，这就是道出每一种责任所遵循的公式。每一种**应该**都表达了一种行动的必然性，并且能够有一种双重的含义。也就是说，或者是当我期望某种别的东西（作为一种**目的**）时，我**应该**做某事（作为一种**手段**），或者是我直接做某件别的事（作为一种**目的**）并且使之成为现实。前者可以称之为手段的必然性（necessitatem problematicam，问题的必然性），后者可以称之为目的的必然性（necessitatem legalem，合法则的必然性）。前一种必然性根本没有说明一种责任，而只是说明了在一个问题中作为解决方案的准则，即就我想达到某个目的而言，什么手段是我所必须采用的。谁规定另一个人如果想促成自己的幸福就必须采取或者放弃什么行动，他虽然可以把所有的道德说教纳入其中，但它们已经不再是责任了，而是某种就像我在想把一条直线分为相等的两部分时画两个交叉弧的责任那样的东西，也就是说，它根本不是责任，而只是对人们在想达到一个目的时要采取的精明举动的指示。由于手段的使用除了从属于目的的必然性之外不具有任何别的必然性，所以，只要道德在某种目的的条件下规定的所有行动不附属于一个自在必然的目的，它们就是偶然的，就不能叫做责任。例如，我应该促成全部最大的完美性，或者我应该遵照上帝的意志行动；无论全部实践的世俗智慧被附属于这两个命题中的哪一个，如果这个命题是责任的规则或根据，那么，它必然要求行动是直接必然的，而不是在某种目的的条件之下的。在此我们发现，所有的责
2〔299〕任的这样一个直接的最高规则必然是绝对无法证明的。因为无论从对哪一个事物或者概念的考察中都不可能认识到和推论出，如果作为前提条件的那种东西不是一个目的，行动是一种手段的话，人们应该怎么做。但事实必然不是如此，因为那样的话，它就不是责任的公式，而是问题的技巧的公式了。

现在，我可以用寥寥数语指出，在我对这一对象进行长期的反复思考之后，我确信：做通过你而成为可能的最完美的事，这个规则是所有**行动**的责任的**形式根据**；放弃那阻碍由于你而极有可能的完美性的事，这个命题则是就**放弃**的责任来说的第一个**形式根据**。就像在没有给定最初的质料根据的地方，就不能从我们关于真东西的判断的最初形式原则推出任何东西一样，在没有实践认识的不可证明的质料原则与之相结合的地方，也不能仅仅从这两个关于善的规则推出任何特殊规定的责任。

也就是说，在我们这个时代，人们首先开始认识到，表象**真东西**的能力就是**认识**，但感受善的能力却是**情感**，二者并不必然地相互混淆。就像有关于真东西，即在认识的对象中特别地发现的东西无法解析的概念一样，也有一种无法分解的关于善的情感（这种东西绝不是在一个地地道道的事物中，而是始终与一个感受着的存在者相联系而被发现的）。通过指出善的复合的、含糊不清的概念是如何从善的简单感受中产生出

来的，来对它作出分解和澄清，这是知性的事情。然而，如果这是轻而易举的，那么，这是善的这个判断就是完全无法证明的，是快乐的感觉的意识连同对象的表象的一个直接结果。由于我们肯定有许多善的简单感受，因而也就有许多诸如此类的无法分解的表象。据此，如果一个行动直接被表象为善的，它并不以一种隐秘的方式包含通过解析可以在其中认识到的某种别的善，以及为什么它叫做完美之原因，那么，这个行 2〔300〕
动的必然性就是责任的一个无法证明的质料原则。例如，爱那爱你的人，这是一个实践命题，它虽然处在责任的最高形式的肯定规则之下，但却是直接的。由于不能进一步借助解析说明为什么在回报的爱中蕴涵着一种特殊的完美性，这个规则不是以实践的方式，即借助追溯到另一个完美行动的必然性而得到证明的，而是直接被归摄在善的行动的一般规则之下的。也许，我所出示的例证并不足以清晰地、令人信服地阐明事情。但是，以现在这样一篇论文的篇幅——也许我已经超出了界限——不允许我像我所非常希望的那样详尽无遗。在违背完美的存在和一切善所由来的那个存在者的意志和行动中，有一种直接的罪恶。这种罪恶是清晰可见的，尽管看不到作为结果可能伴随着这样一种举止的损害。因此，做符合上帝意志的事，就成为道德的一个质料原则。它虽然在形式上从属于上面已提到的最高的普遍公式，但却是直接地从属的。无论是在实践的世俗智慧中还是在理论的世俗智慧中，人们都必须不如此轻易地把某种并非无法证明的东西看做是无法证明的。尽管如此，这些作为公设包含着其他实践命题的基础的原则是不可缺少的。**哈奇森**和其他人以道德情感的名义为作出卓越的说明提供了一个开端。

由此可以看出，尽管在道德的最初根据中达到最高程度的哲学自明性必然是可能的，但责任的最高基本概念还是必须首先得到更可靠的规定。就此来说，实践的世俗智慧的缺陷要比思辨的世俗智慧的缺陷更为严重，因为首先必须澄清仅仅是认识能力还是情感（追求能力的最初的、内在的根据）决定着这方面的最初原则。

后记 2〔301〕

这就是我呈交给王家科学院供评判的思想。我冒昧地希望，所陈述的理由对于所要求的对客体的说明能够有一点意义。至于阐述的谨慎、准确和优雅，我宁可在这方面有所忽略，也不愿因此而被耽搁，以至于不能在规定的时间里把它呈交供审查，特别是因为一旦蒙获青睐，这一缺陷是可以轻而易举地弥补的。

原文见《关于自然神学与道德原则之明晰性的研究》，收入李秋零主编《康德著作全集》第2卷，作于1764年。

舒尔茨的《不分宗教适用于所有人的道德学说的一种指南尝试》第一部书评

科学院版编者导言

海因里希·迈埃尔（Heinrich Maier）

康德在这里评论其第一部分的作品，标题为《不分宗教适用于所有人的道德学说的一种指南尝试，连同一篇关于死刑的附录》，第一部，柏林，1783（第二部同样在1783年出版，第三部和第四部则在1790年才出版）。该著是匿名出版的。作者是吉尔斯多夫的布道人约翰·海因里希·舒尔茨，被称为梳辫舒尔茨（Zopfschulz），后来在维尔纳（Wöllner）任大臣时期被解职。康德的书评发表在《评说书目》第7期上，哥尼斯贝格，1783。

刊印：1. 《评说书目》，哈同编，第7期，93～104页，哥尼斯贝格，1783。

2. 《康德关于舒尔茨的宿命论道德的判断》，见L. E. 鲍洛夫斯基：《伊曼努尔·康德的生平和性格描绘》，238～250页，哥尼斯贝格，1804。

3. 《康德关于舒尔茨的宿命论道德的判断》，见《伊曼努尔·康德杂文集》，蒂夫特隆克编，第4卷，371～378页，哥尼斯贝格，1807。

《不分宗教适用于所有人的道德学说的一种指南尝试》，附有关于死刑的附录，第一部分，柏林，1783年，施塔尔鲍姆出版。 8〔10〕

这个第一部分据说只是作为一个新的道德体系的导论，就人在存在者的阶梯中所占据的位置，就人的能感觉、能思维并通过意志来活动的本性，就自由和必然，就生、死和一种来生，提出后面要建立的心理学原理；这部著作，由于独立思考的作者先生的坦率，更多地由于他那从许多十分引人注目的悖论中依然闪现出来的美好意图，在每一位读者那里必然激起焦急的期待，看一种建立在这类前提之上的道德学说将有什么样的结果。

评论者将首先简明扼要地追溯作者先生的思路，结束时附上他对整体的判断。

一开始，生命力的概念就被如此扩展，以至于它不加区别地关涉一切造物，也就是说，**纯然作为在一个造物中现存的，并且属于它的本性的一切力量的总和**。由此产生一条所有存在者的**难以驾驭性**的法则，这里在巨大的阶梯上，每一个存在者都在上面和下面有自己的邻舍，但却使得造物的任何种类都处在这些造物只要依然是这个种类的成员就不能逾越的界限之间。因此，真正说来并不存在无生命的东西，各个种类只是由于生命力的程度而彼此有别。灵魂作为一个与物体有别的存在者，纯然是想象的一个造物；最崇高的撒拉弗和树是两种造出来的机器。关于灵魂的本性就说这么多。

一种类似的阶梯状联系存在于一切认识中。错误和真理不是在类上有区别，而仅仅是像较小者与较大者那样相互有别，不存在绝对的错误，相反，任何知识当它在人那里产生的时候，**对人来说**都是真的。纠正只
8〔11〕是添加之前尚缺少的表象，以前的真理后来将仅仅由于知识的进展而转变成错误。我们的知识相对于一位天使的知识全然是错误。理性不可能出错，任何力量都被标出它的轨道。理性自己对自己的判决也不是在人们作出判断的时候发生的，而是在人们已经处在另一个位置上、并且获得了更多的知识之后发生的。我不应当说：一个孩子出错了，而是应当说：他所理解的还不像他未来将理解的那样好，这是一个较小的判断。因此，智慧和愚蠢、科学和无知，都不值得赞扬，不值得指责；它们仅仅应当被视为本性的逐渐进步，就本性而言我并不是自由的。——至于意志，一切偏好和冲动都包含在一个惟一的意志之中，亦即**自爱**，但就自爱而言，每个人都有他自己特殊的心境，但这心境也永远不能背离一种普遍的心境。自爱每次都是由所有的感觉一起来规定的，但却是要么

更模糊的感觉，要么更清晰的感觉对此参与最多。**因此，不存在自由的意志**，相反，意志处在严格的必然性法则之下；然而，如果自爱不是由清晰的表象，而是仅仅由感觉来规定，那么，人们就把这称为**不自由的**行动。一切懊悔都是毫无价值的和荒唐无稽的；因为肇事者不是从他过去的心境，而是从他当前的心境出发来评判自己的行为的，这当前的心境如果当时出现，固然会阻止该行为，但由此却错误地预设，它也应当阻止这样的行为，因为在过去的状态中确实不可能发现这种心境。懊悔纯然是一个被误解的表象，即人们如何能够**在未来更好地行动**，而事实上在这里除了改善的目的之外，大自然没有别的意图。对上帝如何能够是罪的创造者这一困难的解决。**德性与恶习并非在本质上有别**（因此，这里又把通常接受的**类的**区别转化为**程度上的区别**）。没有恶习的德性不能存在，而且恶习只不过是变好（因而升高一个等级）的偶因罢了。人们不能在他们称为德性的东西上相互比较，除非是在没有它则没有一种人类福利有可能的德性，亦即**普遍的德性**上相互比较；但是，背离这种德性，对人来说是绝对不可能的，如此背离它的人并不是有恶习的，而 8〔12〕
是愚笨的。犯上一种普遍恶习的人，会违背自爱而行动，这是不可能的。所以，普遍德性的道路如此平坦，如此笔直，在两边都有篱笆围着，以至于所有人都必须留在这条道路上。无非是每个人的特殊心境，在人们中间就此而言造成了一种区别；如果人们交换彼此的位置，就会一个人恰恰像另一个人那样行动。道德上的善或者恶，所指不过是完善性的一种较高的或者较低的程度。人们与天使相比，天使与上帝相比，都是有恶习的。因此，由于没有自由，一切报复性的惩罚都是不义的，尤其是死刑，取代死刑而必须构成律法的意图的，无非是赔偿和改善，但绝不是纯然的警告。由于一种有益的行为而获得**奖赏**，这很少表示人的知识；人被规定和教育去如此做，与杀人放火犯被规定和教育去烧一座房子是一样的。奖赏仅以鼓励行事人和其他人采取类似的善的行为为意图。

作者先生把这种关于必然性的学说称为一种**致福的学说**，并宣称，通过这种学说，道德学说才获得了它真正的价值，此际他附带说明：对于犯罪来说，就应当要求有某些如此轻易地描绘**与上帝和解**的教师。在这里不可以领会错了我们的作者的意图。他要知道，毕竟经常被当做自身就是和解性的来推荐的那种纯然忏悔的和没有结果的懊悔已被清除，并且引进拥有更善的生活方式的坚定决心来取代它；他试图通过上帝的一切造物尽管沿着不同的道路但却向着完善和永恒幸福的进步，来捍卫上帝的智慧和仁慈，把宗教从休闲的信仰引回到行为，最后也使民事的惩罚更人性，并且无论是对特殊的福祉还是对公共的福祉都更有益。就连他的思辨论断的大胆，一个人如果熟知**普里斯特利**①这位同样因其虔诚和洞识而备受敬重的英国神学家与我们的作者异口同声地宣称、甚至还
8〔13〕更为大胆地表述的东西，以及这个国家的好多神职人员②尽管才能远在此人之下、但却毫不犹豫地跟着他说的东西，哪怕只是新近**埃勒斯**③教授先生对意志自由给出一个什么样的概念，亦即能思维的存在者按照**自己每次的思想状况**来行动的一种能力，对他来说就将不怎么惊世骇俗。

尽管如此，每一个没有成见的，尤其是在这种思辨方式上训练有素的读者都不会不觉察到：普遍的宿命论在这部著作中是主要的、刺激一切道德的、强制性的原则，因为它把人的一切行止都转化为纯然的木偶戏；它完全取消了责任的概念，与此相反，把实践法则与自然法则区别开来的应当或者命令式，却也在理念上把我们完全置于自然链条之外，因为这种宿命论并不把我们的意志设想成自由的，它是不可能的和荒唐的，毋宁说我们在这种情况下剩下的只是等候和观看上帝凭借自然原因在我们里面为了作出决定将起的作用，而不是我们**从自身出发**作为行事人能够和应当做的；由此必然产生最粗野的狂热，它将取消健全理性的一切影响，尽管作者先生曾经致力于维护健全理性的权利。——自由的实践概念实际上与依然完全听凭形而上学家们的思辨概念毫不相干。因为我现在应当在其中行动的状态原初是从哪里来到我这里的，这可以对我来说完全无所谓；我只问我现在可以做什么，而在这里，自由就是一个必要的实践预设，是我惟有在其下才能把理性的诫命视为有效的一个

---

① 《哲学必然性学说》，伦敦，1777；参见《实践理性批判》，见《康德全集》，第Ⅴ卷，98页。——科学院版编者注

② 康德在这里心目中想的是谁，我不能确定。已知的是，普里斯特利与一些英国神职人员——如与里奇（Rich）、普赖斯（Price），与约翰·帕尔默（John Palmer）——有过一场关于自由问题的友好论战。在我们这个地方，指的是这些神职人员吗？可以相信的是，很难精确得知这场争论细节的康德有了这样一种混淆。——科学院版编者注

③ 埃勒斯（Martin Ehlers），基尔哲学教授，参见《论人的自由的学说及论达到道德自由的一个高级阶段的办法》，德绍（1782），特别是56页。

理念。甚至最顽固的怀疑主义者都承认，如果说到行动，一切诡辩的疑虑就由于一种普遍骗人的假象而必须统统清除。最坚决的宿命论者也同样必须这样，他在沉湎于纯然的思辨时是这样的人，尽管如此，一旦对他来说涉及智慧和义务，他在任何时候都是如此行动，**就好像他是自由的似的**，而且这个理念也实际上产生与此一致的行为，也惟有它才能产生这样的行为。把人完全放到一边是很难的。作者先生在不管每个人的行动对其他人来说显得如何无趣，都从其特殊心境的根据出发予以辩护之后，在第 137 页说道："假如你不是和别人一样行动无趣，假如你只是处在他人的位置上，我宁愿失去暂时和永远能够使我幸福的一切，绝对的和没有例外的一切（一个大胆的表述）。"然而，由于毕竟按照他自己 8〔14〕
的论断，此前在一个时刻的最大信念并不能保证，由于在另一个时刻，当知识继续进步之后，此前的真理随后成为错误：此时那种极为大胆的保证情况会是什么样的呢？但是，尽管他自己不想承认，他已经在自己的灵魂深处预先设定，理智按照任何时候都有效的客观根据，具有规定自己的判断的能力，并不处在后来可能变化的纯然主观地规定的原因的机械作用之下；因此，他总是接受思维自由，没有这种自由就没有理性。同样，如果他愿意在自己的那种我并不怀疑其正派的生活方式中按照永恒的义务法则行事，而不是他的本能和偏好的一种游戏的话，他也必须预设行动中的意志自由，没有这种自由就没有道德，尽管他在同一时间否认自己有这种自由，因为若不然，他就不能使自己的实践原理与思辨原理相一致，在这方面，尽管没有人达到，实际上却不会有多少损失。

原文收入李秋零主编《康德著作全集》第 8 卷，作于 1783 年。

论哲学中一种新近升高的口吻

科学院版编者导言

海因里希·迈埃尔

发表在《柏林月刊》1796年5月号的这篇文章，主要是针对J.G.施洛塞尔的作品《柏拉图关于叙拉古国家革命的书信，连同一篇历史学导论和注释》(哥尼斯贝格)，确切地说专门针对施洛塞尔给他的译本附上的一些附注(特别是施洛塞尔作品的180～184页和191～192页)。不过，也顺便涉及了施洛塞尔的神秘主义思潮的其他代表，如施陶尔贝格伯爵。康德的文章此后还有一种文献上的余波，对此参见后面《一场哲学中的永久和平条约临近缔结的宣告》的导言。

刊印：1.《柏林月刊》，1796，第XXVII期，387～426页。

2. 在J.G.施洛塞尔《致一位想学习批判哲学的年轻人的公开信》的附录中重印，124～168页，吕贝克和莱比锡，1797。

3.《伊·康德杂文集》，蒂夫特隆克编，第3卷，301～334页，哈勒，1799。

8〔389〕 哲学的名称在离开了它的第一种意义，即一种科学的生命智慧的意义之后，很早就已经作为修饰知性的头衔，不为普通的思想家所问津，对于他们来说，哲学如今扮演着对一个秘密的某种揭露。——马卡里荒漠的**修行者们**把他们的修道生活叫做哲学。**炼金术士**自称为 philosophus per ignem［凭借火的哲学家］。古代和近代的**秘密团契**都是一个传统的秘密的持守者，他们猜忌地不想把这秘密告诉我们（philosophus per initiationem［凭借入伙的哲学家］）。最后，最新的秘密占有者是这样一些人，他们**在心中**拥有这秘密，但却不幸地不**能**说出并且凭借语言普遍地传达它（philosophus per inspirationem［凭借灵感的哲学家］）。而今，如果有一种超感性事物的知识（它惟有在理论方面才是一个真正的秘密），在实践方面对于人的知性来说当然有可能揭露之，那么，知性作为一种**凭借概念**而有知识的能力，这样一种出自它的知识毕竟会远远滞后于作为一种**直观**能力能够直接通过知性来感知的知识；因为推论的知性凭借前者，为了在知识中有所进步，就必须把许多劳动用于按照原则来分解并重新组合其概念，反之，一种**理智直观**会直接地并且一下子就把握并且展示对象。——因此，谁觉得自己拥有理智直观，就将轻蔑地俯视知性；而反过来，这样一种理性应用的悠然自得是一种强烈的诱惑，来肆无忌惮地假定这样一种直观能力，同时衷心地推荐一种建立在这上面的哲学：这从人的那种为理性所默默地迁就的、自然而然的自私倾向可以轻而易举地得到解释。

也就是说，这种倾向不仅在于人的自然而然的懒惰，而且在于人的 8〔390〕
虚荣（一种被误解的自由），因为**能够生存**的人，不管富有还是贫乏，与为了生存就必须劳动的人相比，都自视为**高贵者**。——**阿拉伯人**或者**蒙古人**蔑视城里人，并且与后者相比觉得自己高贵，因为赶着自己的马和羊在荒漠上迁徙比劳动有更多的乐趣。**森林里的通古斯人**说："你要像一个**布莱特人**那样自己养自己的牲畜！"此时，他觉得是在用一道诅咒勒死自己的兄弟。他进一步发出这种魔咒说："你要像**俄罗斯人**那样去耕耘！"后者也许将按照他的思维方式说："你要像德意志人那样坐在织机旁！"——总而言之：所有人都在认为自己可以不劳动的程度上觉得自己高贵；而且按照这个原理，最近竟达到了如此程度，以至于一种自命的哲学赤裸裸地公开宣告来临，有了它人们可以不**劳动**，而是仅仅倾听自己心中的神谕，就可以从根本上把哲学所关注的全部智慧纳入自己的财产，确切地说是以这样一种口吻宣告的，这种口吻表明：他们根本不认为与那些——**以学院的方式**——视自己有责任从对自己认识能力的批判缓慢而又从容不迫地前进到独断的认识的人站在同一条线上，而是——**以天才的方式**——慧眼一瞥其内心就能够提供勤奋所能够提供的一切，也许还要更多。对于要求劳动的各门科学来说，例如数学、自然科学、古代历史、语言学等等，甚至对于哲学来说，如果它被迫从事对概念的有条理的阐发和系统地汇编，许多人也许对学究方式感到骄傲；但是，除了不通过自我认识的艰巨劳动而由下向上，而是飞越过它，通过一种自己不用付出任何代价的神化而由上向下来显示自己的**直观**哲学家之外，没有一个别的人想到显摆**高贵**，因为他在这里是从自己的威望出发说话，因而没有责任在任何人面前答辩。

而现在则回到事情本身！

※ ※ ※

8〔391〕 **柏拉图**[①]，做数学家和做哲学家同样好，在某些几何图形例如圆形的性质上赞叹一种**合目的性**，亦即对出自一个原则多种多样的问题之解决或者同一问题之多种多样的解决（例如在关于几何学的位置的学说中）的适宜性，就好像构思某些量的概念的要求是被**有意地**置入自身似的，尽管它们能够被先天地认识和证明为必然的。但是，合目的性惟有通过对象与一种作为原因的知性相关才是可思议的。

现在，既然我们以我们作为一种**凭借概念**的认识能力的知性不能把我们的知识扩展到我们的先天概念之外（而这毕竟在数学中是现实地发生的），所以，柏拉图就不得不为我们人假定先天**直观**，但这种先天直观的**最初起源**并不在**我们的**知性中（因为我们的知性不是直观能力，而只是一种推论的能力或者思维能力），而是在这样一种知性中，它同时是万物的元始根据，亦即是属神的知性，那些直观在这种情况下就理应**直接**被称为原型（理念）。但是，我们对这些属神理念的直观（因为我们要想理解在纯粹数学中的先天综合命题，就毕竟必须有先天直观）对我们来说就只是**间接的**，是对摹本（ectypa）的直观，仿佛是对万物的阴影的直观，我们先天综合地认识万物，以我们的出生而分有它们，但出生同时就带有通过遗忘其起源而对这些理念的一种遮蔽，这是我们的精神（现在被称为灵魂）被置入一个肉体的后果，而逐渐地摆脱肉体的桎梏，现

① 参见 J. G. 施洛塞尔：《柏拉图关于叙拉古国家革命的书信，连同一篇历史学导论和注释》，184 页以下，哥尼斯贝格，1795，此外参见前面的内容。——科学院版编者注

在必然是哲学的高贵事务。①

但是，我们也不得忘记现在我们当然少有人知的**毕达哥拉斯**，以便 8〔392〕
关于他的哲学的形而上学原则澄清某种可靠的东西。——就像在柏拉图那里是**形象**（几何学）的奇迹一样，在毕达哥拉斯这里，是**数字**（算术）的奇迹，也就是说，某种合目的性的外表和一种仿佛是有意地置入数字的性状中的解决数学（在数学中必须预设先天直观，而不仅是一种推论的思维）的许多理性课题的适宜性，仿佛以**魔术**的方式唤起了注意，仅仅为的是使自己不仅理解扩展我们的量的概念的可能性，而且理解数字的特殊的、仿佛充满秘密的属性的可能性。——历史说明，发现声调中的数字关系和声调惟有依之才构成一曲音乐的法则，使他想到，由于在这种感觉的游戏中数学（作为数字科学）同样包含着这种游戏的形式的原则（确切地说，如显现的那样，因其必然性，是先天地包含），我们就具有对一个由一种统治它的知性按照数字方程来安排的自然的直观；这些理念在运用于天体的时候，就也产生了天宇和谐的学说。而今，再也没有什么比音乐更能激活感官；但人里面的激活原则就是**灵魂**；而且既然在毕达哥拉斯看来，音乐仅仅基于被感知到的数字关系，而（要牢记这一点）人里面的那个激活的原则，即灵魂，同时是一个自由的、自己规定自己的存在者，所以，也许就可以理解他的灵魂定义，即 anima est numerus se ipsum movens［灵魂是自己推动自己的数字］，并且如果人们
假定，他通过这种自己推动自己的能力想表示与自身没有生命并且惟有 8〔393〕
通过某种外物才能被推动的质料的区别，从而表示自由的话，也在某种

① 柏拉图在所有这些推理上至少是行事一以贯之的。毫无疑问在他面前浮现一个问题，尽管是以隐晦的方式，这个问题只是不久前才清楚地得到表述："先天综合命题何以可能?"若是他当时猜到后来才被发现的东西，即当然有**先天直观**，但不是人的知性的先天直观，而是感性直观（以空间和时间的名义），因而感官的一切对象对我们来说都仅仅是显象*，甚至我们能够在数学中先天地规定的形式，也不是物自身的形式，而是我们的感性的（主观）形式，因而这些形式适用于可能经验的一切对象，但也不能再多走一步，那么，他就不会在属神知性中寻找纯粹直观（他需要纯粹直观来使自己理解先天综合知识）及其一切存在者的作为独立客体的原型，且就这样染上火炬的迷狂了。——因为他也许发现，如果他想断言能够在作为几何学的基础的直观中经验性地直观客体自身，那么，几何学判断和整个数学就会是纯然的经验科学；这就与**必然性**相矛盾，而必然性（除了直观性之外）恰恰是保证数学在所有科学中间有一个如此高的地位的东西。

*在"显象"后面应加上"erkannt werden"［如此，该句就应译为"感官的一切对象都仅仅是作为显象被我们所认识"。——译者注］，正文自身则无须相应改动。——科学院版编者注

程度上为他的灵魂定义辩护。

因此，无论是毕达哥拉斯还是柏拉图，其**哲学思考**的都是**数学**，因为他们把一切先天知识（它可能包含直观和概念）都算做理智的东西，并认为通过这种哲学发现了一个**秘密**。这里没有任何秘密，之所以如此，并不是因为理性能够回答所有给它提出的问题，而是因为问题如果被提到如此高度，以至于理性此时再也没有理解的话，它的神谕就默不作声了。例如，如果几何学列出圆的一些被称为美的属性（如人们在蒙托克莱的书①中能够查看到的那样），并且有人问：它是从哪里获得这些看起来包含着一种广泛的可用性和合目的性的属性呢？则对此不可能有别的回答，而只能是：quaerit delirus，quod non respondet Homerus［疯子问的，荷马无法回答］②。想在哲学上解决一个数学课题的人，就此与自己相矛盾；例如，什么使得一个直角三角形的三条边的合理比例只能是数字 3、4、5 的比例？但是，对一个数学课题进行**哲学思考**的人，相信在这里发现了一个秘密，并且正因为此而看到了某种超大的东西，在这里他什么也看不见，而且认为真正的哲学恰恰在于，他在心中苦思冥想一个他既不能让自己理解也不能传达给别人的理念（philosophia arcani［秘密的哲学］）。在这里，诗人的才能在狂想的情感和享受中为自己找到了食粮：这当然比通过劳动为自己赢得一笔财产的理性法则更为诱人和光彩得多；——但在这方面，就连贫乏和傲慢也提供可笑的现象，倾听哲学以一种高贵的口吻说话。

与此相反，**亚里士多德**的哲学是劳动。但是，我在这里只把他（如前两位那样）视为形而上学家，亦即把一切先天知识分析成其要素者，并且作为理性的艺术家又把它们由此（范畴）组合起来；他的处理就其所达到的而言，保持着它的可用性，尽管它在**前进**中未能成功地把在感性事物上适用的这些原理也扩展到超感性事物上（他并没有注意到他在
8〔394〕 这里的危险跳跃），他的范畴达不到这一步：必须事先在自身中划分思维的工具，按照理性的两个领域即理论领域和实践领域来划分理性，但这个工作是留给后世来做的。

现在，我们毕竟要来听一听哲学思考（在这里，人们可以没有哲学）

① 蒙托克莱（Montucla）：《数学史》，巴黎，1758（第Ⅲ卷，1802）。——科学院版编者注

② 一句中世纪的修士诗。——科学院版编者注

中的新口吻并予以评价。

※　※　※

高贵的人士进行哲学思考，哪怕是攀升到形而上学的尖端，这必须被算做他们的极大荣耀，而且他们对学院的（几乎不可避免的）反感也值得原谅，因为他们毕竟俯就学院到了公民平等的地步。① ——但是，想成为哲学家的人**显摆高贵**，这却是绝对不能原谅他们的，因为他们把自己抬高到其**同行**之上，在纯然理性的事情上侵犯后者的自由和平等的法权。

想通过一种更高的**情感**的影响来进行哲学思考，其原则在所有的原则中是最适合于高贵的口吻的；因为谁会想反驳我的情感呢？如果我能够使人相信，这种情感不是仅仅主观地在我心中，而是能够要求于每一个人的，从而也客观地并且作为知识成分，所以绝不仅仅作为概念来玄思，而是作为直观（对对象本身的把握）而有效，那么，我就比所有为了可以自诩自己的主张是真理就必须首先为自己辩护的人有很大优势。因此，我就能够以一个颁布命令者的口吻说话，他被免 8〔395〕

① 这毕竟是作哲学思考和做哲学家之间的一种区分。如果因死守一种盲目的信仰而有的对人民的理性（甚至哪怕是对其自己的理性）的专制被伪装成哲学，就是以高贵的口吻做哲学家。例如，属于此列的就有“对马可·奥勒留时代的雷霆军团的信仰”，同样还有“对为戏弄叛教者尤里安而在耶路撒冷的废墟下通过一种奇迹燃起的火的信仰”*，这种信仰被伪装成原本的真哲学，而其对立面则被称为“烧炭工的不信”**（恰如烧炭工在深山老林里因根本不信他们听到的童话而得此恶名）。对此也有一种保证，即哲学自两千年以来该终结了，因为“斯塔吉拉人对于科学来说斩获如此之多，以至于他很少留下可观的东西再供后继者们去探究了”***。这样，政治宪政的平均主义者们就不仅是在卢梭看来因每个人都是一切而想要国家公民全都相互平等的人，而且还是因为除一个人之外所有人都是无而想要所有人相互平等的人，而且是出自妒忌的君主主义者：他们时而奉柏拉图为王，时而奉亚里士多德为王，以免在意识到自己没有能力自己思维的时候忍受与其他同时生活的人的可恶的比较。而这样，（特别是由于后一种格言）高贵的人就通过以遮掩而终结一切进一步的哲学思考来做哲学家。——人们不可能比通过福斯的寓言（《柏林月刊》，1975 年 11 月，最后一页）来更恰如其分地展示这种现象了，这是一首惟一配得上一场大祭的诗。

* 施陶尔贝格伯爵弗里德里希·莱奥波德：《德国、瑞士、意大利和西西里岛游记》，第 2 部分，233～240 页，哥尼斯贝格和莱比锡，1794。——科学院版编者注

** 同上书，240 页。——科学院版编者注

*** 不受拘束地引自施陶尔贝格伯爵弗里德里希·莱奥波德：《柏拉图对话选》，译本，第 1 部分导言，见《施陶尔贝格兄弟全集》，第 17 卷，Ⅴ～Ⅵ页。——科学院版编者注

除了为自己财产的名义作出证明的麻烦（beati possidentes［幸福的占有者］）。——因此，出自情感的哲学万岁！它恰恰把我们引领到事情本身。出自概念的玄思滚蛋！它只是尝试走普遍特征的弯路，并且在它还没有一种它能够直接捕捉的材料之前就事先要求有它能够把那种材料置于其下的确定形式。而假定理性根本不能进一步解释获得这些高级洞识的合法性，那么，"哲学有其**可感觉的**秘密"① 就毕竟是一个事实。②

8〔396〕 一个毕竟只能在纯粹理性中发现的对象，其这种伪称的可感觉性情况如下。——迄今，人们只听说视之为真的三个阶段，直到它消失在完

---

① J. G. 施洛塞尔：《柏拉图关于叙拉古国家革命的书信，连同一篇历史学导论和注释》，194 页，附注。——科学院版编者注

② 一位著名的理性持有者对此这样表示："只要理性作为意志的立法者，对这些现象（在此不言而喻，是人的自由行动）必须说，**你让我满意——你让我不满意**，则它就必须把这些现象视为实在性的结果。"* 然后他由此推论出：理性的立法不仅需要一种**形式**，而且需要一种**质料**（材料、目的）来做意志的规定根据，也就是说，如果理性应当是实践的，就**必须**有对一个对象的**一种愉快**（或者不快）的**情感先行**。——这个错误，如果人们让它蔓延，就会根除一切道德，所剩下来的无非是幸福准则，而幸福准则真正说来根本不可能有任何客观的原则（因为它依主体的不同而不同）；这种错误，我要说，惟有通过如下的**情感试金石**才能使之大白于天下。那种为了行动发生而必须必然地走在**法则前面**的**愉快**（或者不快）是**病理学的**；但是，为了行动发生而**法则**必须必然地走在**其前面**的那种愉快，则是**道德的**。前者以经验性的原则（任性的质料）为根据，后者则以纯粹的先天原则为根据（对这种根据来说，问题仅仅在于意志规定的形式）。——借此，就连诡辩（fallacia causae non causae［不是原因的原因虚假］）也能够轻而易举地予以揭露，因为幸福论者伪称：一个正直的人预先具有愉快（**满意**），以便有朝一日在自己奉行的生活方式的意识中感觉到它（因而就是对自己未来幸福的展望），毕竟是奉行他的生活方式的真正动机。因为既然我毕竟必须事先假定这种生活方式是正直的和服从法则的，也就是说，是一种法则先行于愉快的生活方式，以便未来在对其奉行的生活方式的意识中感觉到一种灵魂的愉快，所以，这就是一个推理中的空洞循环，为的是使本是一个**后果**的愉快成为那种生活方式的**原因**。但是，说到一些道德主义者的**折中主义**，即虽然并不完全、毕竟**部分地**使**幸福**成为道德的客观原则（尽管人们承认，那幸福不知不觉地也在主观上影响人的与义务协调一致的意志规定），则这毕竟是没有任何原则的捷径。因为掺入其中的、从幸福借来的动机虽然造成与从纯粹的道德原理得出的同样**行动**，却同时污染和削弱着道德**意念**本身，后者的价值和高等地位恰恰在于不顾那些动机，甚至克服一切叫卖，除了法则之外不对任何别的东西表示自己的服从。

* J. G. 施洛塞尔：《柏拉图关于叙拉古国家革命的书信，连同一篇历史学导论和注释》，182 页，附注。——科学院版编者注

全的无知中，此即：知识、信念和意见。[①] 现在加上一个新的阶段，它与逻辑学根本没有共同之处，不应当是知性的进步，而应当是对根本不是感官对象的东西的预感（praevisio sensitive［感性的预见］），亦即对超感性的东西的**预感**。 8〔397〕

这里有某种神秘主义的节拍，有一种从概念到不可思议的东西的跳跃（salto mortale［致命的跳跃］），一种捕捉没有任何概念所达到的东西的能力，一种对秘密的期待，或者毋宁是对秘密的等候，但真正说来则 8〔398〕

---

① 人们在理论意义上有时也把中间这个词用做与视某物为**或然**等义；而且在这里必须说明的是，关于超出一切可能经验界限的东西，既不能说它或然，也不能说它非或然，因而就这样一个对象来说，信念这个词绝非在**理论意义**上出现。——人们把“这或者那是**或然的**”这个表述理解为意见和知识之间（视之为真的）中间物，而且在这里，对它来说和对所有其他中间物一样，人们可以使它成为**自己想要的东西**。——但是，如果例如有人说，死后有灵魂活着，这至少是**或然的**，则他并不知道**自己想要什么**。因为所谓或然的，是被视之为真的东西，在自己这方面胜过确定性（充足理由）的一半。因此，理由全都必须包含着一种局部的知识，即所判断的客体的**知识**的一个部分。而今，如果对象根本不是一个对我们来说可能的知识的客体（这类东西就是作为也在与一个身体的结合之外的有生命实体，亦即作为精神的灵魂的本性），则关于其可能性就既不能作出或然的判断，也不能作出非或然的判断，而是根本不能判断。因为所谓的知识理由既然与某种超感性的东西相关，关于这种东西本身不可能有任何理论的知识，它们就处在一个根本不去接近充足理由，从而不去接近知识的序列之中。

对另一个人的涉及某种超感性东西的**见证**的信念同样是这种情况。对一个见证的视之为真永远是某种经验性的东西；而我应当相信其见证的人格，必须是一个经验的对象。但是，如果它被当做一个超感性的存在者，那么，关于它的实存本身，从而是这样一个存在者在向我见证这件事，我就不能通过任何经验得到教导（因为这是自相矛盾的），也不能从除非由于一种超自然的影响，否则在主观上就不可能给我解释一种对我来说成为内在的呼声的显现而推论到此（按照上面关于依据或然性的评判所说的东西）。因此，不存在对超感性的东西的理论信念。但在实践（道德实践）的意义上，对超感性的东西的一种信念则不仅是可能的，而且它甚至是与这种意义不可分割地结合在一起的。因为我心中的全部道德性，尽管是超感性的，因而不是经验性的，却是以显而易见的真理性和权威（通过一个定言命令式）被给予的，但这个权威命令的是一个理论上看没有一个世界统治者的参与权力而仅凭我的力量就不能实现的目的（至善）。不过，在道德实践上**相信**这个世界统治者，并不就是事先在理论上假定他的现实性为真，以使人们为理解那个受命的目的而获得启蒙，且为促成那个目的而获得动机，因为对此，理性的法则独自就已经是客观地充足的；而是为了按照那个目的的理想而行动，就好像这样一种世界统治是现实的似的，因为那个命令式（它不是命令相信，而是命令行动）在人这一方包含着使自己的**任性**顺从和臣服法则，在命令给人一个目的的**意志**一方则同时包含着一种与目的相适应的能力（这种能力不是属人的能力），为此人的理性固然能够命令行动，但不能命令行动的成果（达成目的），这种成果并不总是或者完全为人所掌控。因此，在质料上是实践的理性的定言命令式对人说的是：我想要使你的行动与万物的终极目的协调一致；在这个定言命令式中，已经同时想到预设一个包含着一切力量的立法意志（属神意志），并不需要特别加上。

是使大脑败坏成狂想——这是不言自明的。因为预感是隐晦的预期，并且包含着对一种解说的希望，但这种解说在理性的任务中却惟有凭借概念才是可能的，因而如果那些秘密是超验的，并且不能导向对象的任何特有**知识**，就必然许诺一种知识的代用品，即超自然的传达（神秘主义的顿悟）① ——而这就是一切哲学的死亡。

因此，**学院派**的柏拉图就成了一切利用**哲学**的狂想之父，虽然这不是他的过错（因为他使用自己的理智直观，只是向后退，为了**解释**一种先天综合知识的可能性，而不是向前进，为了通过那些在属神理智中能够读出的理念来**扩展**先天综合知识）。——但是，我并不愿意把（新近译成德语的）书信作者柏拉图②与前者混为一谈。这个柏拉图称“在属于知识的四件**事物**，即对象的**名称**、**描述**、**阐述**和**科学**之外，还有**第五个**［车轮］，亦即还有对象本身和**它的真实存在**”③。——“这个不变的存在者只能在灵魂中并通过灵魂来直观，但在灵魂中如同被一颗迸出的火星点燃那样自行点燃，他［作为兴奋若狂的哲学家］自称把握了它；尽管如此人们不能谈论它，因为人们马上就会被证明无知，最起码对于民众来说是这样，因为任何这一类的尝试都已经是危险的，部分是由于这些高级的真理遭到一种粗笨的蔑视，部分是（这在此处是惟一理性的东西）由于灵魂会急切地追求空洞的希望和认识重大秘密的虚荣妄念。”④

谁在这里看到的不是秘教祭司！他并非仅仅独自狂想，而同时是俱乐部会员，并且通过对自己的信徒说话而与民众（被理解为一切未入门者）相对立，以其自命的哲学显摆**高贵**。——请允许我举出这方面的一些新例证。

8〔399〕 有人以较新的神秘主义柏拉图式的语言说：“人们的一切哲学都只能描画朝霞，太阳则必须去预感。”⑤ 但是，毕竟没有人能够在不曾见过一

---

① 文本的混乱在这里无法通过校勘来消除。有可能是卡西勒的改动。但显而易见，康德结束了句子，就好像他写的是：wird also，wenn jene——jene 指向前面理性的任务——transcendent sind…（如此，这句话应当译为“因而如果那些任务是超验的，并且不能导向对象的任何特有知识，就……”。——译者注）——科学院版编者注

② 译者正是 J. G. 施洛塞尔。——科学院版编者注

③ J. G. 施洛塞尔：《柏拉图关于叙拉古国家革命的书信，连同一篇历史学导论和注释》，180 页以下。——科学院版编者注

④ 同上书，178～179 页。——科学院版编者注

⑤ 同上书，191 页，附注。——科学院版编者注

个太阳的情况下去预感太阳；因为很可能在我们的星球上有规则地夜以继日（就像在摩西的《创世记》中那样），人们却由于天空总是阴云密布而不曾得以见到太阳，而且一切事务仍然按照（日子和季节的）这种更替而有恰如其分的进程。然而，在事物的这样一种状态中，一位真正的哲学家虽然不会**预感**一个太阳（因为这不是他的事情），但毕竟也许能够**猜到**它，以便通过采纳关于这样一个天体的假说来解释那种现象，并且也能够如此幸运地说中它。——虽然往太阳（超感性的东西）里面看而不失明是不可能的；但是，在反射（道德上照耀灵魂的理性）中以及甚至在实践方面充足地观看它，如老年柏拉图所做的那样，则是完全可行的。与此相反，新柏拉图主义者们"只肯定地给我们一个剧中的太阳"①，因为他们想通过情感（预感），也就是说，通过根本没有任何关于对象的概念而给予的东西来欺骗我们，以便用客观的东西的一种知识的妄念来羁绊我们，而这种客观的东西完全意在越界的东西。——以这样一些应当使人理解那种预感的形象表述，如今柏拉图化的情感哲学家滔滔不绝，例如，"如此接近智慧女神，以至于人们能够听到她的衣服**簌簌作声**"；但也赞颂**伪柏拉图**的艺术，"既然他不能揭去伊西斯的面纱，就使它如此稀薄，让人们能够在它下面**预感**女神"②。如何稀薄，这里没有说；大概还如此厚密，使人们能够用幽灵做成自己想要的东西，因为若不然，这就是一种着实应当避免的看。

为了同样的目的，而今在缺乏清晰的证明的情况下，"类比、或然性"（上面谈到过它们）以及"阉割因形而上学的③纯化而变得如此敏感 8〔400〕

① J. G. 施洛塞尔：《柏拉图关于叙拉古国家革命的书信，连同一篇历史学导论和注释》，191页，附注。——科学院版编者注

② 同上书，184页，附注。——科学院版编者注

③ 新柏拉图主义者迄今所说的，就讨论他的主题而言，纯属**形而上学**，因而只能关涉理性的形式原则。但是，它也偷偷地塞进一种超物理学，亦即绝非实践理性的原则，而是一种关于超感性事物的本性（关于上帝、人的精神）的理论，并且想要这种超物理学编织得"不过于精致"。但是，何以如果它（如在先验神学中那样）不小心翼翼地拆去一切经验性的丝线，就**根本没有任何东西**是一种在这里涉及纯粹理性概念的质料（客体）的哲学，可以通过以下的例证来说明。关于上帝作为**最实在的**存在者的先验概念，在哲学中是绕不过去的，不管它多么抽象；因为它属于一切具体的、以后可以进入应用神学和宗教学说的概念的结合，同时属于它们的提纯。现在问的是：我是应当把上帝设想为一切实在性的**总和**（complexus，aggregatum），还是设想为一切实在性的最高根据？如果我做的是前者，那么，我就必须对我用来复合而成最高存在者的这种材料列举例证，以免其概念是完全空洞的和没有意义的。因此，我将赋予它例如**理智**，或者还有**意志**等

的理性的危险”，即它在与恶习的斗争中将难以为继[①]，被当做论据提出；因为毕竟正是在这些先天原则中，实践理性真正感觉到它在别的地方从未

等诸如此类的东西，来作为实在性。但现在，我所了解的一切理智，都是一种**思维**的能力，也就是说，是一种推论的表象能力，或者是一种通过诸多事物共有的一种特征（因此，我必须在思维中抽去这些事物的区别）而可能，因而不对主体作出**限制**就不可能的表象能力。所以，不能把一种属神的理智假定为思维能力。但是，我对另一种也许是直观能力的理智没有丝毫概念；因此，关于我在最高存在者里面设定的一种理智的概念就是完全没有意义的。——同样，如果我在它里面设定另一种实在性，一个**意志**，它凭借这意志而是除它之外的一切事物的原因，那么，我就必须假定这样一种意志，在它那里，它的满意（acquiescentia）绝对不依赖于在它之外的事物的存在；因为这会是限制（negatio）。现在，我又没有丝毫概念了，也不能对一个主体不把自己的满意建立在其意愿的**达成**，因此不**依赖于**外部对象的存在的意志给出任何例证。故而，关于最高存在者的意志，作为一种依存于它的实在性，其概念就如同前一个概念那样要么是一个空洞的概念，要么（这更糟糕）是一个神人同形同性论的概念，这个概念如果像不可避免的那样，被引入实践，就将败坏一切宗教，把它们转化成偶像崇拜。——但是，如果我关于 ens realissimum［最实在的存在者］形成作为一切实在性的根据的概念，则我说的就是：上帝是这样一个存在者，它包含着世间一切**我们有必要为之假定一种理智**的东西（例如世间一切合目的的东西）的根据；他是这样一个存在者，一切世间存在者的存在都起源自它，不是出自其**本性**的必然性（per emanationem［经过流溢］），而是按照一种关系，**我们人**为了理解这种关系的可能性，就必须为之假定**一个自由意志**。在这里，什么（客观上）是最高存在者的本性，对我们来说可能是完全无法探究的，完全处在一切对我们来说可能的知识的领域之外的，而毕竟（主观上）**在实践考虑**（考虑到生活方式）中留下了这个实在性概念，也惟有与这种实在性相关联，才能够假定属神的理智和意志与人的理智和意志及其实践理性的一种**类似**，虽然在理论上来看它们之间根本没有任何类似。从我们自己的理性以权威给我们规定的道德法则中，不是从物自身的本性的理论中，产生上帝的概念，是纯粹实践理性迫使**我们自己**形成这个概念的。

因此，强人们新近兴奋地宣布一种不使他们花费气力的智慧，因为他们伪称抓住了这位女神的衣角并且逮住了她，如果他们中的一位*说：他蔑视想**形成**自己的**上帝**的人，那么，这属于他们的等级的特性，其口吻（作为特别的宠儿）就是**高贵的**。因为不言自明的是：一个必须出自我们的理性的概念，必然是由我们自己形成的。如果我们想从某一个显象（一个经验对象）得出它，则我们的认识根据就会是经验性的，并且不适用于对每个人的有效性，因而不适用于一个普遍归责的法则必须具有的无可争辩的实践确定性。毋宁说，我们必须把一种对我们显得有人格的智慧首先在那个由我们自己形成的概念上视为原型，以便看一看这个人格是否也符合那个自己形成的原型的特性；且甚至当我们在这个人格身上没有发现任何与这种特性相矛盾的东西的时候，不凭借超感性的经验而去认识与这种特性的适应性，也毕竟是绝对不可能的（因为对象是超感性的）——而这是自相矛盾的。因此，**神显论**用柏拉图的理念制作了一个只能以迷信的方式来崇敬的**偶像**；与此相反，从我们自己的理性的概念出发的**神学**，则提出了一个迫使我们去崇拜的**理想**，因为它自己是产生自不依赖于神学的最神圣的义务。

* 指的自然是 J. G. 施洛塞尔、施陶尔贝格伯爵或者他们的志同道合者之一。不过，下面这句话相关的段落则无可查考。——科学院版编者注

① J. G. 施洛塞尔：《柏拉图关于叙拉古国家革命的书信，连同一篇历史学导论和注释》，182～183 页，附注。——科学院版编者注

被预感到的强大，却被偷运进来的经验性的东西（这些东西正因为此而不适用于普遍的立法）所阉割和致瘫。

最后，最新颖的德国智慧让它**通过情感来进行哲学思考**的呼吁（绝 8〔401〕
不像更早若干年前的智慧[①]那样，**通过哲学**来让道德**情感**生效）经历一种它必不可免地失败的检验。它的挑战是，“人类哲学的纯正性之最可靠的
标志不是它使我们更确信无疑，而是它使我们**更善良**”[②]。——对于这种 8〔402〕
检验来说，不能要求人（由秘密情感造成的）变得更善良由一个在其检验室中研究人的道德性的硬币监造官来鉴定；因为固然每个人都能够轻而易举地衡量善的行动的重量，但它们在意念中包含多少纯金纯银，谁能够对此作出**有公共效力的**见证？而且毕竟由此证明，那种情感一般而言造成更善良的人，与此相反，在科学的理论徒劳无益和没有实效的情况下，这样一种见证才是见证。因此，这方面的试金石不可能是任何经验提供的，而是必须仅仅在实践理性中作为先天给定的来寻找。内在经验和情感（它自身是经验性的，从而是偶然的）只是通过对每个人清晰地说话并且能够有一种科学知识的理性的声音（dictamen rationix）才被激起；但绝不是通过情感为理性引入一种特殊的实践规则，这是不可能的，因为那种规则在别的地方绝不可能是普遍有效的。因此，人们必须能够先天地认识到，哪种原则能够并将造就更善良的人，只要人们清晰地和不间断地把这原则带给人们的灵魂，并且注意到它对人们的灵魂造成的强有力的印象。

而今，每个人都在自己的理性中发现义务的理念，而且如果在他心中产生诱使他不服从义务的偏好，他在倾听义务的坚强的声音时就会颤抖。他坚信：即便这些偏好全都联合起来密谋反对义务，他自己的理性给他规定的法则的庄严也必定毫无疑问地胜过它们全体，因而他的意志也有能力做到这一点。所有这一切都能够并且必须即便不是科学地也毕竟清晰地介绍给人，以便他既确信他那给他颁布命令的理性的权威，也确信理性的命令本身的权威；而且就此而言就是理论。——而今，我提出人如何扪心自问：在我心中，是什么使我能够为一个未给我应许任何

① 即指康德的智慧。——科学院版编者注

② J. G. 施洛塞尔：《柏拉图关于叙拉古国家革命的书信，连同一篇历史学导论和注释》，184 页，附注。——科学院版编者注

好处并且在违反它时未以任何损失威胁我的法则，而牺牲我的冲动的最深切的诱惑和所有愿望；甚至这法则越严厉地命令我，为此提供的东西越少，我就越真挚地敬重它呢？这个问题通过对人性中内在禀赋的伟大
8〔403〕和崇高以及它所遮掩的秘密（回答说它就是**自由**，便会是同义反复，因为正是自由构成了秘密本身）的惊奇，激励着整个灵魂。人们百看不厌地注视着它，并且在自己心中惊赞着一种不对自然的任何力量退让的力量；而这种惊赞正是从理念中产生的情感，如果关于学院和布道坛上的道德学说，还有对这种秘密的阐述，构成对学说的一种特别的、经常重复的探讨，则这种情感就会深入人心，并且不会不使人在道德上变得**更善良**。

而今，这里就是阿基米德所需要却没有找到的东西：一个稳固的点，理性可以把自己的杠杆支在上面，确切地说，既不把它支在今世，也不把它支在来世，而是把它仅仅支在其通过不可动摇的道德法则而表现为可靠基础的内在自由理念上，以便即使有整个自然的阻抗也通过其原理来推动人的意志。这就是秘密，它惟有通过知性概念和精心检验的原理的缓慢发展，因而惟有通过劳动，才能成为**可感觉的**。——它不是经验性地（给理性提出来解决）而是先天地（作为我们的理性的界限内的现实洞识）被给予的，并且甚至扩展着理性认识，但只是在实践方面，一直达到超感性的东西：绝不是通过为知识提供根据的**情感**（神秘主义的情感），而是通过一种影响情感（道德情感）的明晰**知识**。——这种真实秘密的自命的持有者的口吻不可能是高贵的，因为惟有独断的知识或者历史的知识才自我吹嘘。前者通过对其自己理性的批判而降下声调的知识不可避免地迫人在要求上节制（谦虚）；但后者的僭妄，即在柏拉图和仅仅属于鉴赏文化的古典作家们那里的博学，却不能有权以此就想做哲学家。

在如今这个时代，对这种要求的斥责在我看来并不是多余的，此时用哲学的头衔来装饰自己成为一件时尚的事情，而且**幻景**哲学家（如果人们承认有这样一种哲学家）由于凭借毫不费力的大胆跳跃而达到洞识
8〔404〕的尖端这种惬意，会不知不觉地在自己周围聚集起一大批追随者（就像大胆是传染性的），这是科学王国里的督察所不能容忍的。

以“一个**提供形式的手工作坊**”① 的名称来轻蔑地把我们知识中的**形**

① J. G. 施洛塞尔：《柏拉图关于叙拉古国家革命的书信，连同一篇历史学导论和注释》，183 页，附注。——科学院版编者注

式的东西（这种东西毕竟是哲学的最主要的事务）称做一种学究气，这种蔑视的方式证实了这种嫌疑，亦即一种隐秘的意图：在哲学的幌子下事实上放逐一切哲学，并且作为胜利者对哲学显摆高贵（pedibus subiecta vicissim Obteritur，nos exaequat victoria coelo〔在下者遭乱脚践踏，胜利使我们与天齐高〕）①。——但是，这种尝试在一种始终警惕的批判的照耀下如何很少得逞，从以下的实例可以看出。

事物的本质就在于形式（在经院学者那里说：forma dat esse rei〔形式给予事物以存在〕），这是就该本质应当被理性所认识而言。如果这个事物是一个感官对象，那么，本质就是事物在直观中的形式（作为显象），而且甚至纯粹的数学也无非是纯粹**直观**的一种形式学说；就像形而上学作为纯哲学把它的知识建立在**思维形式**的最上面，然后那个客体（知识的质料）才可以被归摄于其下。一切我们不能否认拥有的先天综合知识的可能性都基于这些形式。——但是，理性不可阻挡地驱使我们向超感性的东西过渡，而且它只能在道德实践方面这样过渡，它也只是通过这样一些（实践的）法则促成这种过渡，这些法则不是使自由行动的质料（它们的目的）——而是仅仅使它们的形式，即它们的准则对一种一般而言的立法的普遍性的适用性——成为原则。在两个领域（理论领域和实践领域）里，这都不是一种**有计划地**甚或**批量生产地**（为了国家）安排的、任意的形式提供，而是主体的一种在一切操纵被给予的客体的**手工作坊**之前，甚至没有这样一种想法时先行的勤奋的和谨慎的劳动，即接受并且评价其自己的（理性的）能力；与此相反，为超感性的东西的幻景吐露一种神谕的正直的人，将不可能自行拒绝着眼于对头脑的机械处理，并且只是为了尊敬而赋予这种处理以哲学的名称。

※ ※ ※

但是，两个党派在根本上拥有同一个良好的意图，亦即使人们睿智 8〔405〕
且正直，在它们之间的所有这些争执却又是为了哪般呢？它是不为任何东西的噪声，是出自误解的不和，对这种不和来说不需要任何和解，而是

---

① 卢克莱修：《物性论》，Ⅰ，78－79：

Quare religio pedibus subjecta vicissim
obteritur，nos exaequat victoria caolo.
〔因此，在下的宗教遭乱脚践踏，
胜利使我们与天齐高。〕——科学院版编者注

只需要一种相互的解释，以便缔结一项使未来的和睦更在内心深处的条约。

我们双方都对之屈膝的戴着面纱的女神，就是我们心中有其不容侵犯的庄严的道德法则。我们虽然获悉她的声音，并且也完全理解她的诫命；但是，在聆听时却不免怀疑，她是因人自己的理性本身的绝对权力而出自人，还是出自另一个其本质不为人所知，而通过人自己的这种理性对人说话的存在者？在根本上，我们也许最好是给自己免除这项探究，因为它是纯然思辨的，而且我们有责任（客观上）去做的事，永远是同样的事情，无论人们以这个还是那个原则为基础：只不过按照逻辑的学术方式把道德法则付诸清晰的概念的教学方法，真正说来只是**哲学的**，但把那种法则人格化，使道德上颁布命令的理性成为一个戴着面纱的伊西斯（尽管除了按照那种方法发现的之外，我们并不赋予这位伊西斯任何别的属性），则是同一个对象的一种**审美的**表象方式；人们在通过前者已经将原则纯化之后，可以使用这种表象方式，以便通过感性的、尽管只是类比的展示来使那些理念赋有生命，但却总是有些陷入迷狂的幻景的危险，这种幻景就是一切哲学的死亡。

因此，能够预感到那位女神，就会是这样一个表述，它所指的无非是：在人们还未能够澄清道德情感所依赖的原则之前，就被其道德情感引导向义务概念；对一个法则的这种预感，一旦该法则通过系统的探讨而过渡到清晰的洞识，就是哲学的真正事务，而没有哲学，理性的那个要求就会是一道蒙受各种各样的诠释的神谕的声音。①

① 这种兜售秘密的方式十分独特。它的门徒们毫不隐晦自己是在柏拉图那里燃起了自己的光，而这位伪称的柏拉图则坦率地承认：如果人们问他秘密究竟在何处（由此说明什么），他却不知道怎么说。但这样就更好了！因为在这里就不言而喻，他，即另一位普罗米修斯，为此直接从天上盗来了火种。这样，人们就大可以用高贵的口吻说话，如果他出自古老的世袭贵族阶层，并且能够说："在我们早慧的时代里，通常一切从感觉出发说出或者做出的东西，很快就被视为狂想。可怜的柏拉图，如果你身上没有古代的印记，如果人们不读你的书就能够提出博学的要求，那么，在最高的智慧就是除了脚边的东西之外什么也不看、除了伸手就能抓住的东西之外什么也不接受的散文时代，谁还会读你的书呢？"* ——但不幸的是，这个推论并不合乎逻辑；它证明的太多了。因为亚里士多德，一位极其散文型的哲学家，毕竟毫无疑问也在身上有古代的印记，并且按照那个原理要求有人阅读！——在根本上，也许一切哲学都是散文的；而且现在再以诗的方式进行哲学思考的建议也许可以这样被接受，如同对商人的建议：将来别以散文的方式，而是以诗行的方式来记自己的账簿。

* J. G. 施洛塞尔：《柏拉图关于叙拉古国家革命的书信，连同一篇历史学导论和注释》，90页，附注。——科学院版编者注

此外，“如果”，且别接受这个建议去比较，就像封德耐尔[①]在另一个地方所说，“N 先生毕竟绝对要相信神谕，没有人能够阻止他这样做”。 8〔406〕

原文收入李秋零主编《康德著作全集》第 8 卷，作于 1796 年。

---

① 引文大概是对附在《伯恩哈德·封德耐尔的异教神谕史》（戈特谢德［J. Chr. Gottsched］译，莱比锡，1730）一书上的《封德耐尔先生的神谕史附录》中的一段话的回忆。在该书 305 页，援引《瓦尼尼传》讲述道，封德耐尔先生联系到他的对手 P. 巴尔图斯说明：“如果 P. 巴尔图斯绝对要把神谕视为魔鬼的，则他尽可以为了自己而总是这样做。”至少可能的是，康德自己了解戈特谢德的资料来源：《卢奇奥·瓦尼尼的生平和感情》，鹿特丹，1717（作者：杜兰德［Durand］），其中 172 页封德耐尔的评论是：如果 P. 巴尔图斯相信异教徒的神谕，且让他去吧。——科学院版编者注

7〔79〕

重新提出的问题：人类是否在不断地向着更善进步？

一、人们在这里想要知道什么？

人们要求有一部人的历史，确切地说不是一部关于过去时代的历史，而是一部关于未来时代的历史，因而是一部**预言的历史**，如果它不是按照已知的自然法则（像日食和月食那样）进行的，那么，它就被称为**预卜的**但却是自然的，但如果它仅仅是通过超自然地传达和扩充对未来时代的展望而获得的，那么，它就被称为**预示的**（先知的）①。此外，如果要问，人类（总的来说）是否在不断地向着更善进步，那么，这里所讨论的也不是人的自然史（例如将来是否会产生新的人种），而是**道德史**，确切地说不是依据 singulorum［各个个人的］**类概念**，而是依据在世间联合成为社会的、划分为各个民族的人们的（universorum［全体人们的］）**整体**。

二、人们如何能够知道它？

作为对未来时代中将要发生的事件的预卜的历史描述，也就是作为对应当发生的事件的一种先天可能的阐述。——但是，一种历史是如何
7〔80〕先天地可能的呢？——回答是：如果预卜者自己**造成**并且安排了他事先宣告的事件。

犹太先知们曾经出色地预示：或迟或早，他们的国家不仅将要衰败，而且将要彻底解体；因为他们自己就是这命运的创作者。——作为民族

---

① 从皮提亚到吉卜赛女人，凡是擅自从事预卜的（做这件事既无知识又不真诚）的人，就可以说，他是在**占卜**。

的领袖，他们却使自己的体制承受起如此众多的教会方面以及由此而产生的民事方面的负担，以至于他们的国家完全不适合独立地存在，尤其是无法与邻近的民族共存，因此，他们的祭司们的哀歌必定要自然而然地枉自消散在空中：因为这些人顽固地坚持自己那一种站不住脚的、由他们自己制造的体制的决心，这样，他们自己就能够明白无误地预见结局。

我们的政治家们尽自己影响所及做着同样的事情，并且也在预卜方面同样幸运。——他们说，必须如人们实际所是的那样，而不是如对世界一窍不通的学究或者好心肠的幻想家们所梦想人们应是的那样去看待人们。但是，**如人们实际所是的那样**，这应当是说，是我们通过不公正的强迫，通过奸诈的、提供到政府手中的阴谋**已使**人们**成为**的样子，亦即顽固不化和反抗成性；在这种情况下，倘若政府稍稍放松自己的缰绳，当然就会发生悲惨的结果，而这些结果就将证实那些自以为聪明的政治家们的预示。

有时，神职人员也预卜宗教的彻底衰败以及敌基督者的即将出现，在这时候，他们恰恰在做导致宗教的彻底衰败所必需的事情：因为他们所关心的不是给自己的教徒灌输直接导向更善的道德原则，而是使间接造成更善的戒律和历史信仰成为根本的义务，由此虽然也能够产生像在一种公民宪政中的那种机械的一致，但却不能产生道德意向中的一致；在这种情况下，他们却去抱怨他们自己所造成的无信仰，因此，他们即便没有特殊的预卜才能也能够预告这种无信仰。

三、关于人们想对未来预知的东西之概念的划分 7〔81〕

能够包含一种预言的情况共有三种。人类在道德规定上或者是在持续地向着更恶倒退，或者是在不断地向着更善**进步**，或者永远**停滞**在它现今在创造的诸成员中间所拥有的道德价值阶段上（在圆周中环绕同一个点所作的永恒旋转与这种停滞是一回事）。

人们可以把**第一种**主张称为道德上的**恐怖主义**，把**第二种**主张称为**幸福主义**（从宏观上考察进步的目的，也可以把幸福主义称为**千禧年主义**），但把**第三种**主张称为**阿布德拉主义**：因为既然在道德事务中，真正的停滞是不可能的，所以，一种不断变迁的上升与同样经常、同样严重的倒退（仿佛是一种永恒的摇摆）的结果只能是，似乎主体停留在同一个位置上，处于停滞之中。

1. 人类历史的恐怖主义表象方式

在人类中，向更恶的堕落不可能不间断地持续；因为在这种堕落的某个程度上，人类自己就会把自己消耗殆尽。因此，在堆积如山的重大恶行以及与此相应的灾祸增长时，就有人说：如今再也不能变得更恶了；而虔诚的幻想家们如今已经在梦想着，在这个世界于火中毁灭之后万物的复兴和一个更新了的世界。

2. 人类历史的幸福主义表象方式

形成我们本性的善和恶的数量在禀赋中总是保持同一，而且在同一
7〔82〕个个人身上既不能增多也不能减少，这一点总是可以承认的；——而既然禀赋中善的这种分量的增加必须通过主体的自由来进行，但为此目的主体又会需要比它往常所拥有的更大的善库，那么，这种分量应当如何才能增加呢？——结果不能超过作用因的能力；这样，在人身上与恶相混杂的善的分量也不能超出善的某种限度，而超出这一限度，人才能努力向上，并这样也一直向着更善进步。因此看起来，幸福主义连同其乐观的希望是站不住脚的，而且就在善的轨道上不断继续进步而言，对一部预示的人类历史也很少有助益。

3. 为预先规定人类历史而提出的人类的阿布德拉主义假说

这种意见大约会得到多数人的赞同。忙忙碌碌的愚蠢是我们这个族类的性格：迅速地走上善的轨道，但又不坚守它，而是为了不被束缚在一个惟一的目的上，哪怕只是出自轮换的缘故而这样做，也要逆转进步的计划；建设，乃是为了拆除，而且让自己承担起毫无希望的辛劳，把西绪福斯的石头推上山，乃是为了让它再滚下来。——因此，人类自然禀赋中恶的原则在这里看来并不那么与善的原则相融合（交融），而毋宁说是一个被另一个所中和，而结果就是无所作为（在这里就叫做停滞）：让善与恶通过前进和倒退而如此相互交替，以至于我们这个族类在这个

地球上相互交往的全部活动，必须被视为一出纯然的闹剧，这真是碌碌无为，在理性的眼中，这并不能使我们这个族类获得比其他动物种类所具有的更大的价值，这些动物种类从事这种活动，所付出的代价很少，而且不用浪费知性。

四、进步课题不能通过经验来直接解决 7〔83〕

即使会有人认为，人类在整体上看曾有很长一段时间在向前行进，并处在进步之中，但毕竟没有人能够担保，由于我们族类的自然禀赋，倒退的时代不会恰恰现在来临；而反过来，即使人类倒退，加速下坠到更恶，人们也不可气馁，认为不会恰恰此时就可以发现转折点（punctum flexus contrarii [逆向转折的点]），在这里凭借我们人类中的道德禀赋，人类的行程重新转向更善。因为我们所研究的是能够自由行动的存在者，尽管可以事先**规定**他们**应当**做什么，但却不能**预言**他们**将**做什么，他们懂得在事情变得相当糟糕时，鉴于感受到他们自己加给自己的灾祸，而采取一种强化了的动机，毕竟要使事情变得比那个状态之前更好。——但是，“可怜的有死之人（修道院长**科耶尔**①说），在你们中间，除了反复无常之外，没有任何常驻的东西”。

之所以人类事物的进程在我们看来如此荒谬，或许毛病也出在我们选错了我们观看这一进程由以出发的观测点。从地球上看，行星时而后退，时而停滞，时而前进。但若从太阳上选取观测点，按照哥白尼的假说，它们就始终合规则地向前运行，不过，这种选取只有理性能够做到。但是，一些通常并非不明智的人，即使自己会在这方面纠缠进第谷的圆和周转圆，乃至荒唐无稽，也喜欢僵死地固守在自己解释显象的方式和曾经选取的观测点上。——但不幸恰恰在于，在涉及对自由行动的预言时，我们没有能力把自己置于这个观测点上。因为这会是**神意**的观测点，它超越了人类的一切智慧，人类智慧也延伸到人的自由行动，但人虽然能够**观看**它们，却不能准确无疑地**预见**它们（对神的眼睛来说，这里没有任何差别），因为为了能够预见，人就需要依照自 7〔84〕

① 科耶尔（Gabriel François Coyer，1707—1782），法国耶稣会士，南锡科学院和伦敦皇家协会成员。康德所引用的这段话大概出自 1761 年在柏林以德译本出版的《道德小事》。《科耶尔全集》以 7 卷本在 1782—1783 年出版。——科学院版编者注

然法则的联系，但就未来的自由行动而言，人却必然缺少这种引导或者指示。

如果可以赋予人一种生而具有的、始终不渝的善的、尽管有限的意志，那么，人就会能够有把握地预告自己的族类向着更善的这种进步，因为这涉及一件他自己能够造成的事情。但是，由于禀赋中恶与善的混杂，而它并不了解这种混杂的程度，所以，他自己并不知道，他能够从这中间期望得到什么样的结果。

五、然而，预卜的人类历史却必须与某种经验相联系

在人类中，必然出现一种经验，它作为事件指示着人类的一种性状和一种能力，亦即是人类向着更善移动的**原因**及其（既然这种移动应当是一种赋有自由的存在者的业绩）**肇始者**；但是，当共同对此起作用的种种情况发生时，是可以从一个被给予的原因出发预告一个作为结果的事件的。然而，这些情况必定在某个时候发生，对这一点，就像在博弈中的概率统计一样，也许能够一般地加以预告，但却不能确定，这是否将在我有生之年发生，以及我是否将对此拥有证实那种预告的经验。——因此，必须寻找一个事件，它将指示这样一个原因的存在，也指示该原因在人类中的因果性的活动，而在时间方面并不确定，而且它将使人推论出向着更善的进步，作为不可避免的结论，然后这一推论也可以延伸到过去时代的历史（即人类过去一直处在进步中），以至于那个事件并非本身必须被视为进步的原因，而是必须被视为指示性的，被视为**历史征兆**（signum rememorativum，demonstrativum，prognosticum［回忆的、演证的、预示的征兆］），而这样就能够在**整体**上来看，亦即不是按照个人来看（因为这会成为无休无止的列举和计算），而是像人类在世间分成各部族和国家那样来看，证明人类的**趋势**。

7〔85〕

六、我们时代的一个证明人类道德趋势的事件

这个事件绝不在于由人作出的重大业绩或者罪行，它们使得伟大的东西在人们中间变得渺小，或者使得渺小的东西变得伟大，而且就像是玩魔术一样，使得古老的、辉煌的国家机构消失，而另一些国家机构就

像是从地底下冒出来一样取代了它们。不，完全不是这回事。它仅仅是旁观者的思维方式，这种思维方式在大转变这场戏中**公开地**表露出来，并且透露出对一方的演出者的一种如此普遍却又不谋私利的同情，来反对另一方的演出者，甚至甘冒这种偏袒会对他们非常不利的危险，但这样一来就（由于普遍性）证明了人类在整体上的一种品性，并同时（由于无私性）证明了人类至少在禀赋中的一种道德品性，这种道德品性不仅使人期望向着更善的进步，而且就人类的能力目前所能及而言，其本身就是一种进步。

我们在自己这个时代目睹了一个富有才智的民族进行的革命，这场革命可能会成功或者失败；它可能会如此充满了不幸和暴行，以至于一个思维健全的人如果会希望第二次从事时成功地完成革命的话，就绝不会决定以这样的代价来进行这场试验。——依我说，这场革命的确如愿以偿地在所有旁观者（他们自己并没有卷入这场戏）的心灵中获得了一种同情，这种同情几乎接近于狂热，其表现本身就带有危险，因此，除了人类里面的一种道德禀赋之外，它不可能以别的什么为原因。

这种道德上的影响原因是双重的：第一是**法权**的原因，亦即一个民族必须不为别的强权所阻挠，去为自己建立一种它自己觉得好的公民宪政；第二是目的（它同时就是义务）的原因，亦即一个民族的宪政，惟有那种依其本性具有按照种种原理避免侵略战争的性状的，才就自身而言是**合法的**和道德上善的，这样的宪政不是别的，只能是共和主义的宪 7〔86〕
政，至少在理念上是这样①；因而这种宪政就有条件去制止战争（一切灾祸和道德堕落的渊薮），并这样消极地保障人类不论多么脆弱都向着更善进步，至少在进步时不被干扰。

---

① 但这并不是说，一个拥有一种君主制的民族因此就自以为有权，哪怕只是在心中暗暗怀有这种愿望，要看到这种君主制被改变；因为它在欧洲也许极为疏散的位置会劝告它，那种宪政是惟一能够使它在强邻之间自保的宪政。就连臣民们不是由于政府的内政，而是由于政府例如在阻碍外国人的共和化时对外国人的态度所发的牢骚，也根本不是该民族对其自己的宪政不满的证明，而毋宁说是对这种宪政的爱的证明，因为其他民族越是共和化，该民族就越得到保障而免于自己的危险。——尽管如此，造谣中伤的告密者们为了抬高自己的身份，却企图把这种无辜的政治闲谈诬陷为革新欲、雅各宾派和危害国家的结党，不过，这种说辞却没有丝毫的根据，尤其是在一个远离革命场地一百多里之遥的国家里。

因此，这一点以及对善的带有**激情**的同情，即**热忱**，尽管由于一切激情作为激情都是应当受到指责的，所以热忱并不完全可取，但却毕竟借助这段历史为对人类学来说重要的说明提供了诱因：真正的热忱总是只涉及**理想的东西**，准确地说只涉及纯粹道德的东西，这类东西就是法权概念，而且不能被嫁接到自私自利之上。通过金钱酬报，并不能使革命者的敌手产生纯然的法权概念在革命者心中所产生的那种热情和崇高思想，甚至古代军事贵族的荣誉概念，在那些注意到自己所属的人民的**法权**①、并且视自己为其保护者的人们的武器面前也消失了；外在的、旁

7〔87〕观的公众对这种慷慨激昂深有同感，却丝毫无意参与。

七、预卜的人类历史

在原理中必须有某种道德的东西，理性把它视为纯粹的，但同时由于其巨大的、划时代的影响，亦把它视为向人的灵魂指明为此而受到承认的义务，并在人类之联合（non singulorum，sed universorum［不是各个个人的，而是全体人们的联合］）的整体上关涉人类的某种东西，人类

① 关于这样一种为人类维护法权的热忱，人们可以说：postquam ad arma Vulcania ventum est，—mortalis mucro glacies ceu futilis ictu dissiluit［由于遇到了伏尔甘的武器，凡人的刀剑犹如脆冰，一击便碎］*。——为什么还从来没有一位统治者敢于公然宣称，他根本不承认人民有反对他的**法权**；人民的幸福仅仅归功于一个使其得到这种幸福的政府的**行善**，而臣民们对于反对这个政府的一种法权的一切非分要求（因为这种法权自身包含着一种被允许的反抗的概念）都是荒唐无稽的，甚至干脆是应受惩罚的？——原因在于：即使所有的臣民像驯服的绵羊一样，由一位善良而且聪慧的主人来领导，受到妥善的饲养和有力的保护，无须为其福利的欠缺有任何抱怨，这样一种公开的声明仍然会激怒这些臣民来反对他。——因为赋有自由的存在者并不满足于享受他也能够从他人（在这里就是从政府）那里得到的生活舒适；而是关键在于他为自己搞到这种舒适所依据的**原则**。福利没有任何原则，无论对于接受它的人还是对于分配它的人都没有原则（前一种人把它设定在这里，后一种人把它设定在那里）：因为这里关键在于意志的**质料性的东西**，它是经验性的，而且这样就不能具有一个规则的普遍性。因此，一个赋有自由的存在者在意识到他对无理性的动物的这种优越性时，能够并且应当根据其任性的**形式**原则，为他所属的人民不要求任何别的政府，只要求人民在其中参与立法的这样一种政府，也就是说，应当服从的人们的法权必须必然地先行于对福利的一切考虑，而且这是一种超越一切价值的神圣的东西，任何政府，无论它如何仁慈，都不可以侵犯它。——但是，这种法权毕竟始终只是一个理念，它的实施局限于它的**手段**与道德性相一致的条件，人民不可以逾越这一条件；这不可以通过革命来达成，革命在任何时候都是不义的。——以君主制来**统治**，同时毕竟以共和制，亦即以共和制的精神并且类似于共和制来**治理**，这就是使一国人民对自己的宪政感到满意的东西。

* 维吉尔：《埃涅阿斯》，Ⅻ，739-740。——科学院版编者注

以如此普遍的和无私的同情为它的预期的成功和它的尝试而欢呼。——这个事件不是一场革命的现象，而是（像艾哈德[①]先生所表达的那样）一种**自然法权的**宪政之**进化**的现象，虽然仅仅在野蛮的战争下，这种进化本身尚未实现——因为内部战争和外部战争摧毁了所有迄今为止存在过 7〔88〕
的**规章性的**宪政——，但它毕竟引导人去谋求一种能够不嗜好战争的宪政，亦即共和制的宪政；它可以要么甚至按照**国家形式**就是共和制的，要么仅仅按照**政府方式**而是共和制的，即虽然元首（君主）是一个，却仿效一国人民会依据普遍的法权原则给自己订立的那些法律来管理国家。

现在我断言，即便不具备预知者的头脑，也能够根据我们时代的各个方面和种种征兆，向人类预言将达到这个目的，由此同时预言人类将向着更善前进，从这时起不再完全倒退。因为人类历史上的这样一种现象**不再被遗忘**，这是由于它揭示了人的本性中向着更善的一种禀赋和一种能力，这类东西不是任何政治家从事物迄今为止的进程中推敲出来的，而且惟有它才在人类中按照内在的法权原则把自然和自由统一起来，但就时间来说，它只能是不确定的，并且只能应许出自偶然的事件。

但是，即使现在仍然没有达到在这个事件中所预期的目的，即使一国人民的宪政的革命或改革功亏一篑，或者在这革命或改革持续了一段时间之后，一切又重新回到旧日的轨道（就像政治家们目前预卜的那样），那种哲学的预告也没有丧失其丝毫力量。——因为那个事件太重大了，与人类的兴趣交织得太紧密了，按照其影响它广泛地传播到世界上的所有地区，以至于它在有利情况的某种诱使下不会不被各国人民想起，并唤起他们去重复这一类的新尝试；因为在这种情况下，在对人类如此重要的事情上，预期的宪政最终毕竟必然在某个时刻达到一种稳定性，这种稳定性是经由频繁的经验而来的教诲不会不在所有人的心灵中造成的。

因此，有一个命题，不仅用心善良、在实践方面值得推荐，而且不管有多少无信仰者，即便是对于最严格的理论，也是站得住脚的，这就是：人类曾经始终处在向着更善的进步中，今后亦将继续前进。如果人 7〔89〕

① 艾哈德（Johann Benjamin Erhard，1766—1827），康德的著名激情追随者，纽伦堡医生，后来到柏林，见他的作品《论人民的革命权利》，189页，耶拿和莱比锡，1795。——科学院版编者注

们不仅关注在某国人民中所可能发生的事情，而且也关注向地球上所有将逐渐地参与其事的人民的传播，那么，这就将开启对一个无法预见的时代的展望；只要（按照**坎培尔和布鲁门巴赫**[①]的说法）在人类出现之前仅仅埋葬动物界和植物界的自然剧变的第一时期之后，绝不接着出现对人类如法炮制、以便让其他造物登上这个舞台的第二时期，如此等等。因为对于自然来说或者毋宁说就其对于我们而言无法企及的至上原因的全能来说，人又只不过是一种微不足道的东西罢了。但是，就连他自己的族类的统治者们也这样看待他，把他当做这样一种微不足道的东西来对待，有时动物般地把他纯然当做自己的意图的工具来加负，有时将他置于他们相互之间的争斗中，让他们杀戮他，——这就不是微不足道的小事了，而是颠倒了创造本身的**终极目的**。

八、论着眼于向世界福利进步的准则在公开方面的困难

人民的启蒙就是公开地教给人民对其所属的国家的义务和法权。由于在这里仅仅涉及自然的、从普通的人类理智产生的法权，所以，这些法权在人民中的自然宣示人和解释人就不是由国家任命的官方法权教师，而是自由的法权教师，亦即哲学家。哲学家正是为了他们允许自己拥有的这种自由的缘故，而触犯了始终只想统治的国家，并且以**启蒙者**的名义被诋毁为危害国家的人；尽管他们的声音并不是**亲近地**对人民发出的（作为人民，他们很少注意或者根本不注意此事和哲学家的著作），而是**恭敬地**对国家发出的，而且国家被恳求把人民的法权需求铭记在心；而除了公开性的途径之外，这件事不可能通过其他途径来实现，如果整个人民都想倾诉自己的疾苦（gravamen）的话。这样，对公开性的**禁止**就阻碍着一国人民向着更善的进步，哪怕是在涉及其最低要求，亦即仅仅涉及其自然法权的事情上。

7〔90〕 另一种隐瞒尽管很容易就能识破，但却是合法地向一国人民发出命令的，这就是对其宪法的真正性状的隐瞒。说英国人民有一种**不受限制**

① 坎培尔（Petrus Camper，1722—1789），荷兰解剖学家，其代表作为《解剖学—病理学演证》，2卷本，阿姆斯特丹，1760—1762。关于我们这段话，参见《论面部特征的自然区别》，第3节，柏林，1792；《康德全集》，第Ⅴ卷，428页。——布鲁门巴赫（Johann Friedrich Blumenbach，1752—1840）作为解剖学家和比较动物学家在格廷根大学工作几乎60年（1776—1835）。参见其《自然史手册》，44页和474页以下，格廷根，1779。——科学院版编者注

的君主制，这会是对英国人民威严的伤害；相反，有人愿意说，这应当是一种通过作为人民代表的议会两院来**限制**君王意志的宪政，而且毕竟每一个人都很清楚地知道，君主对这些代表的影响如此巨大、如此不容置疑，以至于除了君主愿意，并由他的大臣所提议的事情之外，上述两院不会作出任何别的决议；在这种情况下，他有时也会申请一些决议，就这些决议而言，他明知自己会被否决，并且也**使得**自己被否决（例如关于黑奴贸易），以便为国会的自由提供一种虚假的证明。——事物性状的这种表象自身具有欺骗的成分，即根本不再去寻求真正的、正当的宪政，因为人们自以为在一个现存的事例中找到了它，而一种骗人的公开性则伪托一种受出自人民的法律所**限制的君主制**①来欺骗人民，人民的代表们却被收买，背地里使人民听命于一个**绝对的君主**。

※　　　※　　　※

一种与人的自然法权相吻合的宪法的理念，亦即服从法律的人们联合起来，同时也应当是立法者，这是一切国家形式的基础；而按照这个理念通过纯粹的理性概念所设想，叫做一种柏拉图式**理想**的那种共同体（respublica noumenon［作为本体的国家］），并不是一个空洞的幻影，而是一切一般而言的公民宪政的永恒规范，并且消除一切战争。按照这个理念组织起来的一个公民社会，是这个理念按照自由法则，通过经验中的一个事例的展现（respublica phaonomenon［作为现象的国家］），而且惟有在经过各种各样的争斗和战争之后才能艰难地获得；但是，这个社会的宪政一旦大致实现，就有资格成为一切宪政中最好的宪政，以便远离战争这个一切善的事物的摧毁者；因此，进入这样一种社会是义务，但（由于这不会很快实现）君主的义务暂时是：虽然**以专制的方式**统治，却**以共和的方式**（不是以民主的方式）治理，也就是说，按照符合自由法则精神的原则（就像具有成熟理性的人民会为自己规定的原则那样） 7〔91〕

① 人们并非直接看出其性状的某个原因，通过必然与之联系的结果表现出来。——什么是一个**绝对的**君主呢？他是这样一个君主，如果他说，应当有战争，按照他的命令就马上有了战争。——与此相反，什么是一个**受限制的**君主呢？他是这样一个君主，他事先必须询问人民是否应当有战争，而如果人民说不应当有战争，那就没有战争。——因为战争是一种状态，在这种状态中，国家的**一切**力量都必须供国家元首支配。如今，大不列颠君主已经进行过相当多的战争，却没有为此寻求过那种赞同。因此，这个国王就是一个绝对的君主，尽管按照宪法他不应当是一个绝对的君主；但是，他总是能够无视宪法，因为正是通过国家的那些力量，即他有权分配一切官职和尊衔，他能够确保人民代表们的赞同。但是，为了成功，这种收买制度当然必须不具有公开性。因此，它始终处在秘密的那种非常透明的面纱之下。

来对待人民，尽管在字面上看不会征询人民的赞同。

九、向着更善的进步将给人类带来什么样的收益？

这种收益并不是意念的**道德性**的一种日益增长的量，而是意念在合乎义务的行动中的**合法性**之产物的增多，不管这种增多是由什么样的动机引起的；也就是说，人类向着更善的努力的收益（结果）只能被置于人们越来越多并且越来越好的善良**行为**之中，因而被置于人类的道德性状的现象之中。——因为我们只拥有**经验性的**材料（经验），可以作为这种预言的根据；亦即是以我们的行动的自然原因为根据，就这些行动发生，因而本身是显象而言的，却不是以其道德原因为根据，道德原因包含着关于应当发生之事的义务概念，而且惟有这个概念才能被纯粹地、先天地建立起来。

渐渐地，来自强者方面的暴行将越来越少，而对法律的遵从将越来越多。部分是出自荣誉心，部分是出自得到正确理解的私人利益，在共
7〔92〕同体中或许将更多地出现慈善，更少地出现诉讼中的争吵，更多地出现信守诺言上的可靠性等等，而且这最终也将扩展到各国人民互相之间的外部关系上，直到世界公民社会，而人类中的道德基础在这时却不必有丝毫的扩大；要做到这一点，还会需要一种新的创造（超自然的影响）。——因为在人们向着更善的进步方面，我们也必须不对人们期待过多，以免遭到政治家有理由的嘲弄，政治家喜欢把这种进步的希望视为一个偏激的头脑的梦幻。①

① 臆想出符合理性要求（尤其是在法权方面）的国家宪政，这毕竟是**甜美的**；但是，推荐这些宪政，就是**胆大妄为的**，而煽动人民去废除现存的国家宪政，则是**应受惩罚的**。

柏拉图的大西洋国、**莫尔**的乌托邦、**海灵顿**的大洋国、**阿兰**的塞维兰比亚*，逐渐地被搬上舞台，但却从未被人哪怕只是尝试过（**克伦威尔**那个不成功的专制共和国怪胎除外）。——创造国家与创造世界是一样进行的：当时没有一个人在场，也没有一个人能够在这样一种创造中出现，因为若不然，他就会必须是他自己的创造者。希望无论多迟，有朝一日完成像人们在这里所设想的一个政治产物，这是一个甜美的梦；但是，不断地接近它，这就不仅是**可以设想的**，而且就它能够与道德法则共处来说，这就是**义务**，不是国家公民的义务，而是国家元首的义务。

* 英国人海灵顿［Harrington，1611—1677］的《大洋国》于 1656 年在伦敦出版。《塞维兰比亚史》最初于 1675 年以英文出版，然后于 1677 年和 1679 年以法文在巴黎出版，据说是出自某位维拉斯·德·阿兰［Vairasse d'Allais］。——科学院版编者注

十、惟有在什么样的秩序中才能够期待向着更善的进步？

回答是：不是通过事物**自下而上**的进程，而是通过事物**自上而下**的进程。——期待通过在家庭传授中，继而在从低级直到最高级的学校里，在经过宗教学说强化的精神陶冶和道德陶冶中对青年的教育，最终将达到不是仅仅教育出好的国家公民，而是把他们教育成为永远继续进步并维持下去的善，这是一个很难让人希望如愿成功的计划。因为不仅人民认为教育其青年的费用不是由自己，而是由国家来负担，但国家却与此 7〔93〕
相反，在自己这方面由于把一切都用于战争，而没有余钱来给能干并且乐于履行自己职责的教师发薪（就像**毕兴**①所抱怨的那样）；而且，这种教育的整个机制如果不按照国家最高权力的一项深思熟虑的计划，且按照它的这种意图来设计和运行，并且也始终如一地保持在这种状态中，它就不具有任何连贯性；要做到这一点，或许需要国家时而改良自己，尝试进化而不是革命，不断地向着更善进步。但是，既然应当进行这种教育的毕竟也是**人**，因而是自己必须为此而受教育的人，所以，由于人类本性的这种脆弱性，鉴于有利于这样一种效应的各种情势的偶然性，人类进步的希望就只能期待于一种自上而下的智慧（它如果是我们看不见的，就叫做神意）来作为积极的条件，但对于在这里能够期待和要求于人的东西来说，则只能期待消极的智慧来促进这个目的了，也就是说，人们将被迫使得道德的最大障碍，亦即总是使这个目的落空的战争，首先逐渐变得更加符合人性，然后变得更加稀少，最后作为侵略战争完全消失，以便选择一种依照其本性毫不减弱地建立在法权原则之上，能够坚持不懈地向着更善进步的宪政。

结束语

一位医生天天用空话安慰自己的病人，说他们很快就会痊愈。他告诉第一个病人脉搏跳动会改善，告诉另一个病人咳痰预示着改善，告诉第三个病人出汗预示着改善，等等。病人的一位朋友来访，第一个问题就是：“朋友，您的病怎么样了？”“会怎么样呢？**全是些改善，我都要烦**

---

① 参见《康德全集》，第Ⅱ卷，451页。——科学院版编者注

死了！”——任何人如果就政治灾祸而言开始对人类的救赎及其向着更善的进步丧失信心，我都不会责怪他；然而，我相信休谟开出的那个可以产生迅速疗效的英雄式药方。——“如果我现在（他说道）看到各民族处在互相敌对的战争中，那就仿佛是我看到两个醉鬼在一家瓷器店里用
7〔94〕棍棒斗殴。因为他们要长时间地治疗彼此造成的肿块还不够，他们事后还必须赔偿他们所造成的一切损失。”Sero sapiunt Phryges.［弗里济亚人聪明起来已经晚了。］① 但是，当代战争的惨痛后果却能够迫使政治预言家承认，人类向着更善的转变即将来临，这种更善现在已经在望。

原文见《学科之争》，收入李秋零主编《康德著作全集》第7卷，作于1798年。

---

① 如在费斯图斯（Festus）那里（C. O. 米勒编），343页，莱比锡，1839；参见西塞罗：《致亲友书》，Ⅶ，16。

论最高的、自然的善 7〔276〕

根本不掺杂厌恶的最大感官享受，在健康状态中就是**劳动之余的休息**。——在健康状态中没有先行劳动就休息的倾向则是**懒惰**。——毕竟，为了积聚力量而较长时间拒绝重新去干**工作**和甜美的 far niente［无所事事］，还并不因此就是懒惰，因为人们（哪怕是在赌博）可以适意地，毕竟同时有益地**忙碌**，而且，就连根据各种劳动的特殊性状而交替进行，也同时是如此多样化的精力恢复；与此相反，重新去干一件繁重的、未完成就放弃了的工作，需要相当的毅力。

在**懒惰**、**怯懦**和**虚伪**这三种恶习中，看来第一种是最可鄙的。不过在这种评价中，人们常常可能对一个人不公正。因为大自然也睿智地把对无休止的劳动的憎恶置入了某些人的本能中，这种本能是对己对人都有益的。因为他也许忍受不了长时间的或者无穷尽地经常重复的精力消耗，而是需要一定的休息来恢复精力。所以，**德米特里**①并非毫无理由地总是还能为这个恶魔（懒惰）规定一个祭坛；因为如果不是**懒惰**介入其间，那**不知疲倦的**恶就会在世界上造成比现有的多得多的灾祸；如果不是**怯懦**怜悯人，那战争的嗜血成性马上就会歼灭人们；而如果不是**虚伪**〔因为在大批（例如一个团）联合起来搞密谋的许多恶棍中间，总要有一个人出卖它的〕，鉴于人类本性的天生的恶，整个国家马上就会被颠覆。

那些最强烈的自然冲动，取代了冥冥中通过一种更高的、普遍地照

① 也许指的是法莱雷奥斯的德米特里（Demetrius von Phaleron），据说为他建有 300 或者更多的纪念像。参见科恩·内波斯：《名人传略》，6；普鲁塔克：《修善正道》，27，13；以及 A. 瓦克斯穆特：《古代的雅典城》，第Ⅰ卷，611 页，1874。也请参见《康德全集》，第ⅩⅤ卷，632 页。——科学院版编者注

料着自然的世界福利的（世界统治者的）理性[①]来驾驭人类的力量，而人类理性却不可以谋求这一点。它们就是**对生命的爱**和**对性的爱**；前者是为了保存个体，后者则是为了保存物种，因为我们这个赋有理性的类就是通过两性在整体中的混合而得以**继续**保存的，尽管这个类在有意地（通过战争）致力于自己**毁灭**自己。然而，即便是在战争中，这种毁灭也
7〔277〕挡不住在文化上一直成长着的理性造物，在前景中去为未来世纪的人类清晰地设想一种不再倒退的幸福状态。

原文见《实用人类学》，收入李秋零主编《康德著作全集》第 7 卷，作于 1798 年。

① 此处由《哥达学报》的“驾驭的力量”来补充：399 页，1799。——科学院版编者注

论最高的、道德的—自然的善

这两种善，即**自然的**善和**道德的**善，是不能掺杂在一起的；因为这样的话，它们就会相互抵消，根本不能致力于真正幸福的目的；而是处在相互斗争之中的过**舒适生活**的偏好和**德性**以及后者的原则对前者的原则的限制，构成了文明的一方面是感性的、另一方面又是道德上理智的人的全部目的；但是，由于在使用中难以阻止混杂，人就需要通过起反作用的手段（reagentia）来进行分解，以便知道那些彼此联合起来、能够带来对一种**文明幸福**的享受的因素及其结合的比例是什么。

在**交往**中把舒适生活与德性结合起来的思维方式就是**人道**。在这里，问题并不在于舒适生活的程度；因为对于人觉得为舒适生活所需要的东西，一个人要的多，另一个人却要的少；而是仅仅在于关系的种类，即应当如何用德性的法则去限制过舒适生活的偏好。

善于交际也是一种德性，但**交往的偏好**却常常变成情欲。但是，如果浮夸地用铺张浪费来提高社交享受，那么，这种虚假的善于交际就不再是德性，而是一种损害人道的舒适生活。

※　　※　　※

音乐、跳舞和赌博构成一种无言的社交（因为赌博所需要的少量言词并不为一种要求有思想的相互交流的交谈提供理由）。人们伪称赌博只是用来填补饭后交谈的空闲，但通常它却是要事：是作为赢利手段，此 7〔278〕
时激情被强烈地发动起来，某种极为礼貌地相互掠夺的自私惯例被建立起来，一种在赌博持续期间完全的唯我主义被奠定为没有一个人否认的原理；对于这种交谈来说，无论它以赌博的风度造就了什么样的教养，社交舒适生活与德性的结合，从而真正的人道都很难指望从它得到真正的促进。

看来与德性还最为协调一致的舒适生活，就是**在好朋友圈子中**（如果可能的话，也是轮流地）举行**一次盛宴**。切斯特菲尔德①说：它必须不低于**美惠三女神**之数，也不高于**缪斯九女神**之数。②

如果我举办一次纯粹由有鉴赏力的男士（在审美上取得一致）组成的宴会③，他们的意图并不仅仅是共同享受一顿饭，而是相互享受（在这种情况下，他们的总人数就不能多于美惠三女神），那么，这个小型宴会的意图就必须不那么是肉体的满足——这种满足每个人独自也能够做到，——而是社交的快乐，为此，肉体的满足必须显得只是载体；在这种情况下，为了不使谈话中断，或者划分成分散的与邻座的小聚会，上述人数正好足够。那种小聚会根本没有交谈的情趣，交谈的情趣总是带

7〔279〕 有一直是一个人与所有人（不是仅仅与他的邻座）说话的那种教养；与此相反，所谓的节日盛情款待（大吃大喝，酒足饭饱）是完全没有情趣的。在这里，不言而喻的是，在所有的宴会上，甚至在那些一张餐桌的宴会上，由一个冒失的同桌公开说出的对某位不在场者不利的话，却不可以用于这宴会**之外**，不可以随后传出去。因为即使没有为此订立一个特殊的契约，在事后于宴会之外有可能给宴会的同桌添麻烦的事情上，每次宴会都有某种神圣性和义务来保持沉默。因为没有这种信任，那么，

---

① 切斯特菲尔德（Philip Dormer Stanhope，Earl of Chesterfield，1694—1773），因《致其儿子的信》（1774）而著名，在康德《1791—1792 年人类学讲演录》（第Ⅱ卷，274 页）中被引用。然而，我在其中和在切斯特菲尔德的传记和其他著作中找不到康德所提到的格言。根据阿迪克斯（《康德全集》，第ⅩⅤ卷，862 页），这个格言出自瓦罗的《梅尼普斯讽刺诗集》。——科学院版编者注

② 一桌十人，因为款待客人的东道主不计算在内。

③ 在一次节日宴会上，女士们的在场将自动地把绅士们的自由限制在文雅的事情上，时而发生的突然寂静就是一种糟糕的、有无聊兆头的偶然情况，此时没有一个人敢于引入适合于把谈话继续下去的某个新话题，因为他不能凭空捏造，而是应当从当天的新闻引出话题，而这新闻又必须是有趣的。常常只有一个人，特别是这家的女主人，才能防止这种中断，维持谈话流畅进行，也就是说，使它像在一场音乐会中那样，以普遍的和大声的欢乐结束，并正因为此而更有益；就像柏拉图的宴会那样，客人说，“你的宴席不仅使人在享受它们时高兴，而且常常使人想起它们时也高兴”*。

* 可能出自阿忒纳乌斯：《餐桌上的健谈者》，Ⅹ，419，那里蒂谟特乌斯说，在柏拉图那里就餐的人在第二天也感觉良好。——科学院版编者注

对道德修养本身如此有益的在宴会中享受，甚至享受这宴会的快乐就会被毁掉。——因此，我要说，如果在一次**所谓的**公众宴会（因为真正说来，一次哪怕如此庞大的**宴会**也始终只是私人宴会，一般而言在理念上惟有国家公民的宴会才是公共的）上，如果有人说出某种对我的最好的朋友不利的话，我虽然会为他辩护，必要时不顾我自己的危险而用强硬和尖刻的表述来袒护他，但不会让人把我当做工具来利用，把这种流言飞语传播开去，并且把它所关涉的人当做负担。——这不仅是必须引导着交谈的社交**鉴赏**，而且是对于人们在交往中坦诚交流自己的思想来说，应该充当其自由的限制性条件的原理。

在这里，在一张桌子旁共同进餐的人们之间的信任与古老的风俗有某种类似之处，例如阿拉伯人的风俗。在阿拉伯人那里，陌生人只要能够在他的帐篷里从他手上弄到一点儿吃喝（一口水），也就不用担心自己的安全了；或者，当从莫斯科来迎接俄国女皇的使者们给她递上**盐**和**面包**的时候，她吃下这些东西，就也由于客人的权利而不用担心任何追踪了。——但是，在一张桌子旁共同进餐，这被视为这样一种安全条约的仪式。

独自进餐（solipsismus convictorii［宴会上的唯我主义］）对于一位**研究哲学的**学者来说是不利于健康的①；这不是恢复精力，而是（特别是 7〔280〕
当独自**大吃大喝**时）耗损精力；这是使人精疲力竭的工作，而不是振奋人的思想游戏。**享用的**人在独自进餐期间于思维中消耗着自己，逐渐地丧失活力。与此相反，如果有一位同桌，用自己轮番出现的奇思异想将他自己本来找不出来的新材料提供给他，使他得到振奋，他就会获得活力。

---

① 因为**研究哲学的**人必须不断地把自己的思想带到各处，以便通过多方面的尝试来发现，他应当系统地把这些思想联结在哪些原则上，而且理念由于不是直观，所以仿佛是在空中一样向他浮现。与此相反，历史学者或者数学学者可以把自己的思想摆在自己面前，这样来用手中的笔按照理性的普遍规则，毕竟又是当做事实来经验性地整理它们。于是，由于前面的东西在某些点上是确定无疑的，在今后的日子里工作就从他留下这些点的地方继续下去。——至于**哲学家**，人们根本不能把他视为建设科学大厦的**工人**，亦即不能把他视为学者，而是必须把他视为**智慧的研究者**。这就是这样一种人的纯然理念，这种人在实践上以一切知识的终极目的为对象，并且（为了知识）也在理论上以它为对象。人们不能在复数上，而是只能在单数上使用这个称号（哲学家这样或者那样判断），因为它表示一个纯然的理念，但说**哲学家们**，就会暗示着本来是绝对单一性的东西的复多性了。

在一次丰富的菜肴只是为了长时间地把客人们聚在一起（coenam ducere［延长宴会］）的盛宴上，谈话通常都经历三个阶段：1. **讲述**；2. **抱怨**；3. **戏谑**。——A. 当天的新闻，首先是本地的，然后也有外地的、通过私人信件和报纸传来的。——B. 当这种最初的食欲被满足时，宴会就已经变得更活跃了；由于在玄想时，对于同一个被引上轨道的话题很难避免评判的不同，而每个人又恰恰并不认为自己的评判是最微不足道的意见，所以就产生了争执，它刺激起对酒菜的食欲，并在这种争执和对它的参与的热烈程度上也是有益的。——C. 但是，由于玄想总是一种劳动和努力，而这种努力通过一种在玄想期间相当丰富的享受最终变得劳累，所以谈话就自然而然地落到纯然的玩笑游戏上，部分地也使
7〔281〕在场的妇女感到高兴。对她们的性别的小小恶作剧的，但并不使人难堪的攻击，会对她们起到在开她们玩笑时甚至表现出益处的作用，而这样，宴会就以**大笑**结束；如果笑是大声的和善意的，大自然就通过横膈膜和内脏的运动，使笑真正有利于胃的消化和身体的健康；然而，多么奇怪！宴会的参加者们却觉得是在大自然的一个意图中发现了精神文化。——大人物的节日盛宴上的宴会音乐，是大吃大喝时总会想到的最没有情趣的胡闹。

富有情趣的宴会**活跃**着社交，其规则如下：A. 选择一个使大家感兴趣、并总是引起某人作适当补充的话题。B. 在谈话中不让出现死一般的静寂，而只让出现短暂的休息。C. 没有必要就不改变话题，不从一个内容跳到另一个内容，因为心灵在宴会结束时像在一出戏剧结束时一样(有理性的人走过的全部人生也是这类东西)，不可避免地全神贯注于对谈话的各个场景的回忆；这时，如果心灵找不出任何联系的线索，它就会感到迷惘，不满地觉得自己在文化上没有进步，而宁可说是后退了。对于一个助兴的话题来说，在转向另一个话题之前，人们必须差不多穷尽了它，而在谈话卡壳时，则必须懂得把某种与此相近的东西尝试着不知不觉地引入社交。这样，社交中某个惟一的人就能够不知不觉地和不遭嫉妒地接过驾驭谈话的任务。D. 不让**固执己见**产生或者延续，无论是对自己还是对社交伙伴，毋宁说，由于这种消遣不应当是一件工作，而只是游戏，所以要通过一种适当插入的戏谑而避开那种严肃性。E. 在仍然无法避免的严肃争执中，小心地约束自己和自己的激情，使得总是表

现出相互尊重和善意；这时，重要的与其说是谈话的内容，倒不如说是谈话的**声调**（它必须不是大喊大叫的或者傲慢自大的）；为的是在座客人中没有一位与别人**不和地**从社交场合回到家里。

即使文雅的人性的这些法则会显得无足轻重，尤其是在人们把它们与纯粹道德的法则相比较的时候，然而，毕竟一切促进着社交性的东西，哪怕只在于讨人喜欢的准则和风度之中，也是打扮德性的一件外衣，它也可以被认真考虑地推荐给德性。——没有社交舒适的**犬儒派**的**纯粹主义**和**隐修士**的**残害肉体**，都是德性的扭曲形象，对于德性来说是没有诱惑力的；相反，被美惠三女神所抛弃，它们就不可能有资格谈人道。 7〔282〕

原文见《实用人类学》，收入李秋零主编《康德著作全集》第7卷，作于1798年。

图书在版编目（CIP）数据

康德道德哲学文集：注释版/（德）康德著；李秋零译．—北京：中国人民大学出版社，2016.8
ISBN 978-7-300-18529-3

Ⅰ.①康… Ⅱ.①康…②李… Ⅲ.①康德，Ⅰ.（1724—1804）-伦理学-文集 Ⅳ.①B516.31-53②B82-53

中国版本图书馆 CIP 数据核字（2016）第 145530 号

康德文集注释版
康德道德哲学文集（注释版）
［德］康德　著
李秋零　等　译注
Kangde Daode Zhexue Wenji

出版发行	中国人民大学出版社		
社　　址	北京中关村大街 31 号	**邮政编码**	100080
电　　话	010－62511242（总编室）		010－62511770（质管部）
	010－82501766（邮购部）		010－62514148（门市部）
	010－62515195（发行公司）		010－62515275（盗版举报）
网　　址	http://www.crup.com.cn		
	http://www.ttrnet.com（人大教研网）		
经　　销	新华书店		
印　　刷	涿州市星河印刷有限公司		
规　　格	160 mm×230 mm　16 开本	**版　　次**	2016 年 8 月第 1 版
印　　张	46 插页 4	**印　　次**	2016 年 8 月第 1 次印刷
字　　数	693 000	**定　　价**	118.00 元（上下卷）